U0077533

博碩文化

博碩文化

iT邦幫忙 鐵人賽

博碩文化

從 0 到 Webpack

學習 Modern Web 專案的建置方式

2020
iT邦幫忙
鐵人賽
佳作
iThome

把手帶你進入 Webpack 的世界，讓你從不懂到很會！

深入解說 webpack 發明的原因
完整學習 webpack 的基礎概念
多樣的範例展示 webpack 的各種功能
利用 webpack 建構出現代 web 專案

本書提供線上範例檔

陳欣平 (Peter Chen) —— 著

作　者：陳欣平 (Peter Chen)
責任編輯：黃俊傑

董事長：陳來勝
總編輯：陳錦輝

出　版：博碩文化股份有限公司
地　址：221 新北市汐止區新台五路一段 112 號 10 樓 A 棟
　　　　電話 (02) 2696-2869　傳真 (02) 2696-2867

發　行：博碩文化股份有限公司
郵撥帳號：17484299　戶名：博碩文化股份有限公司
博碩網站：http://www.drmaster.com.tw
讀者服務信箱：dr26962869@gmail.com
訂購服務專線：(02) 2696-2869 分機 238、519
（週一至週五 09:30 ～ 12:00；13:30 ～ 17:00）

版　次：2021 年 8 月初版

建議零售價：新台幣 620 元
I S B N：978-986-434-862-6
律師顧問：鳴權法律事務所 陳曉鳴律師

本書如有破損或裝訂錯誤，請寄回本公司更換

國家圖書館出版品預行編目資料

從 0 到 Webpack：學習 Modern Web 專案
的建置方式 / 陳欣平 (Peter Chen) 著. --
初版. -- 新北市：博碩文化股份有限公司，
2021.08
　　面；　公分-- (iT邦幫忙鐵人賽系列書)
ISBN 978-986-434-862-6(平裝)

1.網頁設計 2.電腦程式設計

312.1695　　　　　　　　　　110013634

Printed in Taiwan

博 碩 粉 絲 團　歡迎團體訂購，另有優惠，請洽服務專線
(02) 2696-2869 分機 238、519

獻給 Sunny。妳是我的太陽。

前言

　　在 2017 年底，那時的我剛剛換工作，進了公司後的第一份工作是重寫一個舊有的系統，這是一個畫面以 Web 呈現，用 ASP 開發，已經使用了 30 年的系統。主管提出的條件只有指定後端使用 ASP.NET，前端使用 Vue.js 開發。那個時候加我只有兩個人在做此系統，原本我是想寫後端的，但卻被主管分派到前端去了，就此我踏入了前端豐富多彩的世界中。

　　在這之前的開發經歷中，我只有使用過 AngularJS，而且沒有任何架構前端專案的經驗，因此為了要完成這個任務，我從頭學習了各式的前端技術。我用 Vue.js 的官方文件學習了 Vue.js 的語法，所幸 Vue.js 的文件易讀而且完整，省去了許多找資料的時間。

　　學會了 Vue.js 的基本語法後，接著就需要建立整個前端專案。那時的 Vue.js 已經有 CLI 工具了（當時還是 2.x 版本），因此我就用 Vue CLI 的 webpack 模板產生起始專案，並以此專案做深入的研究。當時由於我對前端一無所知，因此我研究了 `package.json` 中所引入的每個程式庫：ESLint、Jest、Babel、PostCSS 等，種類繁多，讓我眼花撩亂。雖然每個工具庫的功用都不相同，但是大部分都會提到一個東西，那就是本書的主角：webpack。

　　從建置專案、開發環境、轉換語言到網頁最佳化都可以看到 webpack 的蹤影，因此在架構專案的每個日子裡我都與它一起奮鬥著。隨著在 webpack 的配置檔中加入的設定越來越多，專案也慢慢地完成了。

　　自此之後，我對 webpack 以及它的相關配置產生了極大的興趣，每次在 GitHub 上瀏覽各種專案時，總會多注意點 webpack（或是別的打包工具，像是 Rollup）的配置檔，我都可以學習到這個專案大部分使用的技術及其對於效能所做的優化處理，進而提升自我對網頁前端工程的知識。

寫作動機

在實務上，大部分的人在建置起始專案時都會選擇使用 CLI 工具（像是 Vue CLI、Create React App），而這些工具都已經配置好 webpack 了，不需要開發者自己配置。當有配置的需求時，通常也只會更改少部分的設定，並不會通盤了解整個 webpack 的運作。

對於初階的工程師來說，專案只要能啟動並且運作正常就行，因此概略地認識 webpack 即可，但是對於資深工程師、架構師這類會觸及到架構專案的人來說，對 webpack 一知半解會是非常危險的，這代表你不是全盤地了解整個專案的基礎建設，弄得不好不但產品效能低落，連開發時程也可能大幅的延長。

然而當你下定決心要學習 webpack 時，它那艱澀難懂的官方文件使得不少初學者（包括我）在此打了退堂鼓。就算你讀完了，往往也會被文件裡面出現的各種名詞及情境所困惑。

webpack 作為打包工具，是需要配合背景知識及情境才能運用在實際的專案中。但是 webpack 的學習資源比較多是片段式的，通常教學文章只專注在某個情境的使用方式上，對於剛學習網頁技術的新手來說難以入門。

由於以上的原因，本書希望可以當作初學者的 webpack 入門書，同時也讓資深的開發者藉由不同的情境學習相對應的解決方案，以此提升對於 webpack 及網頁前端工程的認識。

本書目標

本書希望成為讀者學習 webpack 的入門磚，讓零經驗的 webpack 學習者建立對 webpack 的基礎知識，學會配置專案。之後配合各種開發情境以實際的例子教學，加深加廣讀者對於網頁前端工程的技術知識。

希望閱讀完後，不管剛開始對於 webpack 認識深或淺的讀者都可以從中獲得知識，成為開發的力量。

使用版本

本書範例均使用 webpack **5**。

前置技能

由於本書會專注於講解 webpack 本身，因此在閱讀之前，有下面的基本
知識會比較容易進入狀況：

- 語言：HTML、CSS 及 JavaScript
- 網頁技術：HTTP
- JavaScript 執行環境：Node.js
- 套件管理器：npm

章節概述

本文會分為七大主題，由淺入深地探討 webpack 相關的知識。

≫ 第一章：寫在 Webpack 之前

本章講述為什麼網頁開發會需要像是 webpack 這類的建置工具，解釋背
後的歷史淵源。

本章目的：理解 webpack 發明的原因，知道 webpack 是為了解決什麼而
生。

≫ 第二章：認識 Webpack

這章會涵蓋 webpack 的基本知識。接著講解 webpack 整個運作流程，並
且對相關的名詞做解釋。最後撰寫第一隻使用 webpack 建置的程式，並且
隨著章節推進，加入不同的功能實作，以完成一個基本的 webpack 專案。

本章目的：理解 webpack 各式基礎概念，知道如何使用 webpack 建構專
案，並了解 webpack 存有何種優勢。

≫ 第三章：配置 Webpack

這章會講解如何配置 webpack，詳細介紹幾個常用的配置屬性。

本章目的：在知道背景知識的的情況下運用 webpack 配置出符合需求的建置結果。

≫ 第四章：真實世界的 Webpack

雖然在前一章已經知道如何配置了，但是如果不知道要配置什麼（沒有背景知識），那就像是空有一身武藝，卻不知道如何配招一樣。本章會以幾個真實的使用情境出發，說明如何使用 webpack 配置出符合情境的設定，並解決問題。

本章目的：理解各式使用情境，對於配置方式融會貫通，並運用於其他情境。

≫ 第五章：使用 Webpack 優化環境體驗

在前面的章節中了解如何配置 webpack，也知道了實際使用 webpack 開發時應該如何配置相關的設定。接下來本章會深入說明針對特定環境優化 webpack 的效率，讓應用程式的執行速度更上一層樓。

本章目的：可以針對特定的環境做效能上的優化，並且理解各種優化的技巧。

≫ 第六章：解構 Webpack

本章會深入學習 webpack 內部構造，說明 webpack 的 bundle 結構，然後運用所學的知識自己寫一隻簡單的打包程式，另外也會深入講解 Loader 與 Plugin 的內部實作方式。

本章目的：藉由理解 webpack 的內部處理流程與構造，加深對 webpack 的理解。

▷ 第七章：寫在 Webpack 之後

現在的網頁應用到了後 webpack 時代，新的工具接二連三地冒出，本章會介紹與 webpack 採用不同建置方式的 Snowpack 的原理與使用方式。

本章目的：了解與 webpack 不同的建置原理，並藉此配合自己的需求選擇合適的工具。

前三章是基礎的章節，而後四章會是比較進階的內容，各位讀者可以配合自己目前對於 webpack 的掌握度決定要讀的篇章。

範例程式

本文的範例程式放置於 GitHub（https://github.com/peterhpchen/book-webpack-examples）中，此代碼庫會以版本區隔，本書為 v5 版本，相關的範例可以在 v5 資料夾中找到。

本書的程式區塊中的第一行註解為**範例的路徑**：

```
// ch04-real-world/01-javascript/babel-plugin/src/index.js
// ...
```

此路徑可以取得範例的原始碼，藉此來輔助學習。

註解上的路徑是從版本目錄後開始，請自行帶入版本（此版為 v5）。

致謝

首先我要感謝我的妻子包容我在許多的週末與晚上埋首於這本書的撰寫中，也謝謝她作為校稿人幫助我完善這本著作。

謝謝 iThome 舉辦了 iT 邦幫忙鐵人賽，讓我有機會可以出版這本書。

感謝博碩文化的編輯 Abby 與 shun，在出版的過程中給予我許多的幫助與建議，使這本著作得以完整的樣貌呈現。

目錄

CHAPTER 04 真實世界的 Webpack

CHAPTER 05 使用 Webpack 優化環境體驗

結語

01

寫在 Webpack 之前

任何技術的誕生都有其原因

第一眼看到 webpack 很難不被它那各種複雜的屬性設定所震驚，只是要寫個網頁，有需要這麼多複雜的配置嗎？

在沒有背景知識的情況下學習 webpack 是痛苦的，因為我們並不知道為什麼要有這些屬性，為什麼要這樣配置，只是東剪西貼範例或是前人的配置，這樣的學習是雜亂無章的，要優化時也不知從何開始。慢慢的 webpack 的配置就會變成大家看不懂也改不動的 dirty code。

但是直接一個個地學習 webpack 的每個選項配置，所需的知識會一下子深很多，在知識面不夠廣的情況下會難以前進，更不用說有些屬性是環環相連的，光是學習特定的設定就要耗費相當多的時間，就算理解了，也常會因為知識點過深而容易遺忘，學習的效果就差了很多。

要擴展知識面的最好方法，就是了解其發明的背景，當時的開發者是遇到了什麼問題促使 webpack 的誕生呢？了解 webpack 誕生的理由，我們就可以拓展整個知識面，使學習的成效事半功倍。

本章會從網頁的架構變遷講起，因為架構的變化導致前端工程化需求大增，促使 JavaScript 模組化，也因此造就許多新技術的誕生。而為了讓這些新的語法與技術可以跑在瀏覽器上，同時需做許多的優化處理，許多的建置工具被發明，這其中就包括了 webpack，它有效的解決了當前前端工程所遇到的問題而被各個開發者廣泛地使用。

閱讀完本章後，可以了解到 webpack 是為了解決什麼問題而發明的，對於 webpack 的設計方向會有相當程度的了解，再細看各個 webpack 屬性的時候，理解的會更加迅速，也不容易忘記。

網頁應用程式架構的變遷

網頁渲染的工作逐漸由後端轉為前端主導。

隨著時間的推移，網頁應用程式能做的事情越來越多，也逐漸成為了大部分服務接觸客戶的首選媒介，使得使用者體驗越來越重要。

為了優化使用者體驗，開發者把越來越多的事情集中到客戶端來處理，造就了網頁應用程式架構的重大變遷。

所有的架構都各有優劣勢，沒有任何一個是可以完全被取代的，這裡依照流行的時代依序說明。

靜態網頁

在全球資訊網興起之初，每個網頁內容都是由副檔名為 `html` 的檔案所定義。使用者使用網頁瀏覽器（Web Browser）對特定的 URI 發起 HTTP 請求，請求會被傳送到指定的網頁伺服器（Web Server）上，網頁伺服器會將對應的 HTML 檔案傳回給使用者的網頁瀏覽器中，經過網頁瀏覽器的解析後呈現 HTML 的內容於畫面上。

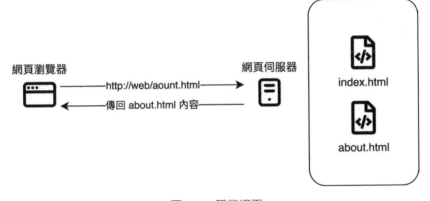

圖 1-1　靜態網頁

由於這時期的瀏覽器能做的事情很有限，絕大多數的網頁都只是顯示資訊而已，與使用者交互的功能還是由桌面應用程式負責，因此對於 JavaScript 這樣的客戶端程式語言需求極低。

在全球資訊網剛被發明時（西元 1989 年），JavaScript 並未跟著誕生，而是要等到西元 1995 年才會問世。

動態網頁

由於網頁只需要安裝瀏覽器就可以使用，不需再另外安裝對應的桌面應用程式，對於使用者來說非常方便，各個軟體商也可以藉由網頁觸及更多的使用者，因此隨著網頁技術的成熟，開發者們開始嘗試將桌面應用程式可以做到的功能帶進瀏覽器中。

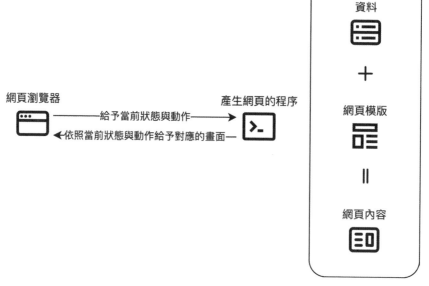

圖 1-2　動態網頁

其中一個最主要的就是與使用者互動的交互功能，網頁需要可以依照當前狀態的不同（例如：資料庫資料的不同、權限的不同）來顯示不同的內容給使用者，使用者也可以輸入資訊與服務做溝通（例如：新增、修改、刪除資料），這時靜態網頁已經滿足不了需求了，因應這個趨勢而生的就是動態網頁。

相較靜態網頁是直接存取靜態 HTML 檔案，動態網頁會在每次請求時依照當下的狀態使用代碼組出要回傳的畫面內容。

有了動態網頁的技術，我們就可以依照不同的使用者狀態及其欲執行的任務來給予不同的回饋。

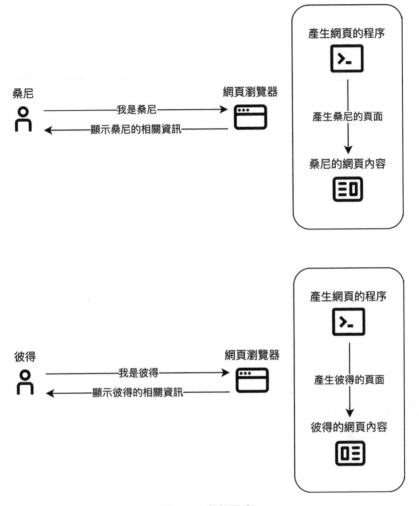

圖 1-3　動態回應

　　動態網頁還可以依照生成頁面程序所在的端點分為**伺服器渲染**（Server Rendering）與**客戶端渲染**（Client-Side Rendering）。伺服器渲染是指在網頁伺服器中產生網頁內容，反之客戶端渲染則是在接收終端（例如：網頁瀏覽器）中產生網頁內容。

　　接下來會依流行的時間依序介紹伺服器渲染與客戶端渲染。

伺服器渲染

　　伺服器渲染是網頁伺服器接收到請求時，依據請求的內容，由產生網頁的程序生成相關的頁面並回傳的技術。

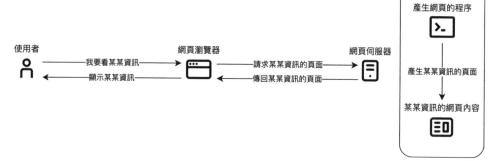

圖 1-4　伺服器渲染

　　這時期由於生成頁面的工作都是由伺服器負責，因此對於 JavaScript 的需求及使用量依舊是少的。

> 伺服器渲染為人所熟知的技術有 JSP、ASP、PHP 等。

≫ 伺服器渲染的缺點

　　開發者在伺服器渲染的技術加持下已經可以實現本來只能在原生應用程式（例如：桌面應用程式）中實現的互動功能，但其使用者體驗還有待加強，其原因包含**換頁時的空白**以及**重複載入相同資源**。

換頁時的空白

　　伺服器渲染在每次切換頁面時會因為需要等待頁面回傳而產生**空白畫面**，這使得使用者體驗大大地降低。

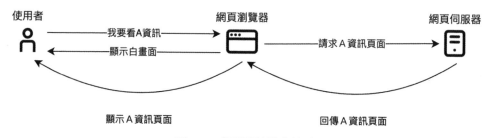

圖 1-5　伺服器渲染的缺點

重複載入相同資源

頁面的組成通常都會有多個區塊，在同個網站中的不同頁面上部分區塊的內容是相同的（例如：導覽列、側邊欄），但是伺服器渲染時由於是更改整個頁面，因此就算相同區塊也需要重新繪製，造成時間上的消耗。

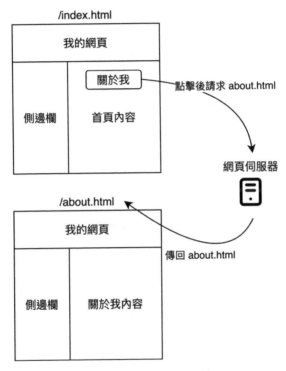

圖 1-6　伺服器渲染下切換畫面

伺服器渲染依然有其優勢，其主要的優點有在於使用者一見到畫面馬上可以動作（TTI = FCP[1]）以及 SEO 優勢。

1　TTI：Time To Interactive，FCP：First Contentful Paint。

客戶端渲染

針對伺服器渲染載入時的延遲問題，其解決方案就是客戶端渲染。

客戶端渲染會在終端藉由相關的處理改變畫面組成（文件物件模型，英語：Document Object Model，縮寫 DOM）進而呈現不同的內容給予使用者。

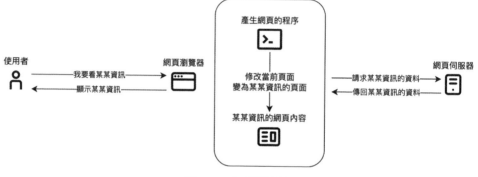

圖 1-7　客戶端渲染

隨著客戶端渲染的流行，開發者對於客戶端程式語言 JavaScript 的需求大增，其程式規模遠超原本的預期。

≫ 客戶端渲染的優勢

由於客戶端渲染是修改當前頁面的內容，並不會切換頁面，因此可以在載入內容時於畫面上顯示載入中的動畫，相較於伺服器渲染對於使用者體驗較好，在載入內容時也可以依照需求修改部分的畫面組成而不需要如伺服器渲染那樣需要整個頁面重新解析，減少載入時間。

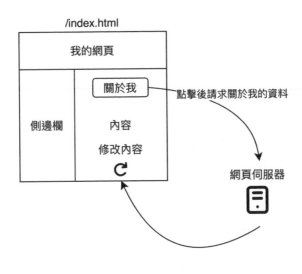

圖 1-8　客戶端渲染下切換畫面

客戶端渲染技術架構的變遷

　　既然客戶端渲染較伺服器渲染對於使用者體驗更加友好，也可以做到互動的功能，為什麼沒有一開始就成為主流呢？其最主要的原因就是客戶端的環境所導致，原因如下：

- 終端（例如：個人電腦）硬體效能普遍不足
- 執行環境複雜：各家瀏覽器的實作方式不同，導致同樣的代碼在瀏覽器 A 上可以運行，瀏覽器 B 上卻會出錯的情況
- 非同步技術不純熟：在 AJAX 前，JavaScript 是不能發出 HTTP 請求的

　　隨著終端規格的提升以及主流瀏覽器對於非同步技術的相關技術（XMLHttpRequest）實作到位，開發者們終於有機會將渲染工作交由客戶端負責了。

　　在能夠實現客戶端渲染的條件下，開發者開始嘗試各個實作方式，接下來我們依流行的時序來看看客戶端渲染的架構變遷。

伺服器渲染與非同步技術的合併使用

這個架構其實主要還是由伺服器主導渲染的相關工作，但在只需要更新頁面的部分內容時採用非同步方式使用 JavaScript 取回部分頁面（Pagelet）並修改原有的頁面。

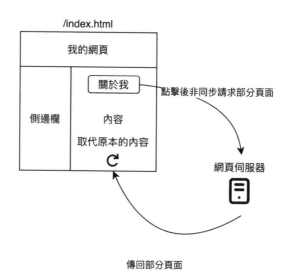

圖 1-9　伺服器渲染與非同步技術合併使用

非同步技術在網頁應用程式中多以 AJAX（全名：Asynchronous JavaScript and XML）稱之。該名詞被 Ajax: A New Approach to Web Applications[2] 一文創造而廣為人知。Google 眾多的應用程式（例如：Gmail、Google Map 等）都使用 AJAX 實作。

雖然所有頁面的組成還是由伺服器所決定，但這時瀏覽器已經開始負責一部分的渲染工作了，像是取代、擴充、刪除部分 DOM 等顆粒度較大的工作，這也是客戶端渲染技術活躍的開始。

2　https://web.archive.org/web/20061107032631/http://www.adaptivepath.com/publications/essays/
archives/000385.php

⟫ Pagelet 間狀態同步問題

雖然伺服器渲染與非同步技術的使用可以增加使用者體驗，但這樣的方式會使頁面上出現許多的 Pagelet（指採用非同步技術取回的部分頁面），而 Pagelet 間的狀態同步大大的加重了開發的難度，使得應用程式的規模難以擴張。

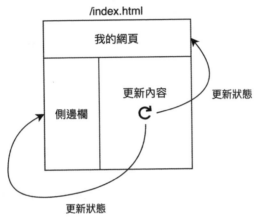

圖 1-10　Pagelet 狀態同步

單頁應用

單頁應用（英語：single-page application，縮寫：SPA）是客戶端渲染最極端的實作方式，因為這方式下只會有一個網頁（通常為 `index.html`），至於頁面的渲染完全交由客戶端的 JavaScript 負責，伺服器只負責傳送資料（通常為 JSON 格式）。

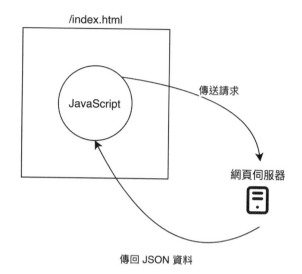

圖 1-11　單頁應用

　　這樣做的好處在於完全由 Javascript 掌握，因此頁面狀態可以全權交由客戶端負責，減少開發上的困難，但同時也勢必要增加 JavaScript 專案的規模。

≫ 單頁應用的問題

　　單頁應用的問題主要有兩點：

- 首屏加載時間長：由於單頁應用只有一個頁面，我們需要在首次就請求整個網頁所有的 JavaScript 代碼，就算沒有用到的也會請求，這使得加載時間大幅增加

- SEO 的劣勢：由於單頁應用只有一個 `index.html`，除此之外所有的內容都是由 JavaScript 渲染的，而搜尋引擎的爬蟲會忽略這些由非同步請求所取得的資訊

　　對於 HTML 內容由伺服器端傳回的**靜態網頁**或**伺服器渲染**是不會有這兩個問題的，因此大部分的實作會在整體維持單頁應用的情況下，對於特別要求載入時間或 SEO 的特定頁面（例如：首頁）使用靜態網頁或是伺服器渲染的方式。

　　但這樣做必須要在前端（JavaScript）與後端（例如：Java）各寫一次渲染的程序，增加開發的困難。

　　這個情況到了 Node.js 出現後，被 Isomorphic JavaScript 所解決。

Isomorphic JavaScript

　　在 Node.js 出現後，我們可以同時在**前後端都使用 JavaScript 做開發**，這樣的方式稱之為 Isomorphic JavaScript（又名 Universal JavaScript）。

　　前後端都使用 JavaScript 開發最大的好處就是減少重複撰寫的代碼量，大幅地減少開發所需的時間，也使代碼更容易維護。

　　有了 Isomorphic JavaScript，開發者不管是在客戶端還是伺服器做渲染，都可以使用相同的代碼，藉此迴避了單頁應用的缺點，又不會增加開發上的複雜度。

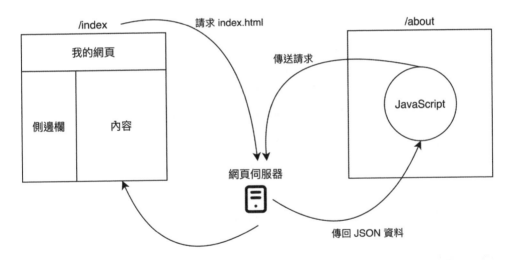

圖 1-12　Isomorphic JavaScript

小結

　　從全球資訊網出現以來，網頁從原本的只能顯示簡單資訊，到現在已經成長為可以媲美原生應用程式的全方位系統，這中間經歷過多次的架構變遷，也從原本由伺服器負責全部的工作，到現在變為伺服器負責資料、客戶端負責畫面渲染的精細分工。這樣的變化也使得 JavaScript 的使用規模達到了前所未有的高峰。

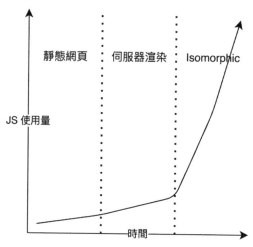

圖 1-13　JavaScript 的使用量劇增

　　在這樣的變化下，原本輕巧靈活的 JavaScript 語法就顯得力不從心（HTML 與 CSS 也有一樣的問題），需要對其做些擴充以滿足開發的需求，而客戶端環境也需要考慮到各個瀏覽器的實作與傳送檔案時所需耗費的時間，這些問題都是建置工具（例如：webpack）流行的原因。

參考資料

- YouTube：OSCON 2014: How Instagram.com Works; Pete Hunt（https://youtu.be/VkTCL6Nqm6Y）

- Google Developers：Rendering on the Web（https://developers.google.com/web/updates/2019/02/rendering-on-the-web）

- Vue.js Server-Side Rendering Guide（https://ssr.vuejs.org/#vue-js-server-side-rendering-guide）

JavaScript 的模組化之路

JavaScript 逐漸從腳本由上而下的執行方式演進為具有模組化設計的程式語言。

隨著網頁應用程式重心往客戶端移動以及被遷移到其他環境（例如：Node.js）上使用，JavaScript 的程式碼規模增大了好幾倍，腳本式的語言特性在大型專案的規模下顯得力不從心，因此各方開始為 JavaScript 開發模組化的解決方案，推進了 JavaScript 模組化的進程。

腳本式 JavaScript 遭遇的問題

在 JavaScript 還沒有模組化解決方案時，網頁中要使用 JavaScript 時會用 `<script>` 標籤表示 JavaScript 區塊：

```html
<!-- ch01-before-webpack/02-history-of-js-module/inline-script/index.html -->
<!DOCTYPE html>
<html>
  <body>
    <script>
      console.log('Hello, world!');
    </script>
  </body>
</html>
```

如果是外部檔案的話，可以使用 `<script>` 中的 `src` 屬性引入：

```html
<!-- ch01-before-webpack/02-history-of-js-module/script-tag/index.html -->
<!DOCTYPE html>
<html>
  <body>
    <script src="./index.js"></script>
  </body>
</html>
```

各個 `<script>` 間的全局作用域是相同的，因此各 `<script>` 間的全域變數是可以互通的：

```
// ch01-before-webpack/02-history-of-js-module/scope/index.js
var outputStr = 'Hello, world!';
```

```
<!-- ch01-before-webpack/02-history-of-js-module/scope/index.html -->
<!DOCTYPE html>
<html>
  <head>
    <script src="index.js"></script>
  </head>
  <body>
    <script>
      console.log(outputStr);
    </script>
  </body>
</html>
```

範例中 `outputStr` 是在 `index.js` 中定義的，由於全局作用域相同，在 `index.html` 中也可以使用。

> 在網頁中，所有的 `<script>` 中的代碼都共享著同一個 `window` 物件，而所有的全域變數實際上都是 `window` 的屬性，因此各個 `<script>` 間的全域變數才會互通。

≫ 變數衝突

所有的 `<script>` 在同樣的作用域下雖然使開發較為方便，但是在規模擴大的情況下，變數互相覆蓋、衝突的問題就會變得非常嚴重：

```
// ch01-before-webpack/02-history-of-js-module/var-conflict/index.js
var outputStr = 'Hello, world!';

function output() {
  console.log(outputStr);
}
```

```
<!-- ch01-before-webpack/02-history-of-js-module/var-conflict/index.html -->
<!DOCTYPE html>
```

```html
<html>
  <head>
    <script src="index.js"></script>
  </head>
  <body>
    <script>
      output(); // 'Hello, world!'
      var outputStr = 'World, hello!';
      console.log(outputStr); // 'World, hello!'
      output(); // 'World, hello!'
    </script>
  </body>
</html>
```

範例中在 `index.js` 裡加入了 `output` 函式，這個函式會輸出 `outputStr`，接著在 `index.html` 中使用 `output()`，可以看到由於我們又再定義了一次 `outputStr`，連帶使得 `output()` 的輸出也跟著改變，因為它覆蓋了原本 `index.js` 中的 `outputStr`。

內部變數衝突可以由 IIFE 解決

使用 IIFE（全名：Immediately Invoked Function Expression，中文：立即呼叫函式表達式）可以將內部變數的作用域與全局作用域區隔開來避免污染：

```js
// ch01-before-webpack/02-history-of-js-module/iife/index.js
var output = (function () {
  var outputStr = 'Hello, world!';

  return function output() {
    console.log(outputStr);
  };
})();
```

IIFE 雖然可以解決內部變數污染的問題，但由於外部變數（例如範例中的 `output`）依然要放入全局作用域中才能被其他程式碼所使用，所以依然不能避免發生衝突。

≫ 不明確的引入

JavaScript 中，當要使用其他腳本代碼中的物件時，只能預設物件已經在全域變數中並且直接使用：

```js
// ch01-before-webpack/02-history-of-js-module/implicit-import/index.js
function output() {
  console.log('Hello, world!');
}
```

```html
<!-- ch01-before-webpack/02-history-of-js-module/implicit-import/
index.html -->
<!DOCTYPE html>
<html>
  <head>
    <!-- <script src="index.js"></script> -->
  </head>
  <body>
    <script>
      output(); // Uncaught ReferenceError: output is not defined
    </script>
  </body>
</html>
```

範例中，我們不小心把需要引入的 `index.js` 給註解掉，造成其中的 `output` 函式並沒有被定義，而在之後的代碼中使用到了 `output()`，使之產生錯誤。

≫ 不能確保引入順序的正確性

隨著專案規模的增加，開發時勢必要拆出多個檔案來提升代碼的重利用性，有時也需要借助第三方庫（例如：Lodash）來加快開發速度，因此也需要引入這些來自四面八方的檔案。這時如果檔案與檔案之間存在相依性的時候，引入的順序就變得十分重要：

```html
<!-- ch01-before-webpack/02-history-of-js-module/import-order/index.html -->
<!DOCTYPE html>
<html>
```

```html
  <head>
    <script>
      var outputStr = _.join(['Hello', ', ', 'world', '!'], "); // Uncaught
ReferenceError: _ is not defined
    </script>
    <script src="https://unpkg.com/lodash"></script>
  </head>
  <body>
    <script>
      console.log(outputStr); // undefined
    </script>
  </body>
</html>
```

由於引入順序有誤，範例上的 `_.join` 在引入 Lodash 庫前就叫用，導致
錯誤的產生。

前述這些問題都只能在執行階段才會呈現，對於開發產生阻礙，因此開發
者都必須小心翼翼地迴避這些問題，但要完全避免還是必須要一套完整的模
組化解決方案。

模組化

模組化（modular）是個將**大功能拆分成各個獨立小功能**的概念，而每個
小功能就叫做模組（module）。

模組擁有介面，介面會有輸入及輸出的資源定義，因此擁有相同介面的模
組是可以互相做抽換的。

以電腦來說，滑鼠、鍵盤、硬碟、記憶體等都是模組，他們都以固定的介
面接入主機板中，以此發揮他們的功用。

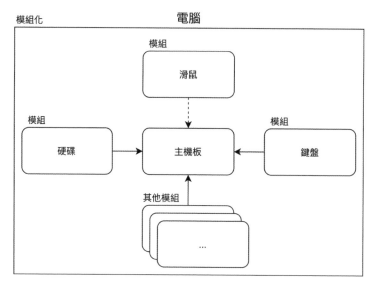

圖 1-14　電腦的模組化設計

因為介面相同的關係，所以就算換成不同廠牌的滑鼠、鍵盤，電腦依然可以正常運作。

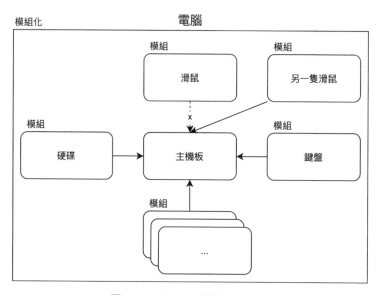

圖 1-15　在不同的模組間切換

模組化編程

　　因為模組化的概念可以使編程變得更有結構，因此大多數的語言都支援模組化的語意。

　　將電腦的例子寫成代碼，會像下面這樣：

```
// 這是一台電腦
import Mouse from 'mouse';
import Keyboard from 'keyboard';

Mouse.addEventListener('move', () => {
  /* 移動滑鼠 */
});
Keyboard.addEventListener('click', () => {
  /* 輸入字元 */
});
```

　　電腦引入了滑鼠跟鍵盤這兩個模組，然後監聽他們的訊號，並做相對應的處理。

　　而模組是可以做抽換的，假設今天我要換支新的滑鼠：

```
// 這是一台電腦
import mouse from 'newMouse'; // 換成新的滑鼠
import Keyboard from 'keyboard';

mouse.addEventListener('move', () => {
  /* 移動滑鼠 */
});
Keyboard.addEventListener('click', () => {
  /* 輸入字元 */
});
```

　　我只要改成引入 `newMouse` 就可以做到了。

　　這樣的編程方式就叫做模組化編程，模組化編程讓開發者可以把程式拆成多個模組，每個模組都負責一部分的功能，將全部的模組依照介面組合起來，就是一個完整的程式。如果寫得好，每個模組都會是**高內聚**，而對於模組間會是**低耦合**的。模組化編程讓代碼可以封裝，讓除錯、測試、使用上更加容易。

JavaScript 的模組系統

JavaScript 被發明時是定位在腳本語言，並沒有模組的概念，因此當專案的規模越來越龐大時，對於模組化的需求使得許多的模組化解決方案被實踐（其中包括非官方的與官方的）

≫ Node.js 的 CommonJS

Node.js 是 JavaScript 伺服器端的執行環境，它使得 JavaScript 由網頁前端跨至後端的領域，成為一個網頁全端的程式語言。而 Node.js 使用 CommonJS（簡稱：CJS）規格實作模組系統，作為 JavaScript 語言的模組化解決方案。

```js
// ch01-before-webpack/02-history-of-js-module/common-js/add.js
function add(a, b) {
  return a + b;
}

module.exports = add;
```

```js
// ch01-before-webpack/02-history-of-js-module/common-js/index.js
const add = require('./add');

console.log(add(1, 2)); // 3
```

範例中 `add.js` 使用 `module.exports` 輸出函式 `add` 做為預設的模組定義，在 `index.js` 中使用 `require()` 引入模組 `add` 並使用它來做運算。

CommonJS 的語法特性有：

- `module.exports` 導出預設模組
- `require` 引入模組
- 採取**同步加載**的方式
- 使用於後端（Node.js），前端環境需經過轉譯

在檔案都在本地的後端環境下，同步加載的模組系統是可行的，但是在資源分散的前端環境下，為了增進效能，能擁有異步加載的模組系統是必須的。

一般說到 CommonJS 通常是指有 `module.exports` 導出預設模組語法的 CommonJS2，反之沒有 `module.exports` 的為 CommonJS1，Node.js 的實作為 CommonJS2。關於 CommonJS 版本的差別可以參考 webpack 的 issue 討論 [3]。

≫ AMD 與 RequireJS

在前端，各個資源都需要從伺服器傳送，如果採用同步加載的 CommonJS，勢必對效能與體驗產生影響。為了使前端有適合的模組化方案，從 CommonJS 衍生出了 AMD（全名：Asynchronous Module Definition）規格，這是個非同步加載的模組化規格。 RequireJS 實作了 AMD 並作為前端的模組化解決方案使用。

雖然 RequireJS 主要是為前端環境開發，但是其他環境（例如：Node.js）還是可以使用，詳情請參考 REQUIREJS IN NODE[4]。

RequireJS 的範例如下：

```javascript
// ch01-before-webpack/02-history-of-js-module/require-js/add.js
define(function () {
  return function (a, b) {
    return a + b;
  };
});
```

```javascript
// ch01-before-webpack/02-history-of-js-module/require-js/index.js
requirejs(['add'], function (add) {
  console.log(add(1, 2)); // 3
});
```

3　Issue 網址：https://github.com/webpack/webpack/issues/1114
4　文章出處：https://requirejs.org/docs/node.html

```
<!-- ch01-before-webpack/02-history-of-js-module/require-js/index.html -->
<!DOCTYPE html>
<html>
  <head>
    <script data-main="index" src="https://unpkg.com/requirejs"></script>
  </head>
  <body></body>
</html>
```

範例中，`add.js` 使用 `define()` 方法定義模組。接著在 `index.js` 中使用 `requirejs()` 引入想要使用的模組 `add` 並且於第二個參數內的 callback 函式撰寫程式代碼。

RequireJS 的語法特性有：

- `define` 定義導出的模組
- `requirejs` 導入模組，在加載完成後叫用 `callback` 函式，執行程式
- 採用異步加載方式
- 是以前端為目標環境的模組化方式

使用 RequireJS 後，我們終於可以在瀏覽器上以模組開發 JavaScript 了。

≫ ES Module

前述都屬於非官方的解決方案，而 ECMA International 組織在 2015 年的 ECMA-262 第六版中制定了 ECMAScript 的模組化語意，稱為 ES Module（簡稱：ESM）。

> ECMA International 是個制定資通訊標準的組織，其中的 ECMA-262 標準中定義了 ECMAScript 規範，此規範的實作就是 JavaScript，因此在此規範下的模組語意被視為官方（原生）的，為了與其他模組化方案區別，因此稱為 ES Module。

ES Module 的範例如下：

```
// ch01-before-webpack/02-history-of-js-module/es-module/add.js
export default function (a, b) {
  return a + b;
}
```

```
// ch01-before-webpack/02-history-of-js-module/es-module/index.js
import add from './add.js';

console.log(add(1, 2)); // 3
```

```
<!-- ch01-before-webpack/02-history-of-js-module/es-module/index.html -->
<!DOCTYPE html>
<html>
  <head>
    <script src="index.js" type="module"></script>
    <script src="add.js" type="module"></script>
  </head>
  <body></body>
</html>
```

範例中，`add.js` 使用 `export default` 導出預設模組，在 `index.js` 中使用 `import` 將所需的 `add` 模組引入並切執行運算。在頁面上引入的方式為在 `<script>` 中加入 `type="module"` 表示此代碼要用模組的方式載入，如此就可以在頁面中以模組的方式使用 JavaScript。

ES Module 的語法特性如下：

- `export default` 導出預設模組
- `import` 引入模組
- 異步加載模塊
- 瀏覽器原生語意

小結

JavaScript 發明之初是以撰寫小型腳本為目標的語言，因此並沒有模組的概念，這使得在規模較大的專案下開發十分的吃力，同時要注意參數的衝突，又要注意引入順序的問題，而這些都可以被模組化工程所解決，因此各種的模組化解決方案接連地出現。

Node.js 所採用的 CommonJS，由於其同步加載的特性並不適合使用在前端環境下，因此由 CommonJS 所衍生出來的是 AMD 這樣的非同步加載方案，並被 RequireJS 實作用於前端的模組化工程。

而由 ECMA International 組織定義 ES Module 規範成為了 JavaScript 原生的模組化語意。

參考資料

- DEV：What are CJS, AMD, UMD, and ESM in Javascript?
  （https://dev.to/iggredible/what-the-heck-are-cjs-amd-umd-and-esm-ikm）
- 掘金：前端模塊化：AMD、CMD、ES6、CommonJS
  （https://juejin.im/post/6844903917680066567）
- webpack documents：Why webpack
  （https://webpack.js.org/concepts/why-webpack/）
- RisingStack：How the module system, CommonJS & require works
  （https://blog.risingstack.com/node-js-at-scale-module-system-commonjs-require/）
- Jake Archibald：ECMAScript modules in browsers
  （https://jakearchibald.com/2017/es-modules-in-browsers/）
- Sea.js：前端模塊化開發那點歷史
  （https://github.com/seajs/seajs/issues/588）
- Sea.js：前端模塊化開發的價值
  （https://github.com/seajs/seajs/issues/547）

新技術的崛起

因應網頁使用規模擴大，許多新技術被發明以增進開發效率。

　　語言總是隨著時代的需求改變，自然語言是這樣，近代才出現的電腦語言也是這樣，甚至變遷得更加迅速。而網頁相關的程式語言 HTML、JavaScript 及 CSS 也因為網頁應用規模擴大的關係而產生劇烈的變化。

　　在網頁在剛開始被發明出來時，並不像現在擁有如此豐富的功能，因此網頁相關的語言（HTML、JavaScript、CSS）就被設計得較為單純。如果只是一般的後端語言，就可以進行快速的迭代更新，加入新的語意，使其符合現代化工程的水平，但網頁語言需要受限於瀏覽器的更新，而各家的瀏覽器標準的解釋及開發時程都不相同，造成許多相容性的問題，加上之前 IE 的獨大，造就許多非標準的語意出現，因此語言規範的實作更新是極為緩慢的。

　　現代前端工程得益於 ES2015、HTML5、CSS3 標準的成熟，IE 的市佔率被新興的瀏覽器 Chrome、Firefox、Edge 超越，前端技術逐漸趨於穩定，並且出現了 Electron 以及 React Native 這類的框架，使得前端工程跨出了瀏覽器到了本地端及移動端上，其重要性大大的增加，造就了網頁相關語言的蓬勃發展。

　　劇烈的變動，使設計簡單的網頁程式語言 HTML、JavaScript 及 CSS 不合時宜，因而產生許多的問題，也造就了許多優秀的技術興起。

　　接下來我們將探討現代前端所遭遇的問題，並且說明其解決方案。

各環境語言支援度不一

　　前端須仰賴各環境對於規格的實作，支援度會因為不同環境而有所不同，因此前端在開發上需要對目標環境做支援度的確認才能使用較新的語法，增加了開發者的負擔。

> 網站 Can I use[5] 可供查詢各項規格是否有在特定環境下實作。

5　Can I use 網站：https://caniuse.com/

為解決此問題，人們開發一種可以將新語法轉換為舊語法的編譯器。

有了這類的工具，工程師可以使用最新的語法開發專案，並在要部署上環境時用編譯器將代碼轉為環境上可以執行的舊語法。

≫ Babel

JavaScript 的規格是依照 Ecma International 的 ECMA-262 中規範的 ECMAScript 實作而來，目前每年會出一個新的版本。由於各個瀏覽器支援程度不一，因此需要個轉譯器將較新的語法轉為在環境上可執行的舊語法。

Babel 可以將最新的 ECMAScript 語法透過編譯器以及 Polyfill 轉為目標環境可以讀懂的舊語法使其正常運行。

Babel 的範例如下：

```js
// ch01-before-webpack/03-new-tech/babel/src/index.js
const add = (a, b) => {
  // ES2015: Arrow Function
  return a + b;
};

console.log(add(1, 2)); // 3
```

代碼經由 Babel 會轉譯為：

```js
'use strict';

var add = function add(a, b) {
  return a + b;
};

console.log(add(1, 2)); // 3
```

範例中 `add` 函式原本是用箭頭函式（Arrow function）撰寫，經過 Babel 的轉換後變為了傳統的函式寫法。

▷ PostCSS

CSS 的標準是由 W3C 所制定，與 JavaScript 同樣會因不同的環境的相容性問題而需要轉譯器以確保可以執行在目標環境中。

PostCSS 使用 JavaScript 來轉換 CSS。依據使用的 Plugin 功能，可以對 CSS 做不同的處理，其中 `postcss-preset-env` Plugin 可以將開發者的 CSS 新語法轉換為目標瀏覽器可以辨識的舊語法。

PostCSS 的範例如下：

```css
/* ch01-before-webpack/03-new-tech/postcss/src/style.css */

/* CSS variables */
:root {
  --demoColor: blue;
}

.demo {
  color: var(--demoColor);
}
```

經由 PostCSS 會轉譯為：

```css
:root {
  --demoColor: blue;
}

.demo {
  color: blue;
  color: var(--demoColor);
}
```

範例中使用了 CSS variables，在經由 PostCSS 轉換後，可以看到輸出的 `.demo` 中多了 `color: blue;` 以向舊語法相容。

> PostCSS 可以經由插件來賦予不同的能力，因此它能做到的不僅僅只有新語法轉舊語法而已，而是可以利用 Autoprefixer、CSS Modules、stylelint 等 Plugin 讓 CSS 的開發增加效率。

JavaScript 的弱型別特性

JavaScript 的語法並不強制檢查變數的型別，這樣的特性稱為弱型別。由於弱型別性質使得開發者可以不用明確宣告變數的型別，使其可以快速的開發小型的專案，但如此的便利性也很容易產生 Bug。

例如：

```
const add = (a, b) => {
  return a + b;
};


console.log(add('I', 2)); // I2
```

我們期望 `add` 是輸入兩個數字，但如果使用者輸入了字串，JavaScript 並不會出錯，反而會以為是字串而讓兩個變數相連。由於這樣的錯誤不會輸出訊息，因此往往難以察覺。

為了解決 JavaScript 型別問題，出現了 TypeScript 這類的 JavaScript 超集語言，使得開發時能使用強型別語言的特性，編譯時再轉為原生的 JavaScript 語意，減少開發時的錯誤。

≫ TypeScript

TypeScript 由微軟開發，是目前最流行的 JavaScript 超集語言，它支援**靜態型別檢查**，使其可以在開發階段發現型別問題，而不用等到執行時才發現錯誤。

TypeScript 的範例如下：

```
// ch01-before-webpack/03-new-tech/type-script/index.ts
function add(a: number, b: number): number {
  return a + b;
}


console.log(add('I', 2));
```

TypeScript 的副檔名為 `ts`，將其編譯為 `js` 時，TypeScript 的編譯器會發現 `add('I', 2)` 中的第一個參數不符合設定的 `number` 型別而直接顯示錯誤提示。

```
> tsc index.ts

index.ts:6:17 - error TS2345: Argument of type 'string' is not
assignable to parameter of type 'number'.

6 console.log(add('I', 2));
                  ~~~

Found 1 error.
```

> 除了 TypeScript 外，Flow 也是個 JavaScript 強型別的解決方案。

CSS 缺乏程式語言機制

CSS 用於定義畫面樣式，由多個規則所組成。隨著專案規模的擴大，為了寫出更具結構性的配置，原本 CSS 所缺少的程式語言機制像是變數、函式等變成了有其必要性。

為了讓 CSS 擁有這些機制，CSS 預處理器（CSS Preprocessor）被開發出來，這些預處理器會在 CSS 原有的語法加上新的功能，例如：變數、繼承、巢狀選擇器等，使開發者可以寫出更有結構的樣式表，當要部署時，使用編譯器轉為一般的 CSS 並放在伺服器上。

> 隨著 CSS 規範的跟進，原生 CSS 也擁有部分 CSS 預處理器的功能，例如：變數等。

▷ SASS

SASS 是一個流行的 CSS 預處理器，它使 CSS 可以使用變數、Mixin、擴充、繼承及巢狀選擇器等豐富的功能。

SASS 的範例如下：

```
// ch01-before-webpack/03-new-tech/sass-example/src/style.scss
```

```scss
// Variables
$demoColor: blue;
$exampleColor: green;

// Mixin
@mixin color($color) {
  border-color: $color;
  color: $color;
}

// Extend/Inheritance
%border-shared {
  border-radius: 30px;
}

.demo {
  // Nesting
  .demo__input {
    @extend %border-shared;
    @include color($demoColor);
  }
}

.example {
  // Nesting
  .example__input {
    @extend %border-shared;
    @include color($exampleColor);
  }
}
```

經由 SASS 會轉譯為：

```css
.example .example__input,
.demo .demo__input {
  border-radius: 30px;
}

.demo .demo__input {
  border-color: blue;
```

```
  color: blue;
}

.example .example__input {
  border-color: green;
  color: green;
}

/*# sourceMappingURL=style.css.map */
```

範例中，使用變數 $demoColor 與 $exampleColor 設定顏色，並使用 Mixin color 產生顏色相關的屬性，然後在 border 的相關設定上使用 %border-shared 表示，並分別設定在 .demo 與 .example 的巢狀選擇器上。

與轉譯後的 CSS 做對比，可以看到 SASS 不僅擁有更好的可讀性，也減少重複的代碼，提高了可維護性。

> 除 SASS 外，還有像是 LESS、Stylus 等預處理器。

CSS 是靜態的

CSS 不像 JavaScript 可以使用程式對目標做變化，這造成 CSS 不能依照當前的狀況改變設定，只能將多個情況的樣式都放入定義中，但這樣又會造成 CSS 多個規則會互蓋的問題。為此 CSS in JS 的技術誕生了。

CSS in JS 是將 CSS 直接寫在 JS 程式中，而不使用獨立的樣式表（例如：.css）。這樣做的好處是藉由 JS 的幫助，我們可以使用像是變數、函式、條件判斷等程式語言的機制來控制 CSS，使得樣式可以更靈活的設定。

≫ Emotion

Emotion 是個 **CSS in JS** 解決方案，它的範例如下：

```
<!-- ch01-before-webpack/03-new-tech/emotion/index.html -->
<!DOCTYPE html>
<html>
```

```html
<head>
  <script src="https://unpkg.com/@emotion/css@11.1.3/dist/emotion-
css.umd.min.js"></script>
</head>
<body>
  <div id="root">Hello Emotion</div>
  <script>
    const app = document.getElementById('root');
    const color = 'red';
    const myClassName = emotion.css`
color: ${color};
`;

    app.classList.add(myClassName);
  </script>
</body>
</html>
```

範例中，我們在 JS 內使用 `emotion.css` 設定相關的樣式，Emotion 會幫我們設定好樣式表並將其對應的 CSS 類（例如：`.css-qm6gfa`）回傳，將這個類放入目標元素中的 `classList` 就可以使樣式作用在元素上了。

> CSS in JS 的解決方案還有 styled-components。

HTML 是靜態的

HTML 負責定義網頁的元素配置，在靜態網頁中，由於資料是固定的，因此可以依靠一份靜態的 HTML 定義頁面的結構。但是對於資料是動態取回的渲染頁面來說，只能依靠程式改變頁面上的元素，做到顯示資料的目的，這樣子 HTML 檔案就不能完全反應當前網頁的狀況，需要去追查程式的代碼，才能知道目前的頁面結構，而失去了 HTML 管理頁面的優勢。

為了解決這個問題，後端的網頁框架都會有一套模板語言，使用類似 HTML 的架構，搭配動態的語法來定義頁面的配置，例如 ASP.NET 的 Razor。

現在流行的單頁式應用程式（Single Page Application）會將畫面的渲染完全交給前端，後端只負責資料的部分，因此前端也出現了許多的模板語言來定義動態的網頁配置。

▷ Pug

Pug 是一個**模板引擎**，它使用更簡潔的語法取代原本的 HTML，增加開發者的效率，同時也提供動態的方式產生結構。

Pug 的範例如下：

```
//- ch01-before-webpack/03-new-tech/pug/src/index.pug
html
  head
    title Hello, #{name}!
  body
```

Pug 將原本 HTML 中標籤的定義簡化為已縮排表式，並以 `#{name}` 設定資料的渲染位置。

▷ 框架的模板語法

古早的 jQuery 控制畫面的方式是使用 CSS Selector 取得目標元素後，進行屬性的修改達到畫面的變化。但這樣會使邏輯跟畫面結構產生強大的耦合性，造成變動非常不易，而真正負責模板控制的 HTML 也因為 JavaScript 的控制，變得沒有參考價值。

在現今的框架中，像是 Angular 及 Vue.js 則是使用模板語法搭配資料綁定來操作畫面。

Vue.js 的範例如下：

```html
<!-- ch01-before-webpack/03-new-tech/vue-template-syntax/index.html -->
<!DOCTYPE html>
<html>
  <head>
    <script src="https://cdn.jsdelivr.net/npm/vue/dist/vue.js"></script>
  </head>
  <body>
    <div id="app">
      <span>Message: {{ msg }}</span>
    </div>
    <script>
      new Vue({
```

```
      el: '#app',
      data: {
        msg: 'Hello Vue.js!',
      },
    });
  </script>
 </body>
</html>
```

Vue.js 使用雙括號的方式設定資料渲染位置。範例中 `{{ msg }}` 設定 `msg` 變數所要渲染的位置，並且在 Vue 的代碼中設定 `msg` 的定義，已達到畫面與程式分開的目的。

模板語法使得資料與結構分開，同時也可以直接經由觀察模板語法來了解畫面的配置。

≫ JSX

React 的 JSX 將原本是由 HTML 控制的畫面配置交由 JavaScript 管理，使開發者可以直接使用 JavaScript 決定如何生成元素。

```html
<!-- ch01-before-webpack/03-new-tech/react-jsx/index.html -->
<!DOCTYPE html>
<html>
  <head>
    <script src="https://unpkg.com/react/umd/react.development.js"></script>
    <script src="https://unpkg.com/react-dom/umd/react-dom.development.js">
</script>
    <script src="https://unpkg.com/babel-standalone@6/babel.min.js"></script>
  </head>
  <body>
    <div id="root"></div>
    <script type="text/babel">
      ReactDOM.render(<h1>Hello, world!</h1>, document.getElementById('root'));
    </script>
  </body>
</html>
```

範例中 JSX 讓使用者直接在 JS 程式中定義 `<h1>Hello, world!</h1>` 並將其置於 `id` 為 `root` 的元素上。

小結

網頁技術在現代急遽變化，遇到了各種問題，也出現了許多的解決方案。

像是 JavaScript 會使用 Babel 將新的語法轉為舊語法讓程式可以在目標環境上運行，並且藉由 TypeScript 賦予其強型別的特性。

CSS 也可以藉由 PostCSS 在開發時使用新語法並在執行時轉為適應目標環境的舊語法以利運作，並且透過 CSS 預處理器的幫助得到類似程式語言的能力，而想要完全控制 CSS 的話也可以使用 CSS in JS 透過 JavaScript 操作 CSS。

HTML 由於其靜態的特性，使其在資料變動時無法反應變化後的畫面配置，可以使用 Pug、框架的模板語法與 JSX 來達到動態的配置目的。

參考資料

- core-js
  （https://github.com/zloirock/core-js）

- 10 Reasons to Use a CSS Preprocessor in 2018
  （https://raygun.com/blog/10-reasons-css-preprocessor/）

- CSS preprocessor
  （https://developer.mozilla.org/en-US/docs/Glossary/CSS_preprocessor）

- elm
  （https://elm-lang.org/）

- Using Vue.js Single File Component Without Module Bundlers
  （https://medium.com/@jamesweee/using-vue-js-single-file-component-without-module-bundlers-aea58d892ad9）

- Using jsx WITHOUT React
  （https://blog.r0b.io/post/using-jsx-without-react/）

- 6 Preprocessor Features Coming to Native CSS
  （https://webdesign.tutsplus.com/tutorials/the-new-css--cms-28888）

提升網頁效能

減少等待，增加效率。

　　提升效率是工程師的終極目標。對網頁應用程式來說，傳輸資源的時間一直是影響效能的根本原因之一，傳輸時間越短，使用者可以越快進行操作，效率也越高。

　　要縮短傳輸時間，其中一個方式就是減少資源的大小。將資源的容量減少，就可以減少傳輸量以縮短等待時間，本節會從生產環境與開發環境的兩個情境去介紹幾個與資源容量相關的效能問題，並提出解決方法。

> 要縮短傳輸時間的另一個方法是縮短客戶端與資源的距離，主要的方法是透過 CDN 將資源副本存在與客戶端距離較近的地方，使資源可以更快一步到達客戶端，甚至我們可以使用網頁瀏覽器的快取機制將取得資源的距離縮短到零，由於這方面與建置工具較無關，所以本節會將重心放在與建置工具相關的減少資源大小的介紹。

生產環境

　　生產環境的使用者為客戶，客戶主要在意的是使用應用程式時等待回應的時間，接著說明幾個造成回應時間加長的問題。

≫ 問題：未壓縮的程式碼

　　工程師在開發時會使用空行、縮排、註解以及有意義的變數命名等讓可讀性增加，這樣的方式可以讓開發的程式碼具有高度的可維護性。但在生產環境上只需要讓代碼可以正常運作就好，不需要人去閱讀，因此在生產環境上這些原本可以增加可讀性的編輯方式就變成了增加資源的容量導致等待時間變長缺點。

解決方式：使用壓縮工具

　　為了減少容量，在部署至生產環境時，都會先將程式碼壓縮以減少資源佔用的容量。可以藉由壓縮工具像是 Terser、UglifyJS 等的幫助來壓縮程式

碼，壓縮後的資源為與原本的資源區別，通常會在檔案名之後且副檔名之前
加上 `.min`。

以 Lodash 庫為例：

```html
<!-- ch01-before-webpack/04-performance/min/min.html -->
<!DOCTYPE html>
<html>
  <head>
    <script src="https://unpkg.com/lodash@4.17.21/lodash.min.js"></script>
  </head>
  <body>
    <h1>With Min</h1>
    <a href="./index.html">Go to Without Min</a>
    <script>
      console.log(_.join(['With', 'Min'], ' '));
    </script>
  </body>
</html>
```

範例中的 `lodash.min.js` 就是壓縮後的檔案資源，透過範例的 `Go
to Without Min` 可以切換頁面載入未壓縮的資源，觀察壓縮前後資源傳
輸量：

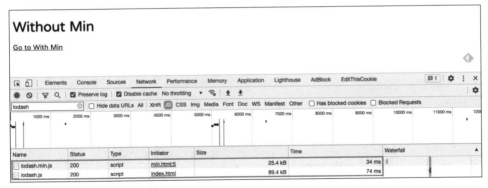

圖 1-16　壓縮與未壓縮的 Lodash 資源比較

可以看到壓縮後的資源大概只有原本的三成左右，節省了許多的傳輸量。

≫ 問題：未刪除沒使用到的程式碼

有的時候我們會引入外部庫去嘗試它的功能，但發現不符合需求就將檔案中相關的程式刪除，但常常會忘記要去刪除引入代碼，這時我們就會引入不必要的程式碼，增加載入的時間。

以下面的範例來說：

```html
<!-- ch01-before-webpack/04-performance/redundant-import/index.html -->
<!DOCTYPE html>
<html>
  <head>
    <!-- Redundant Import -->
    <script src="https://unpkg.com/lodash@4.17.21/lodash.js"></script>
  </head>
  <body>
    console.log('Hello, world!')
  </body>
</html>
```

範例中並沒有使用 Lodash，但是依然引入了浪費傳輸的時間。

解決方式：程式模組化後刪除沒有依賴的資源

用腳本的方式因為是隱性相依的關係，因此難以確認是否有使用外部資源，但是在模組的狀態下，我們可以藉由模組的引入清楚知道當前相依的資源，因此可以清楚的辨認是否有使用資源並將未使用的資源去除，避免傳輸至客戶端。

≫ 問題：只使用一部分的程式碼

有時我們只需要使用程式庫的某一部分功能，但卻需要整個資源都引入，而大部分的代碼都是用不到的。

以 Lodash 為例，Lodash 提供的函式眾多，但常常我們只需要使用到一兩個，這時引入整個 Lodash 庫就顯得有些多餘：

```html
<!-- ch01-before-webpack/04-performance/partial-use/join.html -->
<!DOCTYPE html>
```

```html
<html>
  <head>
    <script>
      // Prevent Uncaught ReferenceError: module is not defined
      module = {
        export: window,
      };
    </script>
    <script src="https://unpkg.com/lodash@4.17.21/join.js"></script>
  </head>
  <body>
    <h1>Only join</h1>
    <a href="./index.html">Go to All</a>
    <script>
      console.log(join(['Only', 'join'], ' '));
    </script>
  </body>
</html>
```

Lodash 可以讓使用者只引入單一函式，因此範例中只挑選 `join` 做引入，達到節省傳輸量的目的。

在引入完整 Lodash 的頁面與只引入 `join` 函式的頁面間切換：

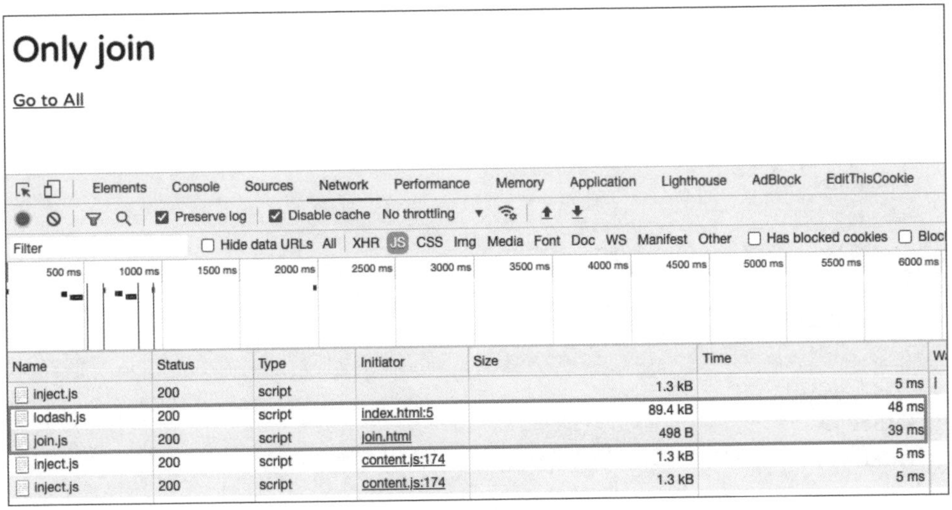

圖 1-17　Lodash 使用單一函式

可以看到完整的 Lodash 為 89 kB，可是我們只有使用 `join` 這個函式，它只佔了 498 B，如果直接引入完整的 Lodash 勢必造成不必要的程式碼傳輸而影響效能。

解決方式：程式模組化後使用 Tree Shaking

Tree Shaking 是指可以**將未使用的程式碼刪去**，只保留有使用的程式碼。Tree Shaking 仰賴模組化的編成方式，在模組化下的程式碼中有明確的匯入導出定義，藉由這些定義可以明確知道哪個定義有被使用到，因此可以將其他未使用到的定義給刪除。

≫ 問題：載入多個檔案

專案都會引入第三方的庫或是框架來減少開發的負擔，也會將代碼依照功能分為不同的資源來增加共用性，但這樣做會增加要引入的檔案，造成請求次數增加，拖慢效能。

範例如下：

```html
<!-- ch01-before-webpack/04-performance/multiple-import/index.html -->
<!DOCTYPE html>
<html>
  <head>
    <script src="add.js"></script>
    <script src="subtract.js"></script>
    <script src="multiply.js"></script>
    <script src="divide.js"></script>
  </head>
  <body>
    <h1>Multiple Files</h1>
    <a href="single.html">Go to Single File</a>
    <script>
      console.log(add(5, subtract(4, multiply(3, divide(2, 1)))));
    </script>
  </body>
</html>
```

範例中將各個運算方式以不同的檔案引入，但是每次的請求都會需要表頭等基本資料，因此範例中這樣多重請求的情況下就會比單一請求使用較多的傳輸量。

解決方式：將多個請求資源合併為一

可以將多個資源在不影響運行的情況下合併為單一資源，以此來減少請求次數。

範例如下：

```html
<!-- ch01-before-webpack/04-performance/multiple-import/single.html -->
<!DOCTYPE html>
<html>
  <head>
    <script src="math.js"></script>
  </head>
  <body>
    <h1>Single File</h1>
    <a href="index.html">Go to Multiple Files</a>
    <script>
      console.log(add(5, subtract(4, multiply(3, divide(2, 1)))));
    </script>
  </body>
</html>
```

範例中將所有的運算放到 `math.js` 中，讓請求次數減少。

≫ 問題：預先引入了其他頁面的代碼

在單頁應用架構下，由於只有一個 HTML，因此需要在首次訪問時就需要預先將其他頁面的資源載入，而使用者可能根本不會訪問那些頁面。

範例如下：

```html
<!-- ch01-before-webpack/04-performance/single-page/index.html -->
<!DOCTYPE html>
<html>
  <head>
    <script src="math.js"></script>
```

```
    </head>
    <body>
      <div id="app"></div>
      <script>
        var app = document.getElementById('app');
        var homeHTML = '<h1>Home</h1><a href="#math">Go to Math</a>';
        var mathHTML = '<h1>Math</h1><a href="#home">Go to Home</a><script>';

        function renderPage() {
          app.innerHTML = '';
          if (!location.hash || location.hash === '#home') {
            // Home
            app.innerHTML = homeHTML;
          } else if (location.hash === '#math') {
            // Math
            app.innerHTML = mathHTML;
            setTimeout(() => {
              console.log(add(5, subtract(4, multiply(3, divide(2, 1)))));
            }, 0);
          }
        }

        window.onhashchange = renderPage;
        renderPage();
      </script>
    </body>
</html>
```

範例是個小型的單頁應用，有 Home 與 Math 兩頁，為了在 Math 頁面中可以做運算而引入了 math.js，但如果使用者沒有進入 Math 頁面，那 math.js 就會變成無用的引入，造成傳輸量增加。

解決方式：按需加載資源

將資源按照需求加載即可，範例如下：

```
<!-- ch01-before-webpack/04-performance/single-page-async/index.html -->
<!DOCTYPE html>
<html>
  <head>
```

```html
    <!-- <script src="math.js"></script> -->
  </head>
  <body>
    <div id="app"></div>
    <script>
      var app = document.getElementById('app');
      var homeHTML = '<h1>Home</h1><a href="#math">Go to Math</a>';
      var mathHTML = '<h1>Math</h1><a href="#home">Go to Home</a><script>';

      function renderPage() {
        app.innerHTML = '';
        if (!location.hash || location.hash === '#home') {
          // Home
          app.innerHTML = homeHTML;
        } else if (location.hash === '#math') {
          // Math
          app.innerHTML = mathHTML;
          setTimeout(() => {
            var httpRequest = new XMLHttpRequest();
            httpRequest.onreadystatechange = function () {
              if (httpRequest.readyState === XMLHttpRequest.DONE) {
                eval(httpRequest.responseText); // Execute script
                console.log(add(5, subtract(4, multiply(3, divide(2, 1)))));
              }
            };
            httpRequest.open('GET', 'math.js');
            httpRequest.send();
          }, 0);
        }
      }

      window.onhashchange = renderPage;
      renderPage();
    </script>
  </body>
</html>
```

　在 `Math` 頁面載入後，使用 AJAX 非同步加載 `math.js` 資源，這樣一來就可以保證資源在需要使用時才去請求。

開發環境

開發環境使用者為工程師，盡可能的減少修改程式碼後的載入時間，使工程師可以更有效率的寫程式。

≫ 問題：程式修改後需要整頁重新載入

在開發時，我們每次修改程式碼後，都需要將網頁重新整理讓請求再次發送以此得到最新的程式碼，但重新整理這個動作需要將所有的資源通通重新載入並且執行。修改一行程式碼想要看結果時卻要等待全部資源重新載入是非常沒有效率的。

解決方式：Hot Module Replacement

Hot Module Replacement（簡稱：HMR）是在伺服器的配合下，在程式碼修改後將修改模組的資訊傳給客戶端，由客戶端針對修改模組做替換的一種技術。

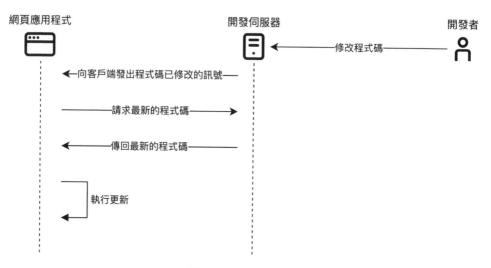

圖 1-18　HMR 流程

小結

　　網頁應用程式的效能取決於資源從伺服器到客戶端間的傳輸等待時間，減少傳輸量就可以減少等待的時間，因此在開發、部署時需要盡量避免傳輸多餘的資源以減少花費的時間。

　　主要可以減少的傳輸量是多餘的資源傳輸，在部署至開發環境前預先壓縮程式碼並將不需要的程式碼刪去，另外對於多個資源請求可以將其合併至同個資源以減少請求次數，並在要使用資源時才做載入，這樣可以使生產環境的效能提升。

　　另外在開發環境下，可以利用 HMR 盡量減少修改程式碼後要重新載入的資源量，藉以減少等待時間，增加開發效能。

　　會拖慢應用程式效能的原因有很多，這些問題在應用程式規模小的時候或許並不明顯，但是隨著規模增長，原本微小的消耗也會變得巨大，要如何避免這些問題勢必成為工程師的一大課題。

參考資料

■ MDN: Tree shaking
（ https://developer.mozilla.org/zh-CN/docs/Glossary/Tree_shaking ）

■ webpack Concepts: Hot Module Replacement
（ https://webpack.js.org/concepts/hot-module-replacement/ ）

各類工具的出現

各類工具幫助開發者構築自動化流程。

隨著網頁應用程式的使用規模及範圍擴大，開發方式逐漸走向更具架構的模組化開發，並且發明了許多新的技術因應更複雜的邏輯處理，而為了提供更好的體驗，優化效能的需求也逐漸提升。這些變化造成開發及部署的流程變得十分的複雜，因此有許多的工具被發明以減輕工程師的負擔。接下來會介紹在建置時所需的各類工具。

需要建置工具的原因

由於網頁技術的語言都是直譯式的，因此並不需要編譯器轉碼，省去了建置的功夫。但是隨著程式碼量的規模增大，為了提高生產力與產品的效能，就需要透過建置的流程去處理各種情況，接下來列出幾個需要建置工具的原因。

≫ 模組化規範不一致

在 **JavaScript 的模組化之路**一節中提到，由於歷史關係，JavaScript 擁有許多不同的模組化規範，不同規範的模組就不能互相引用，因此需要有一個程序幫忙轉換各種規範的模組為統一規格。

≫ 新語言非直譯式

在**新技術的崛起**一節中介紹了許多可以幫助工程師提高生產力的新技術，這些新技術藉由非原生的語法規範來優化程式碼的可讀性、可維護性，在開發後需要編譯為原生語法才能執行於環境上。

≫ 效能優化

在**提升網頁效能**一節中提到 工程師必須盡可能減少多餘的程式碼請求來降低傳輸時間，因此工程師會需要一個程序幫忙刪去不必要的程式碼。

這些方案都有一個共通的問題，那就是**需要配置相對應的程序處理**。

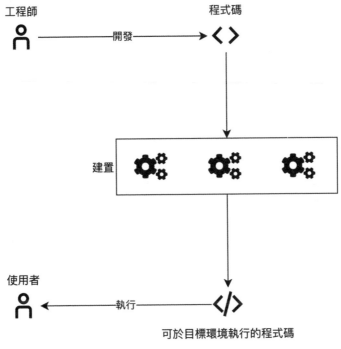

圖 1-19　建置

　　如果沒有建置工具的幫忙，以人工的方式處理的話，不但流程繁複，又可能因為人為原因造成錯誤，因此工程師需要引入工具將建置流程自動化，提高效率。

工具的種類

　　要解決問題需要有兩種不同的工具相互配合使用，分別是任務執行器（Task Runner）與模組綑綁器（Module Bundler）。

≫ 任務執行器

　　在建置時，需要執行的程序及流程有可能很複雜，有些程序可能有順序的問題，有些可能會同時被不同的流程使用到，有些可能互不相關可以同步執行，這些管理程序如何執行的事情就是任務執行器的工作。

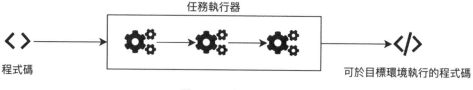

圖 1-20　任務執行器

≫ **模組綑綁器**

　　工程師以模組進行開發後，為了使其可以執行於生產環境上，需經由模組綑綁器將所有的模組依照相依關係進行處理，讓程式碼可以正確地被生產環境執行。

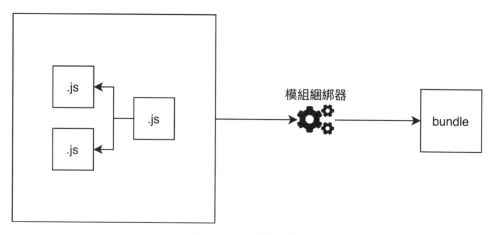

圖 1-21　模組綑綁器

　　通常模組綑綁器會將所有相依模組組成一個大型資源，名為 bundle，這樣可以避免傳輸複數資源，達到減少傳輸次數的目的。

　　模組綑綁器通常也會提供配置讓工程師設定 bundle 的產生方式，藉此做到程式碼分割、延遲載入等優化的處理。

工具的互相配合

　　任務執行器用來建立整個建置流程，並在流程中加入模組綑綁器負責處理模組與程式碼優化的工作。

依照工具解決的問題分類：

	任務執行器	模組綑綁器
模組化規範		✓
新技術的建置	✓	
效能優化		✓

> 表格中只是表示出各類工具主要的工作，任務執行器與模組綑綁器都有可能
> 互相包含了一部分的功能，例如說任務執行器可以執行壓縮程式碼的程序藉
> 此優化效能，而模組綑綁器也可以替各模組做語言的轉換。

接著分別介紹具有代表性的任務執行器以及模組綑綁器工具。

npm 的 scripts

npm 為 node.js 預設的模組管理工具，我們可以利用 npm 在專案中安裝
需要的套件並使用其管理各個套件的版本。專案中的各項設定會被存於專案
根目錄下的 `package.json`。

為了使開發模組的工程師可以在各個生命週期（Life Cycle）中執行對應的
命令，npm 在 `package.json` 中提供了 `scripts` 屬性讓工程師可以在對
應的生命週期上設定命令。

範例如下：

```
{
  "description": "ch01-before-webpack/05-tools/npm-scripts/package.json",
  "scripts": {
    "prestart": "echo \"Before npm start\"",
    "start": "echo \"Hello npm start\"",
    "poststart": "echo \"After npm start\"",
    "prestart2": "echo \"Before npm start\"",
    "start2": "echo \"Hello npm run start2\"",
    "poststart2": "echo \"After npm run start2\""
  },
  "license": "MIT"
}
```

範例中，當執行 `npm start` 時，會依照 `prestart`、`start`、`poststart` 順序執行各個命令，而執行 `npm run start2` 時則會執行 `prestart2`、`start2`、`poststart2`。

`npm scripts` 是我們自動化工程的第一步，`pre<event>`、`<event>` 與 `post<event>` 生命週期將指令的執行方式變為一個自動化流程，工程師可以在流程中加入不同的命令，當 npm 執行對應的指令時就會依序執行生命週期上的命令，簡化了手動執行的繁複同時也避免人為的失誤。

但是一個指令內只能有三個命令（`pre<event>`、`<event>`、`post<event>`）可以設定，對於網頁複雜的建置流程來說是不夠用的，另外對於不同的指令想要執行相同的命令時也只能重複定義（範例中的 `prestart2` 與 `prestart` 是執行相同的命令但卻需個別定義），因此現在大多的專案實作的方式是讓 npm 只負責決定**要執行什麼指令**，而指令的執行方式交由其他工具負責。

Gulp

Gulp 是個 JavaScript 的任務執行工具，導入管線（Pipelines）的思想來建立自動化流程。工程師可以在管線中配置不同的工作，而程式碼就像是水流於管線中依序執行所設置的各種處理並在最後輸出結果。

範例如下：

```javascript
// ch01-before-webpack/05-tools/gulp-example/gulpfile.js
const { series } = require('gulp');

function prestart(cb) {
  console.log('Before npm start');
  cb();
}

function start(cb) {
  console.log('Hello npm start');
  cb();
}
```

```
function poststart(cb) {
  console.log('After npm start');
  cb();
}

function start2(cb) {
  console.log('Hello npm run start2');
  cb();
}

function poststart2(cb) {
  console.log('After npm run start2');
  cb();
}

exports.start = series(prestart, start, poststart);
exports.start2 = series(prestart, start2, poststart2);
```

範例中，在 Gulp 的定義檔 `gulpfile.js` 中定義 `start` 與 start2 兩個主任務，並且共用同一個 `prestart` 子任務。

範例中展示了 Gulp 的特性，在一個主任務中（如範例中的 `start`、`start2`）可以由多個不同的子任務組成，而不同的主任務也可以由包含同個子任務（如範例中的 `prestart`）。

> Grunt 是另一個與 Gulp 功能相似的任務執行工具。

雖然 Gulp 滿足了自動化的需求，但它並沒有解決 JavaScript 模組化的問題，需要仰賴其它的工具才能做到模組化編程。

browserify

Node.js 的模組規範 CommonJS 並不是 JavaScript 的標準規範，因此不管是用 Node.js 開發的程式碼或是套件管理工具 npm 中的套件都是不能在瀏覽器上直接執行的。 browserify 就是為了解決此問題而發明的，它會將程式碼中所有相依的模組找出來並將他組合為一個可以在瀏覽器上執行的檔案。

範例如下：

```javascript
// ch01-before-webpack/05-tools/browserify/main.js
var add = require('./add.js');
var subtract = require('./subtract.js');
var multiply = require('./multiply.js');
var divide = require('./divide.js');

console.log(add(5, subtract(4, multiply(3, divide(2, 1)))));
```

`main.js` 使用 Node.js 的語法撰寫，由於 CommonJS 規範的 `require` 不能在前端執行，因此需要 browserify 的編譯。

```json
{
  "description": "ch01-before-webpack/05-tools/browserify/package.json",
  "scripts": {
    "prestart": "browserify main.js > bundle.js",
    "start": "http-server"
  },
  "license": "MIT",
  "devDependencies": {
    "browserify": "17.0.0",
    "http-server": "^0.12.3"
  }
}
```

執行 `npm start` 時，會先使用 browserify 將 `main.js` 程式碼編譯前端可以執行的 `bundle.js`，並且開啟 `http-server`。

```html
<!-- ch01-before-webpack/05-tools/browserify/index.html -->
<!DOCTYPE html>
<html>
  <body>
    <script src="./bundle.js"></script>
  </body>
</html>
```

在 `index.html` 將 browserify 解析後的 `bundle.js` 引入，就可以正確執行程式了。

Gulp + browserify

browserify 作為單純的模組綑綁器,它只專注在模組的處理上,對於建置流程的建立需要仰賴 Gulp 這類的任務執行器。

以剛剛 browserify 的範例來説,因為在 bundle 後需要開啟伺服器觀看結果,沒有 Gulp 的幫助的話,就只能使用 npm `scripts` 的 `prestart` 處理。

與 Gulp 搭配使用之後會如下範例:

```js
// ch01-before-webpack/05-tools/gulp-browserify/gulpfile.js
var { series, dest } = require('gulp');
var source = require('vinyl-source-stream');
var browserify = require('browserify');
var connect = require('gulp-connect');

function bundle(cb) {
  browserify('main.js').bundle().pipe(source('bundle.js')).pipe(dest('./'));
  cb();
}

function devServer(cb) {
  connect.server({ port: 8082 });
}

exports.default = series(bundle, devServer);
```

範例中使用 Gulp 創建了兩個子任務 `bundle` 與 `devServer`,並將它們串成一個主任務,完成我們期望的流程。

browserify 的問題

browserify 作為一個模組處理的解決方案,它是足以應付現代網頁應用的大部分需求的,但還是有幾個部分需要再加強。

≫ 問題：原生只支援 CommonJS

browserify 在 JavaScript 的多種模組化規範中，僅有 CommonJS 是原生支援的，AMD 需仰賴 deAMDify，ES Module 需要有 babelify 才能支援不同的模組化規範，增加配置的麻煩。

≫ 問題：只能手動分割程式碼

模組綑綁器會將多個模組合併為一個檔案，當需要產生多個 bundle 檔案時，就會有可能將都有使用到的模組（例如：基底模組 utils 或是 Lodash 這樣的第三方工具庫）綁定到不同的 bundle 上，如此一來本來已經載入的資源就會因為使用的 bundle 不同而需再次載入，拖慢效能。這時我們可以將共用的模組綁定到另一個 bundle 上，只要共用的模組不變，這個 bundle 就可以被瀏覽器快取住而節省載入的時間。

分割程式碼這個作業在 browserify 中需要藉由 `factor-bundle` 的幫助，才能手動指定想要合併的程式碼，而不能自動幫忙分割，增加配置的成本。

≫ 問題：不能適時加載

browserify 不支援非同步的載入資源，因此不能適時加載，在單頁應用的架構下，不能適時加載代表著首頁就需要載入所有的內容，這會大幅增加載入時間，造成糟糕的使用者體驗。

> 有人使用第三方工具庫在 browserify 中實現非同步加載，但其所需的配置成本高。

≫ 問題：需要與其他工具整合

browserify 是個專注於處理 JavaScript 的模組，雖然本身的操作單純，但對於其他資源（例如：圖片）的處理就需要仰賴第三方的 transforms（browserify 中對預處理器的稱呼）或是工具配合，在建置流程的建立上也需要配合使用像 Gulp 這樣的任務執行器，整個設定會很繁瑣複雜，增加配置的時間。

小結

　　各種建置工具被發明以因應越趨複雜的前端建置流程，我們需要任務執行器與模組綑綁器來處理建置相關的問題。任務執行器主要解決新語言的建置，而模組綑綁器則作為模組化規範以及效能優化的解決方案。

　　npm 的 `scripts` 是個簡單的任務執行器，可以用 `pre<event>`、`<event>`、`post<event>` 組合簡單的建置流程，但是由於過於簡單，因此可以使用專門的任務執行器 Gulp 來做更進階複雜的建置流程設定。 Gulp 使用管線的概念，開發者可以定義不同的工作並將其放入指定的任務中，執行指定的任務就可以經由特定的管線定義做處理。

　　browserify 作為模組綑綁器，專精於處理 CommonJS 規範的 Node.js 程式碼，將其綑綁後可以執行於瀏覽器上。

　　在 Gulp 與 browserify 的互相搭配下，形成了完整的建置解決方案，但是設定過程中需要大量的配置與第三方工具的幫助，加大了配置的複雜度以及錯誤發生的機率，因此依然有其改進的空間。

參考資料

- npm Docs: scripts
  （https://docs.npmjs.com/cli/v7/using-npm/scripts）
- Gulp
  （https://gulpjs.com/）
- browserify
  （https://browserify.org/）
- viget: Gulp + Browserify: The Everything Post
  （https://www.viget.com/articles/gulp-browserify-starter-faq/）
- Alligator: What Tool to Use: webpack vs Gulp vs Grunt vs Browserify
  （https://alligator.io/tooling/webpack-gulp-grunt-browserify/）

第一章總結
· · · · · · · · · · · · ·

探究並理解原因是學習的重要基礎。

本章完整講述了在 webpack 之前，前端乃至於整個 JavaScript 生態系的狀態以及遭遇的問題。

- 第一節説明網頁應用的架構變遷，畫面渲染的重心因為客戶端技術逐漸成熟而由後端往前端推移，使得網頁相關技術語言 HTML、CSS 與 JavaScript 使用的規模逐步提升，到了單頁應用時達到了巔峰，而隨著 Node.js 的出現，JavaScript 的跨端運行已經成了常態，促使其使用的廣度大幅增加，在這樣加深加廣的使用規模下，網頁相關技術迎來了必然的革新。

- 第二節講述 JavaScript 腳本式的特性在程式碼量大增的情況下逐漸出現頹勢，共用作用域與隱性引入造成開發上的困難，因此擁有獨立作用域以及明確引入特性的模組化設計就成了 JavaScript 更新的目標。但由於 JavaScript 執行的環境複雜，而無法快速的增加其語法規範，所以許多第三方的模組化規範被使用，其中具有代表性的有 Node.js 使用的 CommonJS 與 require.js 實作的 AMD 以及後來原生的 JavaScript 模組規範 ES Module。要如何統籌不同的模組化規範成為了網頁工程的一個課題。

- 第三節説明由於網頁技術的蓬勃發展，為了彌補原本語言的劣勢，許多的新技術誕生，例如 JavaScript 的 Babel、TypeScript，CSS 的 PostCSS 與 SASS，HTML 的 Pug 與模板語法等。這些新技術都使用了新的語法，需要透過編譯器的方式轉為原生的語言以供瀏覽器執行。為了提高生產力，許多工程師將新技術帶入網頁開發中，也促使原本不需要編譯階段的網頁開發流程做出改變。

- 第四節講述龐大的應用程式規模造成效能上的負擔，為了改善效能，開發者們盡量減少客戶端與伺服器的傳輸，以減少傳輸距離與傳輸量的方式來降低需要等待的時間。要降低傳輸量主要的方式是盡量減少傳輸的程式碼量，要做到這點可以用壓縮的方式減少容量，並且將不需要的程式碼刪除，而特定情況才會使用到的程式碼改用非同步載入的方式在要使用時載入。開發時須盡可能減少每次建置後需重新傳輸的代碼量，節省載入時間，增加開發效率。多了這些優化作業使得專案需要一個專門的程式來負責這些任務。

■ 第五節說明由於網頁開發的思維變遷，建置流程被帶入這個領域中，因此開發者們需要借助各種建置工具的幫助降低人力成本、減少人為失誤、提升生產力。建置工具主要有任務執行器與模組綑綁器，使用任務執行器建立自動化建置流程，另外藉由模組綑綁器解決模組規範不一致的問題，同時藉由兩者的互相配合，做到優化效能的目的。身為任務執行器的 Gulp 可以有彈性的組合各種程序及處理，有效的幫助開發者實現自動化流程。 browserify 作為 JavaScript 模組綑綁器，可以將多個模組依照相依關係建構成 bundle 檔案，在此同時做到編譯程式碼與優化效能的目的。 Gulp 與 browserify 的配合實現了開發者對於建置流程的需求，但 browserify 其本身專注於 JavaScript 的 CommonJS 模組的特性，使得它在非同步載入上有很大的進步空間。需要與第三方 transforms 與工具配合才能優化整體程式的效能使其配置複雜度提高，也因為第三方工具的品質參差不齊使得可靠度降低。

隨著網頁規模逐步擴大，許多新的技術誕生，同時也對網頁執行的效能要求提高，這些原因帶動了建置工具的發展，而隨著建置流程越趨複雜，開發者們對於建置工具的期望就越高，單純的任務執行器或是專注直特定語言甚至特定模組化規範的模組綑綁器已經逐漸不能符合需求。在這時空背景下作為完整的建置解決方案 webpack 誕生了。在下一章中將會介紹 webpack 基礎概念以及基本的配置方式。

Note

認識 Webpack

學習 webpack 的基礎概念與配置方式

由於網頁應用程式規模擴大，導致應用程式的架構發生變化。原本腳本的開發方式逐漸由更有架構性的模組化設計取代。而為了提升開發的效率，各種新技術被發明以解決各種開發上的問題。隨著專案程式碼量的提升，應用程式效能的優化變得十分重要。為了解決這些問題，許多的建置工具被發明，但這些工具都只專注於部分的建置需求上，缺乏完善的解決方案（詳情請參見第一章）。這時 webpack 誕生了，作為一個高度整合且完整的建置工具活躍於 JavaScript 生態系中。

本章會入門 webpack，首先從 webpack 的基礎概念開始講起，說明學習 webpack 時會遇到的名詞，以及其作用與意義。接著利用學習到的概念，實際動手使用 webpack 配置一個專案。再來學習如何使用配置文件，文件中可以定義細部的設定方式。最後學習如何在 webpack 中使用配置文件。

結束這一章的學習後就可以讀懂各種專案中的 webpack 配置，也可以藉著這些概念學習更進階的設定方式。

介紹 Webpack

本節介紹 webpack 運作流程、以及說明 webpack 中各式的基礎概念。

webpack 是個現代 JavaScript 應用程式的模組綑綁器。雖說是模組綑綁器，但 webpack 利用模式（mode）的概念構築出複數的建置流，並藉由配置文件設定的靈活性，使其可以擁有任務執行器的功能。

所有的資源進到 webpack 中都會變為模組，在處理各個模組的過程中，Loaders 會將其轉換為目標環境可以載入的形式，並且在建置過程的各個階段可以配置各種 Plugins（插件）以進行特定的處理，最後輸出結果。

核心概念 - webpack 中任何東西皆為模組

在 webpack 中，任何的東西都被當作模組，所以 `.js`、`.css`、`.png`、`.svg` 等各種資源在 webpack 內都是一個個的模組。

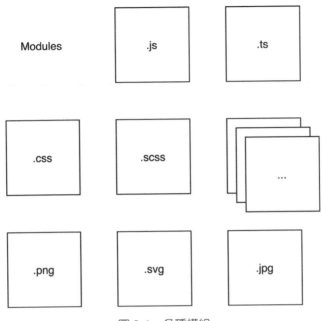

圖 2-1　各種模組

在第一章第二節 JavaScript 的模組化之路中有介紹到模組化編程的好處是各個模組的細節封裝，因此在每個資源都被視為模組的 webpack 中，整個建置流程就不需了解資源的內部實作方式，只需要知道模組介面如何輸入、匯出即可。

在沒有 webpack 時，開發者需要針對不同的資源採取不同的引入方式，例如 JavaScript 要用 `<script>`，CSS 要用 `<link>`，而圖片則使用 `<img>`。

有了 webpack 萬物皆模組的概念後讓使用資源的方式變得單純，使用單一種引入語法（例如：`import`）就可以引入所有的資源，大大的簡化了複雜的開發流程。

基本介紹

webpack 是個現代 **JavaScript** 應用程式的模組綑綁器。

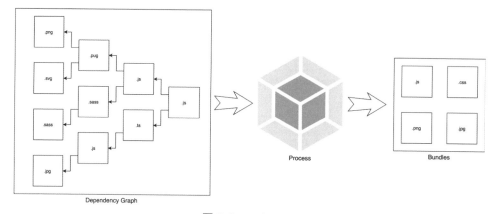

圖 2-2　webpack

　　它將各模組間的相依關係繪製成相依圖（dependency graph），依照相依圖解析並處理每一個模組，最後建置成一個或多個可以在目標環境（例如：瀏覽器）執行的檔案（又名：Bundle）。

運作階段

　　模組綑綁器的運作可以分為三個階段：來源、處理與輸出。

圖 2-3　運作階段

　　在來源的階段 webpack 會將應用程式所需的所有資源找出，並且在處理階段進行相應的處理，最後在輸出階段產生建置的結果。

　　這三個階段分別對應到 webpack 中的三個概念：Entry、Mode 與 Output。接著來會說明這三個概念分別代表的意義。

≫ Entry

　　一個應用程式大概率都會是由複數個資源所組成的，為了要定義應用程式的來源，webpack 讓使用者定義名為 Entry 的模組，這個模組為所有資源的起始點，順著這個模組的相依關係解析後可以得到整個應用程式的模組相依圖，藉以囊括所有的資源以便進行對應的處理。

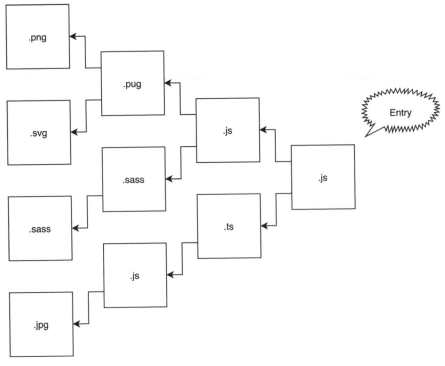

圖 2-4　Entry

≫ Mode

webpack 在進行處理時會依照 Mode 的不同而進行不同的最佳化設定：

■ Production：以生產環境為目標，做 Tree Shaking、Minify 等以執行效能為導向的最佳化

■ Development：以開發環境為目標，做 Source Map 等以開發便利為導向的最佳化

■ None：不做任何最佳化設定

≫ Output

webpack 在輸出結果時會需要知道**要放在哪個路徑**以及**每個資源要取什麼名字**，因此需要使用 Output 來設定輸出時的位置及方式。

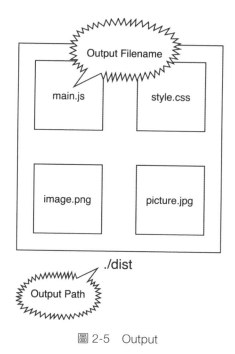

圖 2-5　Output

各個階段對於資源的稱呼

在 webpack 中對於資源的稱呼會因為所處階段的不同而有不同。在來源的階段時資源會被稱為 Module（模組），這些模組進入 webpack 建置流程中經過一系列的處理會轉變為 Chunk，而最後做輸出處理後呈現在輸出目錄中的叫做 Bundle（在某些地方稱為 Asset）。

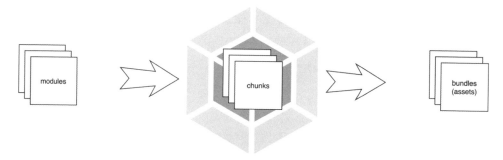

圖 2-6　各階段資源的名稱

可以將它們都想成是程式區塊,在建置過程中這些區塊可能會經過拆解、重組的步驟,因此才需要在各個時期有不同的名稱表示。

運作流程

在瞭解了 webpack 的各個運作階段後,現在我們看一下整個 webpack 較詳細的運作流程。

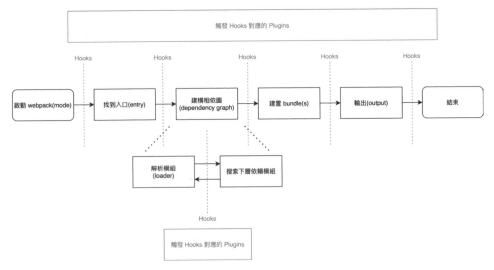

圖 2-7　運作流程

- 啟動 webpack,執行 Mode 對應的最佳化方案
- 找到起始模組入口(Entry)
- 繪製相依圖(Dependency Graph)
  - 解析模組(Loaders)
  - 搜尋下層依賴模組
- 找到依賴模組後回上一步解析模組
- 沒有下層則結束搜尋
- 建置 bundle(s)
- 輸出(Output)

在運作流程的每個步驟都有事件鉤子(Hooks),Plugins 可以在這些鉤子上註冊各種處理函式,在執行到這些特定階段時就會被觸發。

webpack 從起始模組（Entry）開始往下找尋相依模組，當所有的模組都被解析完成後就會進行處理並產生可於目標環境執行的檔案（Bundles）並且輸出在目標資料夾中。

將整個運作流程攤開後，會發現兩個我們不清楚的概念：Loaders 與 Plugins，接著來分別講解。

≫ Loaders

webpack 本身只能解析 JavaScript 與 Json 檔，對於其他的模組，需要借助 Loaders 的幫助。

因此當你引入這些 webpack 不認識的檔案（例如：`.css`）時，webpack 就會嘗試去尋找合適的 Loaders 來載入這些資源，而對應的 Loaders 會將其轉譯成 webpack 讀得懂的模組，讓 webpack 可以將此模組加進相依圖內，並且繼續建置的工作。

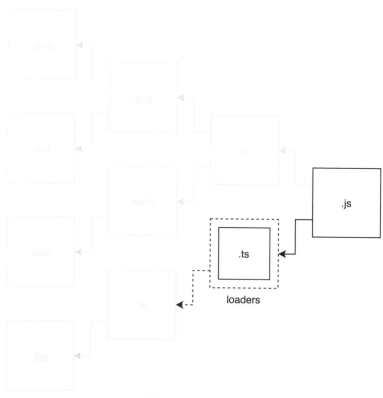

圖 2-8　Loaders

⟫ Plugins

webpack 在執行的過程中，會依序觸發不同的事件鉤子，藉以完成各個時期的工作，而 Plugins 可以藉著這些事件鉤子執行其所設定的工作。

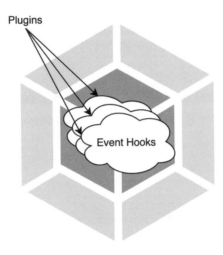

圖 2-9　Plugins

Plugins 使得 webpack 有了更強大的能力，小如**建置前清空輸出資料夾、注入環境變數、產生 html 檔案**，大如**配置最佳化**等，都與 Plugins 有關係。

小結

webpack 的核心目標是打包 **JavaScript 應用程式的模組**，它把所有的資源都視為模組。

webpack 運作的三個階段：來源、處理及輸出，分別對應 Entry、Mode 與 Output 三個概念。來源階段需要定義應用程式所有的模組，webpack 利用 Entry 當作模組相依關係的起始點，從 Entry 可以找出應用程式中所有需要的模組。而在處理階段中可以設定 Mode 依照情境執行對應的處理。最後的輸出階段使用 Output 定義輸出的位置與 Bundle 的名稱。

在每個階段中，由於建置的處理，程式碼區塊會被不同程度的合併與切割，因此 webpack 給予資源的稱呼也不一樣，在來源階段稱為 Module，處理階段稱為 Chunk，而輸出階段則稱為 Bundle。

webpack 的運作流程是從 Entry 模組開始尋找相依模組以建立相依圖，遇到非 JavaScript(JSON) 的檔案就交給 Loaders 幫忙轉換，最後建立 bundle 檔案並輸出在 Output 路徑下，而這個 bundle 是可以直接被目標環境（例如：瀏覽器）執行的資源。

　　在建置流程中的各階段都會有事件鉤子，我們可以使用 Plugins 在鉤子上註冊處理函式，藉此賦予 webpack 除了打包外的其他能力，例如説 bundle 建置最佳化。

　　webpack 利用了整個打包流程解決了現代前端工程的模組化及新技術的引入問題，並且還可以做代碼的優化、檢查、分割等的處理，使得開發的應用程式層級可以向上提升。

參考資料

- webpack Concepts: Modules
  （https://webpack.js.org/concepts/modules/）
- webpack Concepts: Concepts
  （https://webpack.js.org/concepts/）
- webpack Concepts: Under The Hood
  （https://webpack.js.org/concepts/under-the-hood/）

第一個 Webpack 應用程式

本節以實作的方式展示 webpack 的各項主要功能。

前一節介紹了 webpack 各個核心的概念以及整個運作原理。這一節會實際演繹一遍從零開始配置一個 webpack 的應用程式,同時幫助我們加深之前學到的概念。

簡單的例子

首先,先用一般的方式寫一隻簡單的程式。

建立專案的目錄及空的 `package.json`:

```
mkdir simple-app
cd simple-app
npm init -y
```

再來建立一個 `public` 目錄來儲存代碼:

```
mkdir public
```

在 `public` 目錄中建立 `index.html` 及 `index.js`:

```html
<!DOCTYPE html>
<html>
  <head>
    <script src="https://cdn.jsdelivr.net/npm/lodash@4.17.20/lodash.min.js"></script>
  </head>
  <body>
    <script src="./index.js"></script>
  </body>
</html>
```

```js
function component() {
  const element = document.createElement('div');

  element.innerHTML = _.join(['Hello', ', ', 'world', '!'], '');
```

```
  return element;
}

document.body.appendChild(component());
```

這個範例將 `Hello, world!` 的字串用 Lodash 的 `join` 合併並顯示於畫面上。

我們使用 `http-server` 當我們測試用的伺服器，要先安裝：

```
npm install http-server --save-dev
```

在 `package.json` 中的 `scripts` 中加上 `start`：

```
{
  "scripts": {
    "start": "http-server"
  },
}
```

> `http-server` 會偵測目錄下是否有 `public` 資料夾，如果有的話會以它當作網站的內容位置，因此直接啟動 `http-server` 即可。

接著執行 npm 的 `start` 指令：

```
npm run start
```

在瀏覽器中開啟 `http://127.0.0.1:8080` 就可以看到成果了：

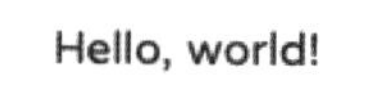

Hello, world!

圖 2-10　簡單範例的結果

> 如果 Port 8080 已經被使用，`http-server` 會自動往後偵測空的 Port 當作 Server 的 Port，可以藉由終端的輸出知道要開啟哪個 Port。

這個範例是使用一般 JavaScript 腳本方式執行，並沒有模組化。

全部的資源會被 `index.html` 的標籤引入，因此現在的相依關係如下圖所示：

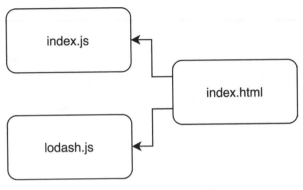

圖 2-11　簡單範例的結構

到目前為止，工作目錄下是這樣子的：

```
root
├ package.json
├ /public
  ├ index.html
  ├ index.js
```

現在我們已經完成應用程式了，但是以傳統的方式開發的應用程式會引發**變數衝突、不明確的引入、引入順序、引入不必要的程式碼**以及**載入多個檔案**等問題（第一章的 **JavaScript 的模組化之路**與**提升網頁效能**有做更詳細的說明）。

接下來，我們將利用模組化編程解決這些問題，並且使用 webpack 建置專案。

到目前為止的範例代碼可以參考 `ch02-getting-started/02-first-webpack/simple-app`。

安裝 webpack

使用 `npm` 安裝 `webpack`。

```
npm install webpack webpack-cli --save-dev
```

除了安裝 webpack 的**核心庫**外，還需要 **CLI 工具庫** 以便操作 webpack 的相關指令。

配置 webpack 專案

在使用 webpack 時，因為有建置過程，因此專案會分為**原始檔案**以及**建置過的檔案**兩個部分，因此我們需要先將檔案分類放到適當的路徑下。

webpack 預設的起始模組是 `./src/index.js`，因此需要將原本的 `public` 資料夾名稱改為 `src`，這個 `src` 就是放原始檔案的目錄。

另外因為 webpack 預設的輸出位置是在 `./dist`，因此要新建一個 `dist` 的目錄，並把 `index.html` 放到 `dist` 資料夾下，這個 `dist` 是放置建置完成後實際於伺服器上執行的內容，包括靜態資源與 webpack 建置後的 bundle 檔案。

到目前為止，目錄結構會像下面這樣：

```
root
|- package.json
-|- /public
-   |- index.html
-   |- index.js
+|- /dist
+   |- index.html
+|- /src
+   |- index.js
```

≫ 改為模組化編程

原本 Lodash 是用 CDN 載入的，現在改為用 `npm` 安裝：

```
npm install lodash --save-dev
```

使用 `import` 語法引入 Lodash 庫：

```
+import _ from 'lodash';

function component() {
```

```
  const element = document.createElement('div');

  element.innerHTML = _.join(['Hello', ', ', 'world', '!'], '');

  return element;
}

document.body.appendChild(component());
```

> webpack 可以解析多種模組語法，官方建議使用 ES2015 Module 的 `import`、
> `export`。

記得要把 `index.html` 的 `<script>` 刪除：

```
<!DOCTYPE html>
<html>
  <head>
-     <script src="https://cdn.jsdelivr.net/npm/lodash@4.17.20/lodash.
min.js"></script>
  </head>
  <body>
    <script src="./index.js"></script>
  </body>
</html>
```

接著配置來 webpack。

使用 webpack

先將 `webpack` 指令加到 `package.json` 的 `scripts`：

```
{
  "scripts": {
+    "build": "webpack",
    "start": "http-server"
  },
}
```

webpack 在使用預設值的情況下是可以**開箱即用**（**out of the box**）的，不需要任何配置（zero config），因此目前還不需要做設定，直接執行即可。

```
npm run build
```

執行後，會出現 webpack 的建置報告：

```
asset main.js 69.5 KiB [emitted] [minimized] (name: main) 1 related asset
runtime modules 1010 bytes 5 modules
cacheable modules 532 KiB
  ./src/index.js 291 bytes [built] [code generated]
  ./node_modules/lodash/lodash.js 531 KiB [built] [code generated]

WARNING in configuration
The 'mode' option has not been set, webpack will fallback to
'production' for this value.
Set 'mode' option to 'development' or 'production' to enable defaults for
each environment.
You can also set it to 'none' to disable any default behavior. Learn
more: https://webpack.js.org/configuration/mode/
```

webpack 預設會以 `./src/index.js` 作為 Entry，處理完成後會輸出（Output）至 `./dist` 目錄下，並以 Chunk 預設名稱 `main` 作為輸出的 Bundle 檔名。

由於我們的起始模組放置的位置與名稱符合 webpack 的預設值（`./src/index.js`），因此 webpack 會執行處理並將 Bundle 以 `main.js` 輸出到了 `./dist` 目錄下。

> WARNING 是提醒沒有配置 `mode`，預設會以 `production` 的設定做處理。

由於 JavaScript 檔名變為 `main.js`，因此要去修改 `index.html`：

```
<!DOCTYPE html>
<html>
  <head>
  </head>
  <body>
-    <script src="./index.js"></script>
```

```
+    <script src="./main.js"></script>
   </body>
</html>
```

現在建置後的檔案在 `./dist` 目錄下，因此需要修改 `start` 指令中 `http-server` 的目標目錄：

```
{
    "scripts": {
      "build": "webpack",
-     "start": "http-server"
+     "start": "http-server ./dist"
    }
}
```

然後執行 `npm run start` 指令啟動 `http-server`。

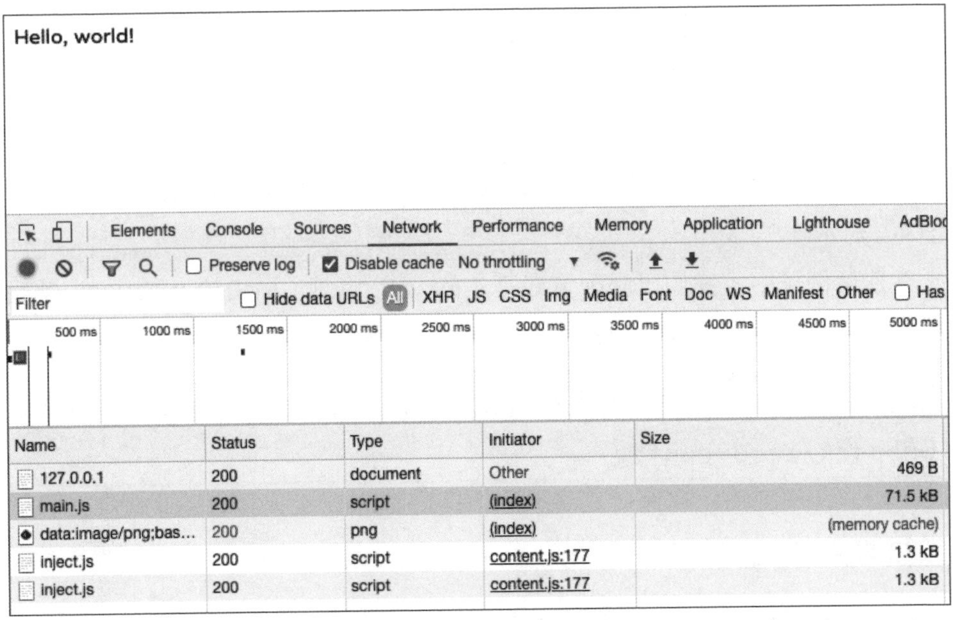

圖 2-12　零配置範例結果

雖然執行的結果相同，但內部運作已經完全不同了，開啟 Dev tool 會看到現在只有引入 `main.js` 單個 Bundle 檔案，這個檔案裡面包含了本來的

`index.js` 與 `lodash.js`，這表示我們已經成功使用 webpack 完成建置並執行於瀏覽器上了。

恭喜你，你寫出了第一隻 webpack 建置的應用程式，現在的架構如下：

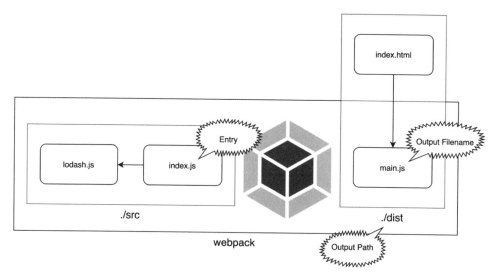

圖 2-13　零配置範例的架構

經過 webpack 的處理，會在 `./dist` 中產生 `main.js` 並被 `index.html` 引入。

在這個例子中，我們已經配置最基本的 webpack，而由於 webpack 預設配置了 Entry 及 Output，使我們可以在不做任何設定的情況下完成建置。

> 到目前為止的範例代碼可以參考 `ch02-getting-started/02-first-webpack/zero-config`。

嘗試載入樣式表

接著我們嘗試將圖片加入頁面中。

在 `./src` 中新增一個 `style.css`：

```
div {
  font-style: italic;
}
```

在 `index.js` 中將樣式表加到 DOM 中：

```
import _ from 'lodash';

+import css from './style.css';

+function style(cssString) {
+   const element = document.createElement('style');

+   element.innerHTML = cssString;

+   return element;
+}

function component() {
  const element = document.createElement('div');

  element.innerHTML = _.join(['Hello', ', ', 'world', '!'], '');

  return element;
}

+document.body.appendChild(style(css.toString()));
document.body.appendChild(component());
```

執行 webpack 後，產生下面的錯誤：

```
ERROR in ./src/style.css 1:4
Module parse failed: Unexpected token (1:4)
You may need an appropriate loader to handle this file type, currently
no loaders are configured to process this file. See https://webpack.
js.org/concepts#loaders
> div {
|    font-style: italic;
| }
 @ ./src/index.js 5:0-30 23:32-44
```

由於 webpack 並不知道如何載入 `.css` 的檔案，因而導致解析錯誤而使建置失敗，這時就需要使用合適的 Loader 來載入樣式表的資源。

使用 Loader

要載入樣式表，必須要先安裝 `css-loader`：

```
npm install css-loader --save-dev
```

然後為了讓 webpack 知道要使用 `css-loader` 載入 `style.css`，我們修改一下 `import` 圖片的方式：

```
import css from 'css-loader!./style.css';
```

在檔案路徑前面加上 `css-loader` 並以！與原路徑分割，這是個 pipe 的概念，檔案從路徑載入後會經過 `css-loader` 的處理再 `import` 進程式裡。

再重新建立一次，這次成功了！

```
asset main.js 70.3 KiB [emitted] [minimized] (name: main) 1 related asset
runtime modules 1010 bytes 5 modules
cacheable modules 534 KiB
  modules by path ./src/ 849 bytes
    ./src/index.js 518 bytes [built] [code generated]
    ./node_modules/css-loader/dist/cjs.js!./src/style.css 331 bytes
[built] [code generated]
  modules by path ./node_modules/ 533 KiB
    ./node_modules/lodash/lodash.js 531 KiB [built] [code generated]
    ./node_modules/css-loader/dist/runtime/api.js 1.57 KiB [built]
[code generated]
```

可以看到 webpack 已經將 `style.css` 視為一個相依模組，並且成功將其載入。

執行起來會發現圖片成功載入了：

Hello, world!

圖 2-14: 載入樣式表範例的結果

現在的建置流程如下：

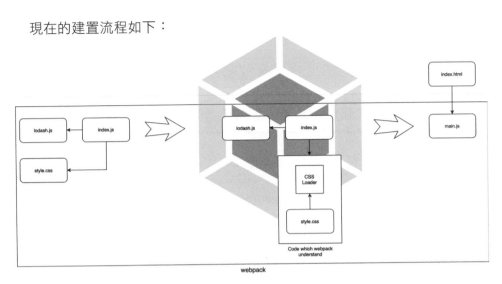

圖 2-15　載入樣式表範例的架構

到目前為止的範例代碼可以參考 `ch02-getting-started/02-first-webpack/load-style`。

自動產生 dist 內所有的內容

目前 `index.html` 是直接放在 `./dist` 目錄下，但是大部分常規專案的 `./dist` 的內容都是自動產生的，這樣的好處是可以讓工程師撰寫的代碼與經由機器處理後所產出的代碼做區分。而由於編譯時往往會受到建置環境的影響而產生不同的代碼，因此會避免讓 `./dist` 的代碼推至遠端代碼庫中。但是 `index.html` 還是在 `./dist` 裡面的關係，所以對於管理上造成麻煩。

為了方便管理，我們建立一個 `./public` 目錄並將 `index.html` 放到這目錄下：

```
root
|- package.json
-|- /dist
-  |- index.html
```

```
+|- /public
+  |- index.html
|- /src
  |- index.js
```

但這樣一來，每次建置完後都要手動將 `index.html` 複製到 `./dist` 中，非常的麻煩。

這個問題可以藉由 Plugin 的幫助來解決。

使用 Plugin

`CopyWebpackPlugin` 可以幫助我們把檔案從 A 地複製到 B 地，它正好可以幫我們把 `index.html` 複製到 `./dist` 資料夾中。

首先做安裝的動作：

```
npm install copy-webpack-plugin --save-dev
```

接著因為我們要跟 `webpack` 說要怎麼使用 `CopyWebpackPlugin`，因此我們需要建置一個 webpack 的配置檔 `webpack.config.js`：

```js
// ch02-getting-started/02-first-webpack/copy-html/webpack.config.js
const path = require('path');
const CopyPlugin = require('copy-webpack-plugin');

module.exports = {
  plugins: [
    new CopyPlugin({
      patterns: [{ from: path.resolve(__dirname, 'public') }],
    }),
  ],
};
```

為了要把 `public` 目錄中的檔案複製到 `dist` 目錄中，我們需要在 `CopyWebpackPlugin` 的設定中告訴 Plugin 要從哪裡取得檔案，因此需要設置至 `from` 屬性。但是 `CopyWebpackPlugin` 預設的目標目錄與 webpack 本身的 Output 值相同，因此不需要設置 `to` 屬性。

> webpack 會預設尋找 root 目錄下的 `webpack.config.js` 當作配置檔。

建置結果如下：

```
asset main.js 70.3 KiB [emitted] [minimized] (name: main) 1 related
asset index.html 105 bytes [emitted] [from: public/index.html] [copied]
```

我們可以看到 `index.html` 也變成了其中一個 bundle 被輸出了。

目前整個建置的過程如下：

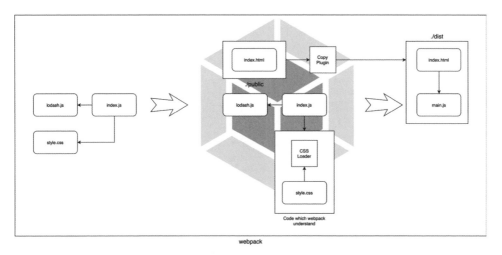

圖 2-16　複製 HTML 範例的架構

結果雖然與之前的相同，但是整個建置流程變得更加流暢了。

> 到目前為止的範例代碼可以參考 `ch02-getting-started/02-first-webpack/copy-html`。

使用 Mode 決定最佳化方案

之前的例子中，建置時都會出現一串警告訊息：

```
WARNING in configuration
The 'mode' option has not been set, webpack will fallback to 'production'
for this value.
Set 'mode' option to 'development' or 'production' to enable defaults for
each environment.
```

```
You can also set it to 'none' to disable any default behavior. Learn
more: https://webpack.js.org/configuration/mode/
```

這是因為在範例中我們沒有指定要執行何種 Mode。 Mode 的設定可以讓 webpack 知道需要使用何種最佳化方案來處理資源。如果沒設置會預設為 `production`。

現在我們在 `package.json` 中加一個 `dev` script 用來執行開發環境下的建置：

```
{
  "scripts": {
    "build": "webpack",
+   "dev": "webpack --mode development",
    "start": "http-server ./dist"
  },
}
```

使用 `npm run dev` 指令，建置的結果如下：

```
asset main.js 558 KiB [emitted] (name: main)
asset index.html 105 bytes [emitted] [from: public/index.html] [copied]
runtime modules 1.25 KiB 6 modules
cacheable modules 534 KiB
  modules by path ./src/ 784 bytes
    ./src/index.js 453 bytes [built] [code generated]
    ./node_modules/css-loader/dist/cjs.js!./src/style.css 331 bytes
[built] [code generated]
  modules by path ./node_modules/ 533 KiB
    ./node_modules/lodash/lodash.js 531 KiB [built] [code generated]
    ./node_modules/css-loader/dist/runtime/api.js 1.57 KiB [built]
[code generated]
webpack 5.39.0 compiled successfully in 447 ms
```

輸出的結果不會出現警告訊息了，並且可以從輸出結果中看到 `main.js` 的體積跟之前相比大了很多。將 `src/main.js` 的內容與 `production` 模式下產出的程式碼做比較，其中的差別在於 `development` 模式產出的程式碼會針對開發時的便利性做對應的處理，因此整體的可讀性與 debug 的體驗上會好很多，而在 `production` 模式下會針對載入時間做最大的優化，因此會壓縮程式碼並減少代碼量來降低需要的傳輸量。

> 到目前為止的範例代碼可以參考 `ch02-getting-started/02-first-webpack/use-mode`。

使用 DevServer

在開發時總是免不了需要頻繁的修改程式碼，並確認內容輸出的正確性。依現在的範例來說，試想每次的修改都要先執行 `npm run dev` 後再去瀏覽器上按「重新整理」之後才能看到結果，在無形中就損失許多寶貴的時間。為此 webpack 提供 DevServer 來幫助工程師減少這類繁瑣的處理，優化了開發時的環境。現在讓我們以實際例子體驗 DevServer 的好處。

安裝 DevServer，並刪除原本的 `http-server`：

```
npm install webpack-dev-server --save-dev
npm uninstall http-server --save-dev
```

接著修改 `package.json` 的 `scripts`：

```
{
  "scripts": {
    "build": "webpack",
-    "dev": "webpack --mode development"
+    "dev": "webpack serve --mode development"
  },
}
```

使用 webpack CLI 的 `webpack serve` 指令啟動 DevServer，預設會在 `8080` Port 啟動伺服器。

現在將程式中的 `world` 改為 `webpack` 然後儲存：

```
function component() {
  const element = document.createElement('div');

-  element.innerHTML = _.join(['Hello', ', ', 'world', '!'], '');
```

```
+   element.innerHTML = _.join(['Hello', ', ', 'webpack', '!'], ");

    return element;
}
```

你可以看到 webpack 重新建置並且幫忙更新畫面了，節省了自己建置的時間，十分的方便。

小結

我們剛開始創建一個沒有使用 webpack 的應用程式。接著將應用程式改成使用 webpack 做建置處理，如此一來可以避免掉腳本式開發帶來的缺點。之後為應用程式加上樣式表，由於 webpack 不知如何處理樣式表，因此需要使用 `css-loader` 幫助載入圖片檔。然後為了讓 `/dist` 作為純粹放置建置後程式碼的目錄，需要將 `index.html` 移出 `/dist` 目錄，並使用 `CopyWebpackPlugin` 在建置完成後複製 `index.html` 到 `./dist` 目錄中。接著我們調整 Mode 讓建置的處理針對開發環境做最優化，達到方便 debug 的目的。為了開發上的方便，使用 DevServer 作為開發伺服器，可以避免每次的建置浪費時間。

本節循序漸進的讓讀者了解到 webpack 的**開箱即用、處理模組、使用 loader 引入非 JavaScript 代碼、藉由 plugin 處理打包模組外的其他事情、使用 Mode 改變最佳化建置方式以及使用 DevServer** 優化開發流程，充分地展示了 webpack 的能力，也讓我們對 webpack 有粗略的了解。

參考資料

- webpack Guides: Getting Started
  （https://webpack.js.org/guides/getting-started/）
- webpack Plugins: CopyWebpackPlugin
  （https://webpack.js.org/plugins/copy-webpack-plugin/）
- webpack Configuration: Mode
  （https://webpack.js.org/configuration/mode/）
- webpack Guides: Development
  （https://webpack.js.org/guides/development/#using-webpack-dev-server）

安裝 Webpack

本節介紹如何安裝 webpack。

webpack 是一個使用 Node.js 開發的 Package，本節會説明如何安裝、更新及解安裝 webpack。

前置準備

要安裝 webpack 前需要先安裝 Node.js，可以到官方的下載頁面 [1] 依照個人的作業系統完成安裝。

建議使用最新的 LTS（全名：Long Term Support）版本。而要使用 webpack 5，Node.js 的版本不能低於 `10.13.0`。

本地安裝

先檢查目前的目錄中是否有 `package.json`，如果沒有則初始一個：

```
npm init -y
```

`package.json` 內會定義與專案相關的資訊。

接著安裝最新的 webpack：

```
npm install webpack --save-dev
```

如果你的專案只在建置時使用 webpack 的話，請加上 `--save-dev` 參數。但如果是將 webpack 用在生產環境時，請將 `--save-dev` 去掉。

Package `webpack` 是 webpack 的核心庫。這個核心庫是只能用 Node.js 程式引入，並沒有提供命令列的工具，要使用命令列叫用 webpack 需要再安裝 CLI 工具：

```
npm install webpack-cli --save-dev
```

1 　頁面網址：https://nodejs.org/en/download/

> webpack 3 或以下版本的核心庫與 CLI 工具是沒有分開的，直接安裝 `webpack` 就好。

安裝完 CLI 後用命令列啟動 webpack 並檢查安裝的版本：

```
npx webpack version
```

如果一切順利，終端上應該會顯示 `webpack` 與 `webpack-cli` 安裝的版本號：

```
webpack 5.39.1
webpack-cli 4.7.2
```

這樣代表已經順利的安裝 webpack 的核心庫與 CLI 工具了。

> 使用 `npx` 指令可以執行本地安裝的套件，也可以直接以路徑 `./node_modules/.bin/webpack` 執行。

確認好安裝成功後，可以把指令加進 npm scripts 中方便需要時使用：

```
{
  "scripts": {
    "version:webpack": "webpack version"
  }
}
```

> npm scripts 中的指令都會用本地的套件執行，因此不需要再加上 `npx`。

設定好 script 後，執行 `npm run version:webpack` 就可以取得 webpack 的版本資訊。

最後為了避免其他使用者使用較舊版本的 Node.js，可以使用 `package.json` 的 `engines` 限制 Node.js 的版本：

```
{
  "engines": {
    "node": ">=10.13.0"
  }
}
```

範例可以參考 ch02-getting-started/03-install-webpack/local-install。

使用特定的版本

要使用特定的 webpack 版本，可以在安裝時指定版本號：

```
# npm install webpack@<version> --save-dev
npm install webpack@3.0.0 --save-dev
```

在 webpack 後面加上 `@<version>` 就可以指定要安裝的版本。

範例可以參考 ch02-getting-started/03-install-webpack/install-specific-version。

更新 **webpack**

這裡示範如何更新 webpack，我們使用 `ch02-getting-started/03-install-webpack/update-webpack` 做演示。

目前安裝的是 webpack 的 `3.0.0` 版本，在 `package.json` 中：

```
{
  "devDependencies": {
    "webpack": "^3.0.0"
  }
}
```

webpack 的版本定義為 `^3.0.0`，表示這個專案的 webpack 版本要 ≥ `3.0.0 < 4.0.0-0`。

npm 的套件版本採用 semver 管理，使用語意化版本控制。

使用 `npm outdated` 查詢目前是否有更新需求：

```
npm outdated webpack
```

輸出的結果如下：

```
Package  Current  Wanted  Latest  Location
webpack  3.0.0    3.12.0  5.39.1  global
```

可以看到 Wanted 為 3.12.0，與 Current 的 3.0.0 有差異。

對 webpack 執行升級：

```
npm update webpack
```

升級完成後檢查版本確認升級為 3.12.0，這時可以看到 package.json 中對於 webpack 的版本定義已經更新了：

```
{
  "devDependencies": {
    "webpack": "^3.12.0"
  }
}
```

確認升級完成。

≫ 更新為最新版本

在使用 npm outdated 的時候會注意到有一個叫 Latest 的版本號，這個版本號為目前套件的最新版本。而由於 npm update 遵守 semver 的版本定義，所以有時會因為超過其定義的範圍而沒有更新至最新的版本。因為主版本的更新常常伴隨 Breaking Change，因此這樣限制範圍的更新是合理的。

但如果你依然需要更新至最新版本時，直接重新 install 就可以了：

```
npm install webpack --save-dev
```

這樣就會更新至最新版本，但請注意相關的程式是否運作正常。以 webpack 為例，從主版本 3 升級到 5 時就會因為 CLI 工具庫被抽出核心庫而導止沒辦法使用命令列執行。請多加留意。

刪除 webpack

webpack 屬於 npm 的套件，因此直接使用 npm uninstall 刪除即可：

```
npm uninstall webpack --save-dev
```

全域安裝

使用 `--global` 參數做全域安裝：

```
npm install webpack --global
```

使用全域安裝會使所有的專案都使用此版本的 webpack，這很容易在專案的版本不同時發生問題，因此盡量避免全域安裝。

安裝尚未釋出的版本

如果你想要安裝嘗試 webpack 最新的功能，可以安裝尚未釋出的版本：

```
npm install webpack@next --save-dev
```

範例可以參考 ch02-getting-started/03-install-webpack/latest-version。

或者是安裝特定的 tag 或是 branch：

```
# npm install webpack/webpack#<tag> --save-dev
npm install webpack/webpack#v3.0.0-rc.2 --save-dev

# npm install webpack/webpack#<branch> --save-dev
npm install webpack/webpack#webpack-3 --save-dev
```

範例可以參考 ch02-getting-started/03-install-webpack/specific-branch 與 ch02-getting-started/03-install-webpack/specific-tag。

這裡安裝的都是非釋出版本，這些版本還會有許多未完善的部分，可能會因 bugs 導致錯誤產生，盡量不要在產品上使用。

參考資料

- webpack Guides: Installation
  （https://webpack.js.org/guides/installation/）

- npm Docs: CLI commands
  （https://docs.npmjs.com/cli/v7/commands）

- npm Docs: package.json
  （https://docs.npmjs.com/cli/v7/configuring-npm/package-json）

- npm Docs: semver
  （https://docs.npmjs.com/cli/v6/using-npm/semver）

- npm Docs: Updating packages downloaded from the registry
  （https://docs.npmjs.com/updating-packages-downloaded-from-the-registry）

- byte archer: Using npm update and npm outdated to update dependencies
  （https://bytearcher.com/articles/using-npm-update-and-npm-outdated-to-update-dependencies/）

使用 Webpack

使用 CLI 與配置文件操作 webpack。

webpack 主要是使用 CLI 執行並配合配置文件的設定來操作建置作業，本節會說明如何利用這些工具做出期望的操作。

CLI

CLI 工具是 webpack 提供開發者可以直接使用指令的方式控制 webpack。CLI 並不在 webpack 的核心庫中，他被另外放在 `webpack-cli` 套件中，所以需要另外安裝：

```
npm install webpack webpack-cli --save-dev
```

詳細的安裝方式請參考**安裝 Webpack** 一節。

安裝完成後就可以在終端直接使用 `webpack` 指令執行 webpack：

```
npx webpack help
```

`webpack-cli` 提供許多指令供使用者使用，像是 `webpack help` 會輸出 CLI 的使用說明。

直接使用 `webpack` 會執行預設的指令 `build` 啟動建置：

```
npx webpack

# equal

npx webpack build
```

CLI 在 `webpack build` 時不僅會執行 webpack，連使用者需要處理的輸出資訊、錯誤訊息與 Log 都會格式化並輸出在終端上，減少開發所需的功夫。

> 如果有自己處理輸出資訊、錯誤訊息與 Log 的需求，可以直接使用 Node. js API 執行 webpack，詳情可以參考第三章第十三節**使用 Node.js API 操作 Webpack**。

使用 CLI 配置 webpack

CLI 有兩種方式可以配置 webpack，分別為**使用指令參數**與**使用配置檔**。

- 直接使用 CLI 的指令參數配置簡單的設定
- 使用 CLI 指定配置檔，用配置檔建立的配置物件做複雜的設定

使用指令參數

CLI 提供許多參數供使用者設定，可以使用 `webpack help` 查詢有哪些參數。

接著介紹幾個常用的參數。

≫ --entry

`--entry` 可以設定 Entry（起始模組）：

```
# npx webpack --entry <entry>
npx webpack --entry ./src/index2.js

# equal

# npx webpack <entry>
npx webpack ./src/index2.js
```

範例中使用 `./src/index2.js` 當作 Entry，`--entry` 做為預設參數可以省略。

除了單一 Entry 的配置，CLI 還提供多個 Entry 配置方式：

```
# npx webpack --entry <entry> <entry>
npx webpack --entry ./src/index.js ./src/index2.js

# equal

# npx webpack --entry <entry> --entry <entry>
npx webpack --entry ./src/index.js --entry ./src/index2.js

# equal
```

```
# npx webpack <entry> <entry>
npx webpack ./src/index.js ./src/index2.js
```

範例中將 `./src/index.js` 與 `./src/index2.js` 都加入 Entry 中，同樣可以省略 `--entry`。

如果沒有設定 `--entry` 的話，Entry 會預設為 `./src/index.js`：

```
npx webpack

# equal

npx webpack --entry ./src/index.js
```

> 如果在配置中將 Entry 的設定擺在其他的參數之後，請明確使用 `--entry` 設定 Entry，因為其他的參數可能也可以配置多個值。例如 `webpack --target node ./src/index.js` 中由於 `--target` 接受多個值，因此 `node` 與 `./src/index.js` 都會變為 `--target` 的值。這時請改為使用 `webpack --target node --entry ./src/index.js` 或是直接把 Entry 放在一開始的地方 `webpack ./src/index.js --target node`。

≫ --output-path

`--output-path` 可以設定 Output（輸出）的目錄：

```
# npx webpack --output-path <output-path>
npx webpack --output-path ./build
```

範例中會將結果輸出到 `./build` 中。

如果沒有設定 `--output-path` 的話，會使用預設的 `./dist` 做為 Output 目錄：

```
npx webpack

# equal
```

```
npx webpack --output-path ./dist
```

≫ --mode

使用 `--mode` 指定建置的 Mode：

```
# npx webpack --mode <mode>
npx webpack --mode development
```

範例中將 Mode 指定為 `development`

如果沒有設定 `--mode`，則會跳出警告訊息，並以 `production` 當作預設：

```
WARNING in configuration
The 'mode' option has not been set, webpack will fallback to 'production'
for this value.
Set 'mode' option to 'development' or 'production' to enable defaults for
each environment.
You can also set it to 'none' to disable any default behavior. Learn
more: https://webpack.js.org/configuration/mode/

webpack 5.36.2 compiled with 1 warning in 164 ms
```

> 使用指令參數的範例可以參考 ch02-getting-started/04-use-webpack/ cli-config。

使用配置檔

webpack 的配置檔是個 Node.js 的 CommonJS 模組，這個模組會導出配置物件（Configuration Object），webpack 接收到後會使用相對應的配置執行建置。

下面是一個基本的配置檔：

```
// ch02-getting-started/04-use-webpack/config-file/webpack.config.dev.js
const path = require('path');
```

```
module.exports = {
  mode: 'development',
  entry: path.resolve(__dirname, 'src', 'index2.js'),
  output: {
    path: path.resolve(__dirname, 'dev'),
  },
};
```

- `mode`：設置 Mode，有 `production`、`development` 與 `none` 三個值可以設定，分別對應不同的最優化方案。
- `entry`：設置 Entry，預設為 `./src/index.js`。
- `output.path`：設置 Output 目錄，預設為 `./dist`。

> 在撰寫配置檔時有兩點要注意，第一點是配置檔本身是 **Node.js** 的 **CommonJS** 模組，並不會像專案的模組那樣經由 webpack 的處理，因此不能使用 webpack 提供的功能，例如 alias。另一點是配置物件中的某些屬性會需要輸入路徑，為了避免 **POSIX** 與 **Windows** 路徑不相容的問題，盡量使用 Node. js 內建的 `path` 模組與 `__dirname` 這類 Node.js 的全域變數來處理路徑相關的屬性值。

在 CLI 的 `--config` 設置檔案路徑，讓 CLI 知道要使用此檔做建置：

```
npx webpack --config webpack.config.dev.js
```

≫ 預設配置檔

如果沒有設置 `--config` 時，會以下面的順序依序尋找預設的配置檔：

```
['webpack.config',
'.webpack/webpack.config',
'.webpack/webpackfile']
```

所以當你執行：

```
npx webpack
```

如果專案目錄如下：

```
root
├ /.webpack
  ├ webpackfile.js
├ package.json
```

那就等於：

```
npx webpack --config .webpack/webpackfile.js
```

如果專案目錄如下：

```
root
├ /.webpack
  ├ webpack.config.js
  ├ webpackfile.js
├ package.json
```

由於 `.webpack/webpack.config.js` 優先權大於 `./webpackfile.js`，因此會使用 `.webpack/webpack.config.js`。

依此類推如果有 `webpack.config.js` 檔案在專案根目錄下時則會優先使用。

> 使用配置檔的範例可以參考 ch02-getting-started/04-use-webpack/config-file。

不同配置方式的優缺點

接著說明參數與檔案配置方式的優缺點。

使用指令參數配置可以節省寫配置檔的時間，對於不需設置或是設定量低的小型專案是個不錯的選擇，但只要設定一多，使用指令參數會變得難以維護，並且由於參數難以定義複雜的設定，因此 CLI 的參數設定並沒有包含所有的設置（例如 Plugins 的設定），對於要使用這些設置的工程師依然要撰寫配置檔。

　　使用配置檔會需要相對多的學習時間，但只要掌握配置檔的寫法，就可以寫出極具彈性的設定，讓其可以適用於各種目標，因此設置量大的大型專案非常適合使用配置檔做設定。

	使用指令參數	使用配置檔
適合的專案	小型	大型
配置複雜度	低	高

CLI 與配置檔搭配使用

　　CLI 與配置檔同時設置是不會起衝突的，例如下面這個例子：

```
// ch02-getting-started/04-use-webpack/cli-plus-file/webpack.config.dev.js
const path = require('path');

module.exports = {
  entry: path.resolve(__dirname, 'src', 'index2.js'),
  output: {
    path: path.resolve(__dirname, 'dev'),
  },
};
```

　　配置檔中設置 `entry` 與 `output.path`。

```
npx webpack --mode development --config webpack.config.dev.js
```

　　在執行時加上 `--mode` 參數配置 Mode 為 `development`，這樣 webpack 就會以 `webpack.config.dev.js` 的配置並以 `development` Mode 進行建置。

> CLI 所配置的參數優先權是高於配置檔的，如果同時配置相同屬性的話，會以 CLI 的為主。例如 CLI 上設置 `--mode development`，而配置檔中設置 `mode: 'production'` 的話，會以 `development` Mode 執行建置。

≫ 避免 CLI 參數與配置檔混用

在同個專案中，應避免 CLI 參數與配置檔同時使用，同時使用會造成配置的混亂。最好的方式是將所有的配置都放於配置檔中，並使用 CLI 依照建置的環境使用不同的配置檔。

小結

使用 webpack 的主要方式為使用 CLI 與配置檔的搭配，CLI 可以使用指令參數進行簡單的設置，而配置檔中則可以做完整的設定。

在實際進行配置時，依照需求可以同時在 CLI 與配置檔上都配置一部分的設定，當有設定重複定義在 CLI 與配置檔上時，會以 CLI 的為主。

參考資料

- webpack Concepts: Configuration
  （https://webpack.js.org/concepts/configuration/）

- webpack API: Command Line Interface
  （https://webpack.js.org/api/cli/#default-configurations）

- webpack Configuration: Configuration
  （https://webpack.js.org/configuration/）

- GitHub: webpack/webpack-cli
  （https://github.com/webpack/webpack-cli）

使用 Loaders

講解 Loaders 的使用方式。

Webpack 本身只能解析 JavaScript 與 JSON 格式的模組，對於其他的模組像是 CSS 等都不知道如何解析。為此 Webpack 需要使用 Loaders 幫助解析其他格式的模組。

Loaders 的用途

Loaders 就像是個翻譯機，將 webpack 不懂的模組翻譯成理解的形式。

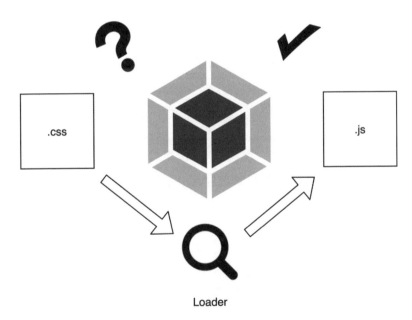

Loader

圖 2-17　Loader 的用途

由於有許多不同的檔案格式，每個的解析方式都有不同，因此 Loaders 的設定是需要隨檔案格式及需求做變化的。可以參考 webpack 官方文件介紹 Loaders 的種類 [2]。

2　Loaders 的列表：https://webpack.js.org/loaders/

接著我們直接用例子示範一遍，會更容易理解。

使用 webpack 載入 .css

頁面配置如下：

```html
<!-- ch02-getting-started/05-use-loaders/loader-css-inline/dist/index.html -->
<!DOCTYPE html>
<html>
  <head> </head>
  <body>
    <div class="demo">Hello, world!</div>
    <script src="./main.js"></script>
  </body>
</html>
```

我們想要將 `Hello, world!` 變為藍色，因此建立一個 `style.css`：

```css
/* ch02-getting-started/05-use-loaders/loader-css-inline/src/style.css */
.demo {
  color: blue;
}
```

為了載入 `style.css`，我們需要在 Entry `./src/index.js` 中載入並將其放到頁面上：

```js
import css from './style.css';

function style(cssString) {
  const element = document.createElement('style');

  element.innerHTML = cssString;

  return element;
}

document.head.appendChild(style(css.toString()));
```

這個程式會將 `style.css` 的內容讀進來，並且填到 `<head>` 標籤中，讓 `style.css` 的設定生效。

直接執行 webpack 會看到錯誤訊息：

```
ERROR in ./src/style.css 2:0
Module parse failed: Unexpected token (2:0)
You may need an appropriate loader to handle this file type, currently
no loaders are configured to process this file. See https://webpack.
js.org/concepts#loaders
| /* ch02-getting-started/05-use-loaders/loader-css-inline/src/style.css */
> .demo {
|   color: blue;
| }
 @ ./src/index.js 3:0-30 13:32-44

webpack 5.39.1 compiled with 1 error and 1 warning in 244 ms
```

由於沒有配置適合的 Loaders，因而產生錯誤。

接著我們嘗試使用 `css-loader` 載入 `style.css`。

≫ 安裝 Loaders

絕大多數的 Loaders 都不會內建在 webpack 中，需要自行安裝，因此在使用 `css-loader` 前請安裝它：

```
npm install css-loader --save-dev
```

安裝完成後我們需要在引入 `./style.css` 時，跟 webpack 說要使用 `css-loader`：

```
-import css from './style.css';
+import css from 'css-loader!./style.css';

function style(cssString) {
  const element = document.createElement('style');

  element.innerHTML = cssString;

  return element;
}

document.head.appendChild(style(css.toString()));
```

修改後再執行 webpack，這次建置成功了。

藉由 `!` 串接成為一個 pipe，你可以把它想像成水管，原本的資料 `style.css` 經由 `css-loader` 已經變為 webpack 看得懂的 `css` 物件。

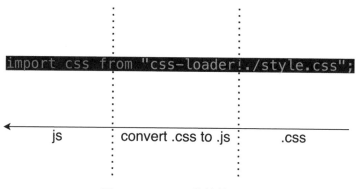

圖 2-18　Loader 的管線設計

如此一來我們的應用程式就可以載入 `.css` 了：

Hello, world!

圖 2-19　CSS Loader 範例字體呈現藍色

> `css-loader` 的範例可以參考 `ch02-getting-started/05-use-loaders/loader-css-inline`。

≫ 使用 style-loader 將內容自動插入 DOM

剛剛我們使用了 `css-loader` 成功將 `style.css` 內容載入至 `index.js`，但是我們還是必須要自己將內容寫進 DOM 裡，如果每次引入 `.css` 時就要做一次插入 DOM 的處理，會變得十分麻煩。這裡可以用 `style-loader` 幫我們將 CSS 的內容自動插入 DOM 中。

首先也需要先安裝 `style-loader`：

```
npm install style-loader --save-dev
```

再來我們將 `index.js` 改為下面這樣：

```
-import css from 'css-loader!./style.css';
+import 'style-loader!css-loader!./style.css';

-function style(cssString) {
-    const element = document.createElement('style');

-    element.innerHTML = cssString;

-    return element;
-}

-document.head.appendChild(style(css.toString()));
```

使用 webpack 建置後執行，結果與本來的相同，但是節省了大量的程式碼，因為 `style-loader` 已經幫忙做完插入 DOM 的工作了。

我們的 pipe 上面多了一個 `style-loader`，資料傳輸的方向從右開始，所以 `style-loader` 會承接 `css-loader` 的結果再做轉換。

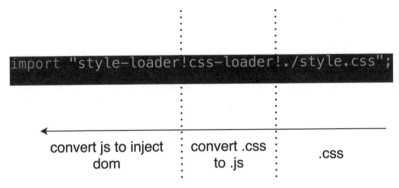

圖 2-20　Style 與 CSS Loader 的管線

`style-loader` 的範例可以參考 `ch02-getting-started/05-use-loaders/loader-style-inline`。

從載入 .css 的範例中學到

從這個範例中我們學習到了：

- webpack 載入 JS、JSON 外的格式會發生錯誤
- Loaders 會幫助 webpack 看懂 JS、JSON 外其他格式的模組
- 使用 Loaders 解析目標資源的方法是使用 ! 串接 Loaders 與資源，形成 pipe
- Pipe 的流向是由右向左
- 同個資源（例如上例的 `style.css`）中可以使用多個 Loaders
- 多個 Loaders 執行的順序同 Pipe 的流向由後往前

現在我們對於 Loaders 已經有初步的概念的，接下來會說明配置 Loaders 的幾種方式。

配置 Loaders 的方式

Loaders 的配置除了上面說明的 Inline 方式外，還有使用配置檔設定總共兩種的設定方式：

- Inline：在模組路徑上使用 ! 串接 Loaders 與路徑（前例使用此方式）
- 配置檔：使用 `module.rules` 屬性設定配置檔

≫ 使用 Inline

Inline 的方式是在程式中的引入語法中加上對應 Loaders 的設定，使得此引入可以被特定 Loaders 處理。

```
// ch02-getting-started/05-use-loaders/loader-style-inline/src/index.js
import 'style-loader!css-loader!./style.css';
```

使用 ! 串接 Loaders 及模組路徑。

我們也可以使用 ? 設定 Loaders 的配置：

```
// ch02-getting-started/05-use-loaders/css-module-inline/src/index.js

import style from 'style-loader!css-loader?modules!./style.css'; // query paramter
import style from 'style-loader!css-loader?modules=true!./style.css';
```

```
// query parameter
import style from 'style-loader!css-loader?{"modules":true}!./style.
css'; // JSON object
```

有 query 參數及 JSON 物件兩種設定方式，兩個方式效果都相同，依照的你的需求使用即可。

≫ 使用配置檔中的 **module** 屬性

`module.rules` 屬性用於告訴 webpack 模組應該怎麼被解析，因此我們可以使用 `module.rules` 配置各模組對應的 Loaders 讓 webpack 可以讀懂特定的模組。

下面來看個例子：

```js
// ch02-getting-started/05-use-loaders/css-module/webpack.config.demo.js
module.exports = {
  module: {
    rules: [
      {
        test: /\.css$/,
        use: [
          'style-loader',
          { loader: 'css-loader', options: { modules: true } },
        ],
      },
    ],
  },
};
```

`module.rules` 屬性中配置如何解析模組，基本的配置有 `test` 及 `use` 兩個屬性：

- `test`：判斷模組是否適用此規則，以此例來說 `/\.css$/` 是個正則表達式 (RegExp)，所有名稱以 `.css` 結尾的檔案都會適用此規則。
- `use`：設定此規則要使用什麼 Loaders 做處理，以此例來說，會使用 `css-loader` 及 `style-loader` 做處理。

- **use** 陣列中物件的 **options**：設定特定 loader 的配置，以此例來說我們在 **css-loader** 上開啟了 **modules** 配置，將 css module 的功能開啟。在 **use** 設定中，Loaders 的引用順序是由後往前：

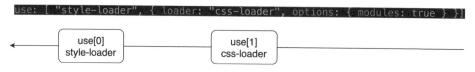

圖 2-21　配置檔的 Loader 設定

這樣一來 webpack 就會知道當 **.css** 檔被引入時應該怎麼被處理了。

三種設定方式的優劣

下面說明三種方式的優缺點：

方式	特性	優	劣
Inline	每個模組個別設定	設定方式**簡單**	每個模組都需設定較為**繁瑣**
Configuration	隨配置可調整精細度	**自訂度高**，配置範圍隨設定決定	較高的**學習成本**

由上表可以清楚的明白 Inline 有它的優點，但是要做精細的設定時還是必須靠配置檔的幫忙。

總結

本文介紹 Loaders，它幫助 webpack 解讀除了 JS、JSON 以外其他格式的模組，可以使用 Inline 及配置檔的方式設定。

由於單一 Loader 會專注處理一個問題，因此有時會需要使用多個不同的 Loaders 處理同個模組，才能做正確的處理，例如 **css-loader** 只專注在解析 **.css** 內容，要將樣式內容載入 DOM 還需要 **style-loader** 的處理，因此 webpack 讓使用者可以用串接的方式在同一個資源上執行多個不同的 Loaders。

在串接時的執行順序是由後往前執行的，以 `css-loader` 與 `style-loader` 為例，第一個要放 `style-loader`，之後才是 `css-loader`。

　　配置檔中由 `module.rules` 屬性提供使用者高度的彈性來配置 Loaders。

參考資料

- Webpack Documentation: Concepts - Concepts#loaders
  （https://webpack.js.org/concepts/#loaders）
- Webpack Documentation: Concepts – Loaders
  （https://webpack.js.org/concepts/loaders/）
- Webpack Documentation: Loaders – Loaders
  （https://webpack.js.org/loaders/）
- Webpack Documentation: Guides - Asset Management
  （https://webpack.js.org/guides/asset-management/）
- Webpack Documentation: Configuration – Module
  （https://webpack.js.org/configuration/module/）

使用 Plugins

講述如何配置 `plugins`。

webpack 在執行的過程中，會在生命週期的各個步驟對外釋出事件鉤子（Event Hooks）。使用者可以使用插件（Plugins）在各個事件鉤子註冊相對應的處理，以改變建置的過程及結果。

設置 Plugins

要使用 Plugins 需要在配置中設定 `plugins`，設定的步驟如下：

1. 安裝插件（如果是內建插件則不用安裝）
2. 引入插件
3. 使用 `new` 初始插件
4. 設定至配置檔中

如以下的例子：

```js
// ch02-getting-started/06-use-plugins/use-config/webpack.config.js
const CompressionPlugin = require('compression-webpack-plugin');

module.exports = {
  plugins: [
    // config plugin
    new CompressionPlugin(), // new plugin
  ],
};
```

這是一個引入插件的簡單實例，首先引入插件 CompressionWebpackPlugin，接著用 `new` 初始插件，最後加到 `plugins` 配置中。

> CompressionWebpackPlugin 會輸出壓縮後的 `.gz` 資源，藉由伺服器的設定（例如 `http-server` 加入 `-g` 參數），可以傳送壓縮的資源以減少傳輸量。

設定多個插件

webpack 沒有限制專案中使用 Plugins 的數量,因此我們可以配置多個不同的插件:

```js
// ch02-getting-started/06-use-plugins/multiple-plugins/webpack.config.js
const CompressionWebpackPlugin = require('compression-webpack-plugin');
const CopyWebpackPlugin = require('copy-webpack-plugin');

module.exports = {
  plugins: [
    new CompressionWebpackPlugin(),
    new CopyWebpackPlugin({
      patterns: [{ from: 'public' }],
    }),
  ],
};
```

建置結果如下:

```
asset main.js 447 bytes [emitted] [minimized] (name: main) 1 related asset
asset index.html 105 bytes [emitted] [from: public/index.html] [copied]
runtime modules 663 bytes 3 modules
cacheable modules 66 bytes
  ./src/index.js 44 bytes [built] [code generated]
  ./src/other.js 22 bytes [built] [code generated]
```

從建置結果中可以看到輸出中多了一個 `index.html`,這是因為除了前例中的 `CompressionWebpackPlugin`,我們還多加了 `CopyWebpackPlugin`,它可以將檔案複製到輸出目錄 `output` 中。

> 這裡我們見識到插件擁有改變輸出的強大能力,也因為插件的靈活,webpack 內部也有許多的功能是透過插件完成的。

Plugins 的設定

前例中的 `CopyWebpackPlugin` 在初始時所帶的參數（`patterns.from`）賦予了使用者調整及設定插件的能力，絕大多數的插件都會提供使用者這樣的設定，使其可以因應各種情況做對應的處理。

內建插件

前面的例子都是外部的插件，因此需要透過安裝才能引入並作使用，但有部分的插件是內建在 webpack 中的，這些插件可以直接由 `webpack` 模組找到：

```js
// ch02-getting-started/06-use-plugins/internal-plugins/webpack.config.js
const webpack = require('webpack');

module.exports = {
  plugins: [
    new webpack.DefinePlugin({
      'process.env.NODE_ENV': '"production"',
    }),
  ],
};
```

不需要另外安裝，直接使用 `webpack.DefinePlugin` 就可以使用內建插件 `DefinePlugin` 了。

> `DefinePlugin` 可以用來設定環境變數。

小結

插件透過掛載 webpack 生命週期鉤子執行對應的代碼，使其改變建置的執行及結果，增強了 webpack 的擴充能力。

`plugins` 屬性本身的設定單純，只需將要使用的插件配置在陣列中，就可以在建置的過程中使用。

　　使用插件真正困難的地方在於必須瞭解各個插件的使用及設定方式，每個插件的設定完全不同，有時還需要仰賴相關的背景知識才會配置，在後面的文章中，將以實際的例子帶各位學習實用的插件使用方法。

　　在 webpack 內部，也使用插件做一些附加的功能，使 webpack 本身可以專注在建置的流程上。

　　插件機制使得原本已經很強大的 webpack 又再更上一層樓，有的功能webpack 開發團隊可能並沒有想到，或是有意排除在核心功能外，但藉由插件，第三方可以很容易的將新功能加到 webpack 中，使得原本的功能不斷擴充，使得 webpack 不斷的進化。

參考資料

- Webpack Configuration: Plugins
  （https://webpack.js.org/configuration/plugins/）

- Webpack Concepts: Plugins
  （https://webpack.js.org/concepts/plugins/）

- Webpack Plugins: CompressionWebpackPlugin
  （https://webpack.js.org/plugins/compression-webpack-plugin/）

- Webpack Plugins: - CopyWebpackPlugin
  （https://webpack.js.org/plugins/copy-webpack-plugin/）

- Webpack Plugins: Internal webpack plugins
  （https://webpack.js.org/plugins/internal-plugins/）

- Webpack Plugins: DefinePlugin
  （https://webpack.js.org/plugins/define-plugin/）

使用 DevServer

介紹 DevServer 與它的使用方式。

從第一章第四節**提升網頁效能**中，我們可以知道開發時的等待時間會決定開發效率的好壞，為了優化開發環境，webpack 提供了開發專用的伺服器 `webpack-dev-server`，這個伺服器幫助開發者節省配置開發環境的時間，並且用許多方式減少載入時間，將寫程式到預覽結果間的等待降到最低。

DevServer 優化開發流程

使用 DevServer 做開發，可以得到**監控檔案變化以重新整理頁面**以及 **Hot Module Replacement** 的能力。

≫ 監控檔案變化以重新整理頁面

使用 DevServer 時會自動監視檔案，一但**內容發生變化就會自動重新整理頁面**，讓開發者可以免除手動重整的功夫。

≫ Hot Module Replacement

DevServer 提供 Hot Module Replacement 技術，可以在**不重新整理的情況下**更新部分頁面的內容，這樣做不僅能盡可能地避免重新傳輸重複的程式碼（因為修改可能只佔頁面的一部分），也可以保留當前頁面的狀態，在單頁應用這種主要仰賴狀態決定顯示內容的架構十分有用。

安裝 DevServer

DevServer 是一個名為 `webpack-dev-server` 的 npm 套件，與 `webpack` 以及 `webpack-cli` 是分開的，因此需要個別安裝：

```
npm install webpack webpack-cli webpack-dev-server --save-dev
```

使用 `webpack-cli` 就可以啟動 DevServer：

```
npx webpack serve
```

啟動後會在終端看到 DevServer 的運行資訊：

```
i「wds」: Project is running at http://localhost:9000/
i「wds」: webpack output is served from /
i「wds」: Content not from webpack is served from ch02-getting-started/
07-use-dev-server/dev-server-config/dist
```

設定 DevServer

DevServer 可以用 CLI 參數與配置檔中的 `devServer` 屬性做設定。

下面是個使用 CLI 參數設定 DevServer 的範例：

```
npx webpack serve --mode development --port 9000 --content-base ./dist
--hot --watch-content-base
```

當參數一多時，指令看起來就會很長，變得難以維護，這時可以用配置檔
的方式設定：

```js
// ch02-getting-started/07-use-dev-server/dev-server-config/webpack.config.js
const path = require('path');

module.exports = {
  mode: 'development',
  devServer: {
    port: 9000,
    contentBase: path.resolve(__dirname, 'dist'),
    hot: true,
    watchContentBase: true,
  },
};
```

配置檔中關於 DevServer 的相關設定都位於 `devServer` 屬性中，一目
瞭然。

在這裡的配置中我們在 Port 9000 中（`devServer.port`）啟用 DevServer，
並定義要監控存放內容的目錄 `./dist`（`devServer.contentBase` 與
`devServer.watchContentBase`），然後要開啟 Hot Module Replacement
（`devServer.hot`）。

DevServer 的相關設定可以參考 webpack 官方的 DevServer 設定說明 [3]。

設置 DevServer 的目錄

DevServer 執行建置後並不會將 bundle 輸出為實體檔案，而是會存於記憶體中並把它們當作位於根目錄的檔案使用。因此對於專案中有未被 webpack 建置程序處理的純靜態資源時，就需要配置對應的路徑使 DevServer 可以使用這些資源。

以 `ch02-getting-started/07-use-dev-server/dev-server-config` 為例，`./dist/index.html` 就屬於純靜態資源，如果不做設定的話，DevServer 會以根目錄 `./` 啟動伺服器造成路徑錯誤而無法顯示（可以將範例中的 `contentBase` 設定註解掉以重現問題）。

在除錯時可以用 `/webpack-dev-server` 路由檢視哪些檔案在 DevServer 中，以範例來說是 `http://localhost:9000/webpack-dev-server`。

為此需要加上 `contentBase` 設定讓 DevServer 知道使用哪個目錄。

例子中的問題是由於 `index.html` 是靜態資源，如果使用 `CopyWebpackPlugin` 或是 `HtmlWebpackPlugin` 這類的 Plugins 處理的話，則 `index.html` 會經過建置流程而一併被 DevServer 包含（可以參考範例 `ch02-getting-started/07-use-dev-server/dev-server-auto`），就不需要使用 `contentBase` 設定了。

設定自動重新整理

DevServer 預設啟動自動重整的功能，當檔案內容有發生變化時，頁面會自動重新整理，但如果是靜態資源的話，需要將 `watchContentBase` 開啟讓 DevServer 知道要監控在 `contentBase` 中的資源。

---

3 DevServer 設定說明：https://webpack.js.org/configuration/dev-server/

我們用範例 `ch02-getting-started/07-use-dev-server/dev-server-config` 來感受自動重整的效果：

1. 使用 `npm start` 啟動 DevServer 後，瀏覽 `http://localhost:9000` 會看到 `Hello, world!`。

2. 將 `./dist/index.html` 中的 `Hello, world!` 改為 `Hello, webpack!`：

```html
<!-- ch02-getting-started/07-use-dev-server/dev-server/dist/index.html -->
<!DOCTYPE html>
<html>
  <head> </head>
  <body>
-    <div id="app">Hello, world!</div>
+    <div id="app">Hello, webpack!</div>
    <script src="./main.js"></script>
  </body>
</html>
```

在儲存後可以看到頁面自動重新整理，並且顯示修改後的 `Hello, webpack!` 了。

設定 Hot Module Replacement

DevServer 提供 Hot Module Replacement 的功能，但預設是關閉的，要將 `hot` 屬性設為 `true`：

```js
module.exports = {
  devServer: {
    hot: true,
  },
};
```

將 `hot` 開啟只是表示 DevServer 會幫忙傳送檔案修改的訊號給頁面，但由於資源的種類眾多且替換的方式多變，DevServer 沒辦法實作替換程式，這時除了自己實作外，就是仰賴 Loaders 給予的支援。

我們再來看之前的範例 `ch02-getting-started/07-use-dev-server/dev-server-config`，如果你試著修改 `./src/style.css` 的話，例如將顏色改為紅色（`color: red;`），你會發現頁面並沒有重新整理，但是修改後的樣式已經作用在頁面上了。這是因為 `style-loader` 中已經實作了 HMR，省下了自行實作的時間。目前 React、Vue 與 Angular 等主流框架都有實作 HMR，因此我們幾乎不需要在自己實作了。

> 自己實作的方式可以參考第五章第一節**建立 Webpack 開發環境**的介紹。

小結

webpack 的 DevServer 提供了一個更有效率的開發環境，自動重整可以免去需要手動重整的麻煩，而 HMR 可以最大限度的減少傳輸量，並且保留當前的狀態，對於單頁應用來說注意非常的大。

參考資料

- webpack Guides: Development
  （https://webpack.js.org/guides/development/#using-webpack-dev-server）
- webpack Configuration: DevServer
  （https://webpack.js.org/configuration/dev-server/）
- webpack Guides: Hot Module Replacement
  （https://webpack.js.org/guides/hot-module-replacement/）

為什麼是 Webpack

介紹為什麼要使用 webpack。

到目前為止，我們已經學習到了 webpack 的基本使用方式，對於 webpack 本身有一定程度的瞭解。現在讓我們來說明是什麼原因造成 webpack 的盛行以及為什麼要使用它。

利用打包過程解決模組化問題

webpack 為了可以產生 bundle，它會**解析模組與模組間的相依關係**，而 webpack 原生將 ES Module、CommonJS 與 AMD 都歸為合法模組，可以讓使用不同模組化規範的模組可以被同個專案執行。這樣的特性使得原本不相容的多種模組化規範可以互相使用，解決 JavaScript 多種模組化規範共存的問題。

高度彈性的配置

webpack 的配置是一個 Node.js 的 CommonJS 模組，可以用程式依照環境輸出不同的配置。另外由於配置是一個 JavaScript 的物件，因此可以自由的拆分及合併配置，在設定上十分靈活。

利用 Loaders 解決新技術載入問題

新的語言、預處理器或是框架通常都需要轉換成標準的 HTML、CSS 及 JavaScript 才能被瀏覽器執行，而 webpack 的 **Loaders** 的作用就是**轉換各模組**成為 webpack 能理解的模組，當 bundle 被建置出來時，已經是瀏覽器可以讀懂的檔案了。因此你只要將新的技術引入 webpack 的建置流程中並且配置對應的 Loaders，問題就解決了。

利用 Plugins 擴充功能

Plugins 是 webpack 中最強大的功能，它能為建置過程中任何一個時間點與位置提供特定的處理，使建置的結果產生變化。這一能力在效能優化時發揮極大的作用，我們可以利用進行程式碼分割、壓縮等處理，只要使用對應的 Plugins 都可以做到。

利用 **Mode** 減少手動配置

webpack 提供開發與生產兩個模式，針對對應的模式給予預設的最佳化處理，以此減少使用者需要手動配置的工夫。

利用 **DevServer** 建立有效率的開發環境

webpack 的 DevServer 可以在檔案修改後即時的重新整理頁面並顯示結果，同時也支援 Hot Module Replacement，讓使用者可以在不重整頁面的情況下瀏覽更新後的內容，藉以保留原來頁面的狀態並減少等待時間。

理解當今流行專案背後使用的技術

使用 webpack 當作建置解決方案的專案很多，因此只要學會了 webpack，這些專案底層相關的技術及其配置的方式都可以理清，以幫助改善自己使用的專案架構及技術。

龐大的生態系

由於使用者眾多，webpack 得以獲得眾多技術的支持，例如 Babel 的 `babel-loader`、PostCSS 的 `postcss-loader` 與 Pug 的 `pug-loader` 等，因此只要藉由 webpack 一種工具，我們就可以控制整個專案的建置。

小結

webpack 提供了現代前端所需的建置需求。它在打包時會將不同的模組化規範（ES Module、CommonJS 與 AMD）都視為合法的模組而一併進行處理，不需要做任何的處理就可以將它們放在同個專案中運行，解決了 JavaScript 模組化規範不一致的問題。

webpack 的配置為一個 Node.js 模組，可以使用程式與環境變數配置不同的設定，同時也可以分割與組合不同的配置以避免不必要的重複設定。

　　webpack 的建置功能與 Loaders 和 Plugins 配合可以產生多變且豐富的功能。 Loaders 可以讓 webpack 解析原來不支援的模組，使其擁有控制多種模組的能力。而 Plugins 則可以對建置流程增加特定的處理，對於 webpack 優化效能的工作起到很大的作用。最後我們可以利用 Mode 來引入特定模式的最佳化處理，以減少人工設定的麻煩。

　　webpack 的 DevServer 有著即時重整頁面與 Hot Module Replacement 的能力，讓開發時需等待的時間降到最低。

　　而由於 webpack 擁有龐大的生態系以及被許多專案所採納，因此學習 webpack 後，可以更清楚的了解目前流行的技術的用途與配置的方式，藉以提升技術實力。

參考資料

- webpack Concepts: Why webpack
  （https://webpack.js.org/concepts/why-webpack/）
- Bits and Pieces: Why webpack?
  （https://blog.bitsrc.io/why-learning-webpack-is-important-as-front-end-
    developer-247bc0ca40bd）

第二章總結

webpack 的基礎：Entry、Output、Loaders、Plugins、Mode 與 DevServer。

本章介紹了 webpack 的基本概念以及用法。

- 第一節介紹 webpack 的運作以及其核心概念，通過 Entry 載入起始模組，並從此模組開始尋找相依模組，並藉由 Mode 所選的最佳化配置做處理，最後依照 Output 的設定輸出。整個過程中仰賴 Loaders 給予解析非 JS 資源的能力，以及藉由 Plugins 的擴充，在建置的過程中進行效能優化的工作。

- 第二節實際寫一個以 webpack 作為建置方案的應用程式。從一開始建立沒有使用 webpack 的應用程式，到最終加入 DevServer 後形成的完整 webpack 開發鏈，這中間過程中對於安裝 webpack、設定配置、使用 Loaders 解析模組、Plugins 的使用以及 Mode 的最佳化都有了初步的認識。使得讀者對於 webpack 的使用有更具體的概念，避免了日後學習時缺乏整體的觀念。

- 第三節介紹如何安裝 webpack。webpack 是個 npm 套件，透過 npm 的指令可以進行安裝、更新及刪除 webpack 的動作。建議採取本地安裝於專案中，這樣的安裝方式有助於更新的便利性，以及避免版本不同所造成的麻煩。

- 第四節講解如何使用 webpack。透過 `webpack-cli` 操作 webpack 是主流的使用方式。`webpack-cli` 可以藉由參數做快速的設定，另外也透過與配置檔的合作來達到完全操作的目的。這兩種方案可以同時使用，但為了避免配置錯亂的問題，只使用一種做設定為較好的選擇。

- 第五節說明 Loaders 的相關知識。Loaders 作為解析模組的重要工具，在使用時有兩種方式，一種是可以配置在載入模組的路徑上，另一種則是配置於配置檔中。可以在同個資源上配置多個 Loaders，藉由類似管線的概念，將程式碼經由特定順序的 Loaders 處理後轉為結果輸出，這樣的設計讓 Loaders 可以專注於特定的轉換目的，藉以方便與其他的 Loaders 交互使用。

- 第六節講解 Plugins。Plugins 是個可以在建置的各個過程中註冊執行函式的程式，它可以由配置檔進行設定。利用在鉤子中註冊函式的特性，Plugins 可以改變輸出的結果來優化網頁運行的效能（例如使用 CompressionWebpackPlugin 壓縮資源），也可以注入變數改變模組的運作（例如使用 DefinePlugin 產生環境變數），擁有控制 webpack 建置的能力，是個強大的功能。

- 第七節說明 DevServer 對於開發帶來的助益。 DevServer 支援頁面即時重整的功能，減少使用者需要在修改後重新整理頁面的麻煩。另外對於支援的模組，也可以使用 Hot Module Replacement 的功能，讓頁面可以在不重整的狀態下更新，藉以減少載入的時間並保存當前的頁面狀態。

- 第八節說明為什麼要使用 webpack。webpack 以打包的過程解決模組化規範不一致的問題，利用配置的高度彈性，讓使用者方便拆分組合設定，減少重複配置的問題。 webpack 專注處理打包的工作，解析的工作交由 Loaders 負責，讓 webpack 可以處理各式不同的資源。而 Plugins 則擴充 webpack 功能，使其可以做優化效能的作業。為了減少手動配置，webpack 預設的 Mode 對應個別的最佳化設定，以此減輕配置的工作。DevServer 優化了開發的環境。最後擁有龐大生態系的 webpack 可以讓使用者更加瞭解當今流行的技術以及其配置的方式。

webpack 可以在不依靠第三方任務執行器的情況下建構出完整的自動化流程。同時身為模組綑綁器，它能處理的模組跨越了 JavaScript，其所稱的靜態模組包含了一切的資源，包含但不限於 CSS、HTML、圖片等。開箱即用的程式碼切割與其延遲載入的功能對於效能調校有很大的作用。而 webpack 所提供的開發用伺服器（webpack-dev-server）對於 HMR 技術的支援帶給許多工程師們舒適的開發環境。而要在最佳的狀態下使用 webpack 的話，活用配置檔絕對是最重要的關鍵，在下一章中我們將深入了解各個配置的細部設定方式，以全面掌控 webpack 的所有功能。

Note

03

配置 Webpack

深入講解配置中的各個選項功能

webpack 的配置圍繞在配置物件上，絕大多數的功能都能在這個物件上做設定。配置物件有許多選項供使用者設定，這些設定都會影響到 webpack 的建置，因此要做出有效的設定，對於這些選項就需要有深入的了解，並且謹慎的使用，才能確保整個建置過程的順利。

在前一章中已經有提到過一些選項的效果，例如 `entry`、`output`、`mode`、`module.rules` 與 `plugins` 等，對於配置物件的方式也有一定的了解。

這一章將會詳細的介紹各個選項的設定方式以及設定後所產生的效果，藉由循序漸進的說明，更加了解每一個選項。

結束這章的學習後可以學會如何實現自己所期望的建置方式，藉以達到不同專案所需的需求。

配置物件

配置物件為設定 webpack 的主要手段。

在第二章第四節的**使用 Webpack** 中學到如何使用配置檔設定 webpack。這個配置檔所導出的物件叫做配置物件（Configuration Object），這個物件中各式的屬性決定了 webpack 整個運作的方式。這節會簡介各個屬性的功能以及說明產生建置物件的方式。

配置物件（**Configuration Object**）

配置物件是個標準的 JavaScript 物件，**使用者可以藉由調整物件中的屬性來做配置。**

下面是個簡單的配置物件：

```
{
  mode: 'development',
  entry: path.resolve(__dirname, 'src', 'index2.js'),
  output: {
    path: path.resolve(__dirname, 'build'),
  },
}
```

配置物件中的屬性 `mode`、`entry`、`output` 分別配置了 Mode、Entry 與 Output。

使用配置物件

配置物件可以被 CLI 或 Node.js API 所使用。

CLI 使用的是導出配置物件的配置檔：

```js
// ch03-configuration/01-configuration-object/config-file/webpack.config.demo.js
const path = require('path');

module.exports = {
  // Configuration Object
  mode: 'development',
  entry: path.resolve(__dirname, 'src', 'index2.js'),
  output: {
    path: path.resolve(__dirname, 'build'),
  },
};
npx webpack --config webpack.config.demo.js
```

由於 CLI 在使用上較為直接，另外也幫忙一起處理了輸出及錯誤，因此大部分的人都會使用 CLI 來做設定。

> CLI 詳細的使用方式可以參考第二章第四節的 **使用 Webpack**。

Node.js API 可以直接將配置物件當作 `webpack()` 的參數：

```js
// ch03-configuration/01-configuration-object/node-api/build.js
const webpack = require('webpack');
const path = require('path');

webpack(
  {
    // Configuration Object
    mode: 'development',
    entry: path.resolve(__dirname, 'src', 'index2.js'),
    output: {
      path: path.resolve(__dirname, 'build'),
```

```
    },
  },
  (err, stats) => {
    if (err) {
      console.log(err);
      return;
    }
    console.log(stats.toString({ colors: true }));
  }
);
node ./build.js
```

Node.js API 可以自己處理輸出與錯誤，但是配置的成本會比 CLI 來得高，因此使用 Node.js API 的大多是想要客製輸出訊息的專案，例如 Vue CLI、Create React App 等使用。一般單純將 webpack 作為建置工具的專案使用 CLI 已經足夠。

配置物件中絕大多數的屬性都可以作用於兩種使用方式上，但也有少部分屬性會因為使用方式不同而有不同的配置方式，像是 `stats` 屬性在 Node.js API 的 `webpack()` 不會有作用，而是要將 `stats` 選項作為參數設定於 `stats.toString()` 或是 `stats.toJson()` 中。

> 詳細的 Node.js API 使用方式可以參考第三章第十三節的 **使用 Node.js API**。

配置物件中的屬性

這裡列出配置物件中主要的幾個屬性以及它的簡介，各個屬性的詳細介紹會在後面章節說明。

```
{
  mode: "production", // 模式：依照所選模式做對應的最佳化，沒有設定時會跳警告訊
  息，但還是會預設為 "production"
  entry: "./app/entry", // 入口：webpack 開始建置作業的起始模組，預設值為
  "./src/index.js"
  output: {
    // 輸出：配置如何輸出 webpack
  },
```

```
module: {
    // 模組：處理各個模組（檔案）如何載入，依照對應的規則設定 Loaders 配置
},
resolve: {
    // 解析：配置如何解析模組，像是路徑、別名等設定
},
performance: {
    // 效能：提示使用者 bundle 目前的情況，以促使使用者改善 bundle 的效能
},
devtool: "source-map", // devtool：設定是否及如何生成 source map，
source map 可以解決 bundle 在 debug 時造成行數與原檔案 miss mapping 的問題
    context: __dirname, // 內容：根目錄位置，此為絕對路徑，會被 `entry`、
`module.rules.loader` 等選項使用於路徑的解析上
    target: "web", // 目標：設定 bundle 的目標環境，它會依照環境對 bundle 做相
對應的處理
    externals: ["react", /^@angular/], // 外部資源：這裡設定的模組會被排除在
webpack 所產生的 bundle 中，並且在執行時於執行環境上引入
    stats: "errors-only", // stats：控制輸出資訊
    devServer: {
        // webpack-dev-server 中的設定選項
    },
    watch: true, // 是否啟用監聽模式
    watchOptions: {
        // 設定監聽模式的選項
    }
    plugins: [
        // 插件：設定插件的配置
    ],
    optimization: {
        // 最佳化：設定 Code split、Tree Shaking 等優化配置
    }
}
```

有些插件的配置會改變配置物件中的選項，如果插件及配置物件中都有設
定，則會以插件的配置值為主。

產生配置物件

　　配置物件雖然完整，但需要對自己的環境有高度的了解才能自由地運用及配置，對於一般的初階工程師來說難度比較高，為了解決這個問題，我們可以使用一些工具來幫我們自動產生配置檔。

≫ Generate Custom Webpack Configuration

　　Generate Custom Webpack Configuration（https://generatewebpackconfig. netlify.app/）是個線上的配置物件產生工具，使用者勾選想要配置的庫，Generate Custom Webpack Configuration 會依照對應的選項產生配置物件，使用者直接複製貼於專案中即可完成設置。

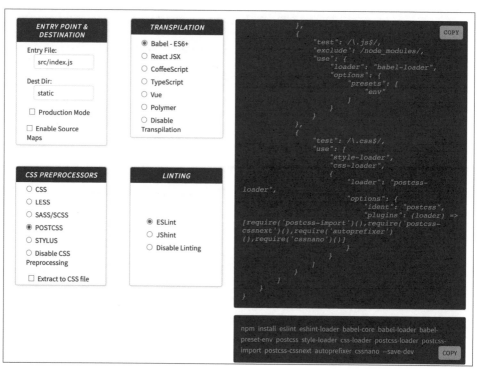

圖 3-1　Generate Webpack Config

≫ Create App

Create App（https://createapp.dev/）同樣是藉由勾選目標的技術，然後幫你把起始專案創建出來，可以快速的開始開發。

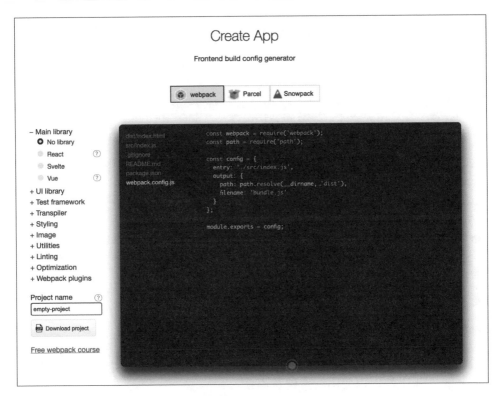

圖 3-2　Create App

≫ webpack CLI init

`webpack-cli` 有個 init 的指令，它可以幫我們產生 webpack 為基底的起始專案。

要使用 `webpack init` 需要另外安裝 `@webpack-cli/generators`：

```
npm install webpack webpack-cli @webpack-cli/generators
```

安裝完成後執行指令：

```
> webpack init ../created-by-webpack-init

? Which of the following JS solutions do you want to use? none
? Do you want to use webpack-dev-server? No
? Do you want to simplify the creation of HTML files for your bundle? No
? Do you want to add PWA support? No
? Which of the following CSS solutions do you want to use? none
[webpack-cli] i INFO  Initialising project...
   create ../created-by-webpack-init/package.json
   create ../created-by-webpack-init/src/index.js
   create ../created-by-webpack-init/README.md
   create ../created-by-webpack-init/index.html
   create ../created-by-webpack-init/webpack.config.js

+ webpack-cli@4.7.2
+ webpack@5.40.0
added 121 packages from 155 contributors and audited 121 packages in 6.449s

[webpack-cli] Project has been initialised with webpack!
```

小結

webpack 是由配置物件做為主要的設定方式，配置物件可以由 CLI 或是 Node.js API 所執行以使用配置建置專案。

本文簡單概述配置物件中的各個屬性的作用，可以看到種類豐富的設定，涵蓋了幾乎整個 webpack 的功能，讓我們可以用配置物件控制 webpack 的建置工作。

最後介紹 **Generate Custom Webpack Configuration** 及 **Create App** 兩個線上工具幫忙建置專案的配置。除了線上的工具，`webpack-cli` 自己也提供了 `init` 指令，使用終端的問答，來建置使用者期望的專案配置。

接下來的章節會詳細講解各個屬性的配置方式與其作用。

參考資料

- Webpack Configuration: Configuration
  （https://webpack.js.org/configuration/）

- GitHub: webpack/webpack-cli
  （https://github.com/webpack/webpack-cli）

- webpack API: Command Line Interface
  （https://webpack.js.org/api/cli/）

- webpack API: Node Interface
  （https://webpack.js.org/api/node/）

入口 Entry

講解 webpack 配置項 `entry` 的使用方式。

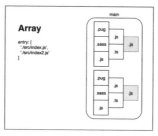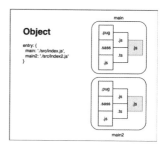

圖 3-3　Entry 的各種配置

`entry` 屬性設定整個 bundle 的起點，webpack 會由 `entry` 開始尋找相依模組來組成相依圖，本節會介紹 `entry` 的各種設定方式。

預設值

`entry` 的預設值為 `./src/index.js`：

```
// ch03-configuration/02-entry/entry-default/webpack.config.demo.js
module.exports = {
  // default value
  entry: './src/index.js',
};
```

將起始模組放於 `./src/` 並且將檔名命名為 `index.js` 就可以不用設定 `entry` 屬性，可以直接輸入 `webpack` 指令來執行建置。

> 可以將 `ch03-configuration/02-entry/entry-default/webpack.config.demo.js` 配置檔中的 `entry` 註解並執行，會有同樣的結果。

設定語法

`entry` 的設定語法有四種：

- 字串值
- 陣列
- 物件
- 函式

我們依序講解各個使用方式。

字串值

對 `entry` 屬性輸入字串值，會將此字串值的檔案設定為 Chunk `main` 的入口。

```js
// ch03-configuration/02-entry/entry-string/webpack.config.demo.js
module.exports = {
  entry: './app/index.js',
};
```

建置結果為：

```
asset main.js 21 bytes [emitted] [minimized] (name: main)
./app/index.js 20 bytes [built] [code generated]
```

- 入口是 `./app/index.js`
- 建置後產生的 Chunk 名稱是 `main`
- 建置出來的 bundle 名為 `main.js`

> 因為沒有設定 `output`，所以會在預設的 `dist` 目錄下，並且 `main` chunk 會輸出為 `main.js`，在下一節**輸出 Output** 中會做說明。

字串值的 `entry` 可以直接使用 CLI 設定：

```
webpack ./app/index.js
```

`webpack` 指令的預設參數是 `entry`，可以不需要使用特定的名稱參數，也可以明確使用 `--entry` 參數：

```
webpack --entry ./app/index.js
```

> 字串值的設定適合在單一入口配置的快速開發時使用。

陣列

以陣列的方式設定 `entry` 會將複數個相依圖設定為 chunk `main` 入口。

```js
// ch03-configuration/02-entry/entry-array/webpack.config.demo.js
module.exports = {
  entry: ['./app/index.js', './app/index2.js'],
};
```

建置結果為：

```
asset main.js 66 bytes [emitted] [minimized] (name: main)
orphan modules 49 bytes [orphan] 2 modules
cacheable modules 146 bytes
  ./app/index.js + 1 modules 71 bytes [built] [code generated]
  ./app/index2.js + 1 modules 75 bytes [built] [code generated]
```

- 入口是包含了 `index.js` 及 `index2.js` 的陣列
- `index.js` 的相依圖中的模組與 `index2.js` 的相依圖中的模組都被打包在同一個 chunk `main` 中。

使用陣列的 `entry` 使 webpack 將不相關的模組打包在同個 Chunk 中，稱為 **multi-main entry**。

陣列的 `entry` 也可以直接用 CLI 設定：

```
webpack ./app/index.js ./app/index2.js
```

`webpack` 指令的預設參數是 `entry`，複數個參數就代表使用多個起始模組的單一入口點配置，當執行包有多個入口的 bundle 時，入口模組會依序被執行。

物件

`entry` 設定為物件時，物件中的 `key` 為 Chunk 的名稱，因此設定多個 `key` 時會產生多個 Chunk 並產生出個別的 bundle。

物件中的值有三種：

- 字串值
- 陣列
- 物件

≫ 物件值為字串值

使用字串值設定物件值會將字串值所代表的檔案當作名稱為 `key` 的 Chunk 的入口。

```js
// ch03-configuration/02-entry/entry-object/webpack.config.demo.js
module.exports = {
  entry: {
    main: './app/index.js',
    main2: './app/index2.js',
  },
};
```

建置結果為：

```
asset main2.js 45 bytes [emitted] [minimized] (name: main2)
asset main.js 44 bytes [emitted] [minimized] (name: main)
orphan modules 49 bytes [orphan] 2 modules
cacheable modules 146 bytes
  ./app/index.js + 1 modules 71 bytes [built] [code generated]
  ./app/index2.js + 1 modules 75 bytes [built] [code generated]
```

- 兩個入口 `main` 與 `main2`
- 產生的 Chunk 名稱與 物件的 `key` 相同，為 `main` 與 `main2`
- 輸出的 bundle 會有兩個，`main.js` 與 `main2.js`

  多入口的設定多用於**頁面應用程式**中。

  字串值的設定其實是物件設定中的 `main` 鍵值設定的縮寫：

```js
module.exports = {
  entry: {
    main: './app/index.js',
  }, // === entry: './src/index.js'
};
```

≫ 物件值為陣列

將陣列中的所有起始模組的相依圖中的組成合併在名稱為 **key** 的 Chunk 中。

```
// ./demos/entry-object-array/webpack.config.demo.js
module.exports = {
  entry: {
    main2: ['./app/index.js', './app/index2.js'],
  },
};
```

建置結果為：

```
asset main2.js 66 bytes [emitted] [minimized] (name: main2)
orphan modules 49 bytes [orphan] 2 modules
cacheable modules 146 bytes
  ./app/index.js + 1 modules 71 bytes [built] [code generated]
  ./app/index2.js + 1 modules 75 bytes [built] [code generated]
```

- `main2` Chunk 有兩個入口 `index.js` 及 `index2.js`。
- 將兩個入口中的相依圖解析並包入 `main2` Chunk 中。

  `entry` 陣列的設定其實就是物件設定中的 `main` 鍵值對應陣列值的縮寫：

```
module.exports = {
  entry: {
    main: ['./app/index.js', './app/index2.js'],
  }, // === entry: ['./app/index.js', './app/index2.js']
};
```

≫ 物件值為物件

值為物件的時候，有下列的屬性可供設定：

- `import`：設定起始模組
- `filename`：輸出時的檔名
- `dependOn`：此入口點相依的入口點，需要在此入口點載入前先載入
- `runtime`：Runtime 的檔名

可以使用 import 屬性設定入口點：

```
// ch03-configuration/02-entry/entry-object-object-string/webpack.
config.demo.js
module.exports = {
  entry: {
    main: {
      import: './app/index.js',
    },
    main2: {
      import: './app/index2.js',
    },
  },
};
```

import 除了字串外也可以設置陣列：

```
// ch03-configuration/02-entry/entry-object-object-array/webpack.config.
demo.js
module.exports = {
  entry: {
    main2: {
      import: ['./app/index.js', './app/index2.js'],
    },
  },
};
```

filename 可以設定 bundle 的檔案名稱：

```
// ch03-configuration/02-entry/entry-object-object-filename/webpack.
config.demo.js
module.exports = {
  mode: 'development',
  entry: {
    app: {
      import: './app/index.js',
      filename: 'hello/world.js',
    },
  },
};
```

filename 設定的是以 output.path 所設定的路徑為基礎的相對路徑，請避免使用絕對路徑設定。

建置結果如下：

```
asset hello/world.js 4.85 KiB [emitted] (name: app)
runtime modules 670 bytes 3 modules
cacheable modules 147 bytes
  ./app/index.js 104 bytes [built] [code generated]
  ./app/msgCommon.js 24 bytes [built] [code generated]
  ./app/msg.js 19 bytes [built] [code generated]
webpack 5.41.0 compiled successfully in 90 ms
```

從 filename 的例子中可以很清楚地看到 Module、Chunk 與 Bundle 的關係：

名稱	範例
Module	./app/index.js、./app/msgCommon.js、./app/msg.js
Chunk	app
Bundle	hello/world.js

dependOn 設定相依的資源：

```
// ch03-configuration/02-entry/entry-object-object-depend-on/webpack.
config.demo.js
module.exports = {
  mode: 'development',
  entry: {
    main: {
      import: './app/index.js',
      dependOn: 'common',
    },
    main2: {
      import: './app/index2.js',
      dependOn: 'common',
    },
    common: './app/msgCommon.js',
  },
};
```

　　Chunk `main` 與 `main2` 依賴 `common`，因此在引入時需要兩個都引入才能執行程式：

```html
<!-- ch03-configuration/02-entry/entry-object-object-depend-on/dist/
index.html -->
<!DOCTYPE html>
<html lang="en">
  <head>
    <script src="common.js"></script>
    <script src="main.js"></script>
  </head>
  <body> </body>
</html>
```

　　可以修改範例 `examples/v5/ch03-configuration/02-entry/entry-object-object-depend-on` 將 `common.js` 的引入拿掉，你會發現程式並未如預期輸出訊息，但也不會出錯，這是因為由於設定了 `dependOn` 的關係，`main.js` 只是注入程式的內容，並沒有 Runtime，要執行時需要依靠 `dependOn` 中所設定的 `common.js` 才能執行。

　　接著來設定 `runtime`，`runtime` 可以將 Runtime 從 Bundle 中提取出來形成獨立的資源：

```js
// ch03-configuration/02-entry/entry-object-object-runtime/webpack.
config.demo.js
module.exports = {
  mode: 'development',
  entry: {
    main: {
      import: './app/index.js',
      dependOn: 'common',
    },
    main2: {
      import: './app/index2.js',
      dependOn: 'common',
    },
    common: {
      import: './app/msgCommon.js',
      runtime: 'runtime',
```

```
    },
  },
};
```

在 `common` 中加入 `runtime` 屬性，建置結果如下：

```
asset runtime.js 6.27 KiB [emitted] (name: runtime)
asset main2.js 2.19 KiB [emitted] (name: main2)
asset main.js 2.18 KiB [emitted] (name: main)
asset common.js 1.46 KiB [emitted] (name: common)
Entrypoint main 2.18 KiB = main.js
Entrypoint main2 2.19 KiB = main2.js
Entrypoint common 7.73 KiB = runtime.js 6.27 KiB common.js 1.46 KiB
runtime modules 2.93 KiB 5 modules
cacheable modules 274 bytes
  ./app/msgCommon.js 24 bytes [built] [code generated]
  ./app/index2.js 107 bytes [built] [code generated]
  ./app/index.js 104 bytes [built] [code generated]
  ./app/msg2.js 20 bytes [built] [code generated]
  ./app/msg.js 19 bytes [built] [code generated]
webpack 5.41.0 compiled successfully in 91 ms
```

Runtime 會以獨立的檔案 `runtime.js` 輸出，`runtime` 屬性的值為輸出後的檔名。

使用時需要載入 `runtime.js` 否則無法執行：

```
<!-- ch03-configuration/02-entry/entry-object-object-runtime/dist/
index.html -->
<!DOCTYPE html>
<html lang="en">
  <head>
    <script src="runtime.js"></script>
    <script src="common.js"></script>
    <script src="main.js"></script>
  </head>
  <body> </body>
</html>
```

由於設定 `dependOn` 的資源不會有 Runtime，因此不能與 `runtime` 屬性同時使用於同一個入口點。

函式

如果對 `entry` 設定函式，webpack 會在 Compiler 的 `make` 事件鉤子觸發此函式，取得入口設定值。

函式可以回傳三種資料：

- 字串值
- 陣列
- Promise

≫ 函式回傳字串值

函式回傳字串值其結果與直接回傳字串值相同，會設定此字串值檔案為 `main` Chunk 的入口。

```js
// ch03-configuration/02-entry/entry-func/webpack.config.demo.js
module.exports = {
  entry: () => './app/index.js',
};
```

≫ 函式回傳陣列

函式回傳陣列其結果與直接回傳陣列相同，會設定此陣列的多個檔案為 `main` Chunk 的入口，並輸出至同個 bundle 中。

```js
// ch03-configuration/02-entry/entry-func-array/webpack.config.demo.js
module.exports = {
  entry: () => ['./app/index.js', './app/index2.js'],
};
```

> 函式的回傳與直接賦值不同的是函式設定會在 Compiler `make` 事件觸發時才叫用函式取得入口。

≫ 函式回傳 Promise

回傳 Promise 會使 webpack 等待 `resolve` 被叫用並傳回 `entry` 後才會繼續執行建置。

例如下面這個範例：

```js
// ch03-configuration/02-entry/entry-func-promise/webpack.config.demo.js
module.exports = {
  entry: () =>
    new Promise((resolve, reject) => {
      setTimeout(() => {
        resolve('./app/index.js');
      }, 5000);
    }),
};
```

觀察執行的時間會發現超過 5 秒：

```
webpack 5.41.0 compiled with 1 warning in 5180 ms
```

這是因為我們將 Timeout 設為 5 秒，webpack 會等待 `resolve` 後才完成建置。

Promise 可以讓 webpack 的入口設定為需要時間取得的資源，例如遠端伺服器、檔案系統或是資料庫。

> 除了 webpack 可以解析的 `.js` 資源可以作為 `entry` 設定外，其他的資源藉由 Loaders 的幫助也可以作為 Entry，像是範例 `ch03-configuration/02-entry/diff-type-entry` 中的 `.css` 資源就藉由 MiniCssExtractPlugin 作為 `entry` 的設定被處理。

context

`context` 配置是設定基底路徑，預設會是目前專案的**根目錄**。

它必須是一個**絕對路徑**，在配置 `entry` 時相對路徑會以 `context` 為基底作延伸。

例如下面這個例子：

```js
// ch03-configuration/02-entry/context/webpack.config.demo.js
const path = require('path');

module.exports = {
  context: path.resolve(__dirname, 'frontend'),
};
```

範例的目錄如下：

```
root
├ /frontend
  ├ /src
    ├ index.js
├ package.json
├ webpack.config.demo.js
```

由於 `context` 已經設為 `frontend`，因此 `entry` 預設的 `./src/index.js` 會設為 `./frontend/src/index.js`。

路徑相關的設定建議使用 Node.js 內建的 `path` 模組及內建的全域變數（像是 `__dirname`）來做設定，避免路徑問題（例如 POSIX 與 Windows 路徑不同）。

CLI 有提供 `--context` 參數讓使用者設定 `context`：

```
webpack --context frontend
```

小結

本文講解 `entry` 有三種設定方式，字串值、陣列、物件及函式。

字串值是設定 `main` Chunk 的起始模組，它是物件 `{ main: '{ 字串值 }' }` 的簡寫，在僅有單一入口的建置下可以快速地做設定。

陣列是設定 `main` Chunk 擁有多個起始模組，陣列的 `entry` 會將多個不相關的模組相依圖組成單個 `main` Chunk。

物件是指定特定名稱 Chunk 的 `entry`，使用物件的 `key` 當作 Chunk 的名稱，並且 `value` 設定此物件的入口配置，`value` 可以是字串值或是陣列，其定義與 `entry` 設定的定義相同，僅是 Chunk 名稱是 `key` 值。

　　物件的值也可以是物件，在使用物件時可以設定更細節的輸出方式，像是是否有相依（`dependOn`）、是否要拆分 Runtime（`runtime`）等。

　　函式可以讓使用者在 Compiler `make` 事件鉤子時才決定 `entry`，其也可以傳回 Promise 來取得遠端的資源。

參考資料

- webpack API: Command Line Interface
  （ https://webpack.js.org/api/cli/#without-configuration-file ）
- webpack Concepts: Concepts
  （ https://webpack.js.org/concepts/#entry ）
- webpack Concepts: Entry Points
  （ https://webpack.js.org/concepts/entry-points/ ）
- webpack Configuration: Entry and Context
  （ https://webpack.js.org/configuration/entry-context/ ）
- webpack Guides: Advanced entry
  （ https://webpack.js.org/guides/entry-advanced/ ）

輸出 Output

講解 webpack 配置項 `output` 的使用方式。

`output` 屬性是設定建置完成的 bundle 要放在哪個目錄以及如何命名。

預設值

`output` 的預設值如下：

```js
// ch03-configuration/03-output/output-default/webpack.config.demo.js
const path = require('path');

module.exports = {
  output: {
    path: path.join(__dirname, 'dist'),
    filename: '[name].js',
  },
};
```

- `path` 定義了 bundle 輸出的路徑，預設是在執行建置工作目錄下的 `dist` 目錄中。
- `filename` 定義生成的檔名，預設值使用了 template string `[name]`，這樣可以依照 Chunk 名稱生成對應的檔案。[1]

> 由於 `output` 設定複雜，每個屬性都有各自的預設值，這裡將篇幅放在 `path` 及 `filename` 兩個常用的屬性預設值，其他的預設值可以參考 webpack 代碼[1]。

---

1 程式碼出處：https://github.com/webpack/webpack/blob/01f7626488b57fe5086f6a42499a b1b6d661aded/lib/config/defaults.js#L559

配置方式

`output` 需要使用者配置一個物件，該物件的屬性像是前面說到的 `path`
及 `filename`，每個都有自己的功能，使用者可以依照自己的需求做配置。
接著會說明各屬性的用途及使用方式。

> 由於 `output` 的屬性繁多，為避免讀者混淆，本文只會講解幾個常用的屬
> 性，其他的屬性依照情境會在之後的章節介紹。

path

`path` 屬性設定輸出的目錄，這屬性需要配置**絕對路徑**（**absolute path**）。

```javascript
// ch03-configuration/03-output/output-path/webpack.config.demo.js
const path = require('path');

module.exports = {
  output: {
    path: path.resolve(__dirname, 'build'),
  },
};
```

使用 Node.js 內建的 `path` 模組及 `__dirname` 變數可以解決路徑問題並
組成絕對路徑。

`output` 的 `path` 屬性可以用 CLI 設定：

```bash
# absolute path
webpack --output-path $PWD/build

# relative path
webpack --output-path build

# short
webpack -o build
```

`--output-path` 可以設定輸出路徑，也可以使用 `-o` 作為縮寫。

雖然可以使用相對路徑做設定，但避免問題還是請使用絕對路徑做設置。

> $PWD 是存有目前工作目錄的變數，可以用它組出絕對路徑。

`path` 中可以使用 `[fullhash]` 用 Compilation 的 hash 值設定目錄：

```js
// ch03-configuration/03-output/output-path-hash/webpack.config.demo.js
const path = require('path');

module.exports = {
  output: {
    path: path.resolve(__dirname, '[fullhash]'),
  },
};
```

上面的例子會產生下面的結果：

```
root
├─ /1de4bdf1a8dc6522a25f
  ├─ main.js
├─ ...
```

它會產生一個 Compilation 的 hash 值為名稱的目錄。

filename

`filename` 設定 bundle 輸出的檔案名稱，它有兩種設定方式：

- 字串值
- 函式

下面我們依序介紹字串值及函式的設定方式。

≫ 使用字串值設定 filename

字串值可以用一般靜態的名稱做設定，也可以用上一個小節提到的 template string 設定不同的名稱來配置輸出。

下面是個使用字串值設定的範例：

```
// ch03-configuration/03-output/output-filename/webpack.config.demo.js
const path = require('path');

module.exports = {
  output: {
    filename: 'bundle.js',
  },
};
```

執行結果如下：

```
asset bundle.js 21 bytes [emitted] [minimized] (name: main)
./src/index.js 22 bytes [built] [code generated]
```

產生的檔名從原本預設的 Chunk 名稱變為配置檔中的 `bundle.js`。

CLI 也可以配置 `filename`：

```
webpack --output-filename bundle.js
```

使用 `--output-filename` 設定 `filename` 參數。

`filename` 除了設定檔名外，它還可以是一個相對路徑，以此來建置輸出的目錄結構：

```
// ch03-configuration/03-output/output-filename-path/webpack.config.demo.js
module.exports = {
  output: {
    filename: 'js/bundle.js',
  },
};
```

執行結果為：

```
asset js/bundle.js 21 bytes [emitted] [minimized] (name: main)
./src/index.js 22 bytes [built] [code generated]
```

產生的檔案如下：

```
root
├ /dist
  ├ /js
    ├ bundle.js
```

可以看到在 `dist` 目錄下多了 `js` 資料夾，裡面存放 `bundle.js`。

多個 Chunk 時配置 filename 的方式

配置多個 `entry` 的時候，會產生多個 Chunk，這也意味著會有多個檔案的輸出。

這時如果還是使用靜態的輸出配置，會造成錯誤：

```
[webpack-cli] Error: Conflict: Multiple chunks emit assets to the same
filename bundle.js (chunks 179 and 869)
```

為避免這個問題，可以使用 template string 做設定，webpack 會依照 Chunk 的狀態轉換 template string 變為相符的名稱：

```js
// ch03-configuration/03-output/output-filename-multi/webpack.config.
demo.js
module.exports = {
  entry: {
    main: './src/index.js',
    main2: './src/index2.js',
  },
  output: {
    filename: 'bundle.[name].js',
  },
};
```

執行結果如下：

```
asset bundle.main2.js 22 bytes [emitted] [minimized] (name: main2)
asset bundle.main.js 21 bytes [emitted] [minimized] (name: main)
./src/index.js 22 bytes [built] [code generated]
./src/index2.js 23 bytes [built] [code generated]
```

[name] 是之前有提到的 template string，它會被替換為對應的 Chunk 名稱。

利用 template string 可以讓每個 bundle 生成不同名稱的檔案，以解決多 bundle 的問題。

≫ 使用函式的方式設定 filename

函式是個擁有 chunkData 的方法，其回傳值必須是合法的 filename 字串值。

```js
// ch03-configuration/03-output/output-filename-func/webpack.config.demo.js
module.exports = {
  entry: {
    main: './src/index.js',
    main2: './src/index2.js',
  },
  output: {
    filename(chunkData) {
      return chunkData.chunk.name === 'main'
        ? 'main.js'
        : `bundle.${chunkData.chunk.name}.js`;
    },
  },
};
```

執行結果如下：

```
asset bundle.main2.js 22 bytes [emitted] [minimized] (name: main2)
asset main.js 21 bytes [emitted] [minimized] (name: main)
./src/index.js 22 bytes [built] [code generated]
./src/index2.js 23 bytes [built] [code generated]
```

當 output.filename 設定為函式時，這個函式會被每個 Chunk 叫用，並且傳入一個 chunkData 的參數，這個參數擁有此 Chunk 的資訊，我們可以使用 chunkData 判斷該怎麼產生輸出。

Template String

Template String 可以將 Chunk 的資料帶入字串值中以產生不同名稱的輸出。

Template String 是藉由 Webpack 內建的 TemplatePathPlugin 驅動的功能，它擁有下面的 template：

- `[name]`：Chunk 名稱
- `[id]`：Chunk ID
- `[fullhash]`：Compilation 的 hash 值，只要建置有改變，hash 值就會變化
- `[contenthash]`：每個 bundle 的 hash 值，只有 bundle 改變時才會變化
- `[chunkhash]`：每個 chunk 的 hash 值，只有在 chunk 改變時才會變化

接下來會用例子說明各個 template 的定義。

≫ [name]

在上面有多個例子使用了 `[name]` template，它表示的是對應的 Chunk 名稱：

```js
// ch03-configuration/03-output/output-filename-template/webpack.config.name.js
module.exports = {
  entry: {
    main: './src/index.js',
    main2: './src/index2.js',
  },
  output: {
    filename: '[name].js',
  },
};
```

執行結果：

```
asset main2.js 22 bytes [emitted] [minimized] (name: main2)
asset main.js 21 bytes [emitted] [minimized] (name: main)
```

```
./src/index.js 22 bytes [built] [code generated]
./src/index2.js 23 bytes [built] [code generated]
```

輸出結果的資源後方是 Chunk 名稱，可以看到我們建立的 bundle 依照了 Chunk 名稱的方式被建立出來。

≫ [id]

`[id]` 會對應每個 Chunk 的 ID：

```
// ch03-configuration/03-output/output-filename-template/webpack.config.id.js
module.exports = {
  entry: {
    main: './src/index.js',
    main2: './src/index2.js',
  },
  output: {
    filename: '[id].js',
  },
  stats: {
    ids: true,
  },
};
```

執行結果如下：

```
asset 869.js 22 bytes {869} [emitted] [minimized] (name: main2)
asset 179.js 21 bytes {179} [emitted] [minimized] (name: main)
./src/index.js [138] 22 bytes {179} [built] [code generated]
./src/index2.js [51] 23 bytes {869} [built] [code generated]
```

可以看到 Chunk ID 對應輸出成 bundle 的檔名。

> 預設不會輸出 Chunk ID，需要將 `stats.ids` 設為 `true`。

≫ [fullhash], [chunkhash], [chunkhash]

`[fullhash]`, `[chunkhash]`, `[chunkhash]` 都是輸出 hash 值，但每個都有不同的構成機制，依照情況有些會變動有些可以保持原本的值，大致可以分為下面這樣：

Hash 類型	產生方式	修改配置檔	修改檔案內容	修改不同類型的檔案內容
[fullhash]	整個建置的 hash 值	會變化	會變化	會變化
[chunkhash]	Chunk 的 hash 值，使用所有的內容所產生的	不會變化	如果修改的內容在此 Chunk 內則會變化	如果修改的內容在此 Chunk 內則會變化
[contenthash]	Chunk 的 hash 值，只使用相同類型的內容所產生的	不會變化	如果修改的內容在此 Chunk 內並且與修改檔案屬於相同類型則變化	修改的檔案類型不同所以不會變化

[fullhash]

[fullhash] 比較好理解，在整個建置過程中唯一的 hash 值，因此不管是配置還是程式變化，它的值就會變化。

由於 [fullhash] 是唯一的，因此如果有多個 bundle 時，會出錯：

```
[webpack-cli] Error: Conflict: Multiple chunks emit assets to the same
filename 75880031e240e787a286.js (chunks 179 and 869)
```

[fullhash] 的例子可以看 ch03-configuration/03-output/output-filename-template/webpack.config.fullhash.js，可以試著改變配置檔或是程式觀察變化。

[chunkhash]

[chunkhash] 是每個 Chunk 的 hash 值，因此當一個 Chunk 中的 module 發生變化時，[chunkhash] 會變化，但對於其他的 chunk 來說因為沒有發生變化，所以 hash 值還是原來的樣子。

[chunkhash] 可以參考 ch03-configuration/03-output/output-filename-template/webpack.config.chunkhash.js，嘗試變化程式觀察輸出的檔名。

[contenthash]

[contenthash] 的值是由輸出的 bundle 內容所產生的，我們可以看下面這個例子：

```js
// ch03-configuration/03-output/output-filename-hash/src/index.js
import './style/style.css';

console.log('index');
```

```js
// ch03-configuration/03-output/output-filename-hash/src/index2.js
import './style/style.css';

console.log('index2');
```

```css
/* ch03-configuration/03-output/output-filename-hash/src/style/style.css */
.hello-world {
  /* color: black; */
  color: green;
}
```

例子中有兩個 .js 檔（index.js 與 index2.js）引入同個 ./style/style.css 資源。

然後配置檔如下：

```js
// ch03-configuration/03-output/output-filename-hash/webpack.config.js
const MiniCssExtractPlugin = require('mini-css-extract-plugin');
module.exports = {
  entry: {
    main: './src/index.js',
    main2: './src/index2.js',
  },
  output: {
    filename: '[contenthash].js',
  },
```

```
plugins: [
  new MiniCssExtractPlugin({
    filename: '[contenthash].css',
  }),
],
module: {
  rules: [
    {
      test: /\.css$/,
      use: [
        {
          loader: MiniCssExtractPlugin.loader,
        },
        'css-loader',
      ],
    },
  ],
},
};
```

這裡使用 `MiniCssExtractPlugin` 將引入的 `.css` 拉出來另外產生 `.css` 檔案，並將輸出都設為 `[contenthash]`。

建置結果如下：

```
asset f76d9f8ca771d2172106.css 132 bytes [emitted] [immutable] (name:
main, main2)
asset c92c109006d97ccd6245.js 45 bytes [emitted] [immutable]
[minimized] (name: main2)
asset 5984142158978d4e883f.js 44 bytes [emitted] [immutable]
[minimized] (name: main)
```

這建置產生了兩個 Chunk：`main` 與 `main2`，但是 bundle 卻有三個，這是因為本來被 `index.js` 及 `index2.js` 所引用的 `style.css` 被 `MiniCssExtractPlugin` 拉出建立為獨立的檔案。

這時我們嘗試修改與 `index.js`、`index2.js` 不同類型的 `style.css` 資源：

```
/* ch03-configuration/03-output/output-filename-hash/src/style/style.css */
.hello-world {
```

```
  color: black;
  /* color: green; */
}
```

修改完成後將 `./dist` 刪除（避免 cache）並重新建置：

```
asset 3a54aaaf9645b1c1636c.css 132 bytes [emitted] [immutable] (name:
main, main2)
asset c92c109006d97ccd6245.js 45 bytes [emitted] [immutable]
[minimized] (name: main2)
asset 5984142158978d4e883f.js 44 bytes [emitted] [immutable]
[minimized] (name: main)
```

你會發現只有修改的 `.css` 的 hash 發生變化而修改了檔名。

這時如果我們還是使用 `[chunkhash]` 的話，只要 `.css` 或是 `.js` 其中一方修改，兩個檔案的 hash 都會變化（可以將範例 `ch03-configuration/03-output/output-filename-hash` 中改為 `[chunkhash]` 以觀察輸出結果）。

> webpack 提供了多樣的 hash 值供使用者選用，其最大的目的就是為了讓瀏覽器快取，增加應用程式的效能，這部分在後面的章節會講解到。

≫ 跳脫 template string

有時會需要真的輸出 `[id]` 這樣的字串當作檔名，可以使用 `\` 包住中間的值（例如 `id, name`），就可以直接當作字串輸出而不會轉換：

```
// examples/v5/ch03-configuration/03-output/output-filename-template/
webpack.config.escape.js
module.exports = {
  entry: {
    main: './src/index.js',
    main2: './src/index2.js',
  },
  output: {
    filename: '[name].[\\id\\].js',
  },
};
```

在字串中記得再加一個 \ 讓 \ 可以傳入。

執行結果如下：

```
asset main2.[id].js 22 bytes [emitted] [minimized] (name: main2)
asset main.[id].js 21 bytes [emitted] [minimized] (name: main)
```

publicPath

publicPath 是處理在部署時候，建置檔案在伺服器中的路徑，以此路徑設定 Chunk 在載入時所需要請求的位置。

我們直接來看個例子：

```
// ch03-configuration/03-output/output-publicpath/src/index.js
async function getString() {
  const { default: hello } = await import('./hello.js');

  return hello;
}

getString().then((str) => {
  console.log(str);
});
```

```
// ch03-configuration/03-output/output-publicpath/src/hello.js
export default 'Hello';
```

index.js 中延遲載入了 hello.js 的內容，並將其輸出在 Console 上。

接著配置 webpack：

```
// ch03-configuration/03-output/output-publicpath/webpack.config.error.js
const path = require('path');

module.exports = {
  output: {
    path: path.resolve(__dirname, 'build/js'),
    publicPath: '',
  },
};
```

這個範例想要將 webpack 所輸出的資源放於 `/build/js` 上，因此設定了 `output.path`。

`index.html` 因為輸出的路徑不同，而要修正引入的路徑：

```html
<!-- ch03-configuration/03-output/output-publicpath/build/index.html -->
<!DOCTYPE html>
<html>
  <head> </head>
  <body>
    <script src="./js/main.js"></script>
  </body>
</html>
```

執行 webpack 後產生出來的目錄如下：

```
root
├ build
  ├ /js
    ├ 395.js
    ├ main.js
```

- `395.js` 中為 `hello.js` 內容，並會在 `main.js` 中被延遲載入

將 `build` 目錄傳至伺服器上看結果：

Name	× Headers Preview Response Initiator Timing
☐ 127.0.0.1	▼ **General**
☐ main.js	**Request URL:** http://127.0.0.1:8082/395.js
☐ 395.js	**Request Method:** GET
◉ data:image/png;base…	**Status Code:** ● 404 Not Found
☐ inject.js	**Remote Address:** 127.0.0.1:8082
☐ inject.js	**Referrer Policy:** strict-origin-when-cross-origin

圖 3-4　公用路徑的錯誤

這時在載入 `395.js` 時發生了 404 的錯誤，這是因為載入 `395.js` 時使用路徑為 `publicPath`，路徑中會少了 `/js/` 這層而找不到 `395.js` 資源。

這種情況下就必須要使用 `publicPath`：

```
// ch03-configuration/03-output/output-publicpath/webpack.config.js
const path = require('path');

module.exports = {
  output: {
    path: path.resolve(__dirname, 'build/js'),
    publicPath: '/js/',
  },
};
```

如此一來，在載入 `395.js` 時就會以 `/js/395.js` 取得資源。

≫ 自動設置 publicPath

當 `publicPath` 設為 `auto` 時，webpack 會擁有自動配置 `publicPath` 的能力，它利用引入資源本身的路徑推導出其他資源的路徑。

`publicPath` 的預設值為 `auto`，因此不設定 `publicPath` 也可以享有自動配置的功能。

> 自動配置的效果可以參考 `ch03-configuration/03-output/output-publicpath/webpack.config.auto.js`。

chunkFilename

之前介紹的 `filename` 是設定 `entry` 所產生出來的 bundle，這類的 Chunk 叫做 `initial`，而像是上面例子的 `395.js` 這種延遲載入的 Chunk 叫做 `non-initial`，這類 `non-initial` 的輸出檔名就交給 `chunkFilename` 做設定。

≫ chunkFilename 的設定方式

於 `output.chunkFilename` 可以設定 Chunk 輸出的檔名：

```
// ch03-configuration/03-output/output-chunkfilename/webpack.config.js
module.exports = {
  output: {
```

```
    chunkFilename: '[id].chunk.js',
  },
  stats: {
    ids: true,
  },
};
```

執行結果如下：

```
asset main.js 2.48 KiB {179} [emitted] [minimized] (name: main)
asset 395.chunk.js 132 bytes {395} [emitted] [minimized]
```

可以看到建置結果檔名為 `395.chunk.js`。

看到這邊大家應該發現了，`chunkFilename` 一樣可以使用 template string 做設置，並且因為 `chunkFilename` 的預設值為 `[id].js`，所以之前的範例才會出現 `395.js` 這種奇怪的檔名。

小結

`output` 擁有許多複雜的配置，本文講了四個比較常用的屬性：`path`、`filename`、`publicPath` 以及 `chunkFilename`。

這中間也介紹了一個重要的設定方式：Template String。在 `webpack` 中配置所有的輸出檔案時，不管是用 plugin 建立的或是 loader 創建的還是一般 chunk 輸出的檔案，所有的檔名幾乎都可以使用 Template String 來設定，使用正確的 Template 可以大大地增加快取的效能，加快應用程式的運行。

參考資料

- webpack Concepts: Concepts
  （https://webpack.js.org/concepts/#output）
- webpack Concept: Output
  （https://webpack.js.org/concepts/output/）
- webpack Configuration: Output
  （https://webpack.js.org/configuration/output/）

- Hash vs chunkhash vs ContentHash
  （https://medium.com/@sahilkkrazy/hash-vs-chunkhash-vs-contenthash-
  e94d38a32208）

- webpack Concepts: Under The Hood
  （https://webpack.js.org/concepts/under-the-hood/#chunks）

- webpack Guides: Public Path
  （https://webpack.js.org/guides/public-path/）

解析 Resolve

講解 webpack 是如何知道引入的模組位置，以及 `resolve` 屬性的意義及設定方式。

在開發 webpack 應用程式時，我們很自然地用**相對路徑**引用專案內的模組（例如：`import hello from './hello.js'`），對於從 npm 安裝的第三方庫直接用名稱引用（例如：`import _ from 'lodash'`）。你有想過為什麼 webpack 知道要去哪裡抓這些你設定的模組嗎？本節將講述 webpack 取得模組的方式以及說明 `resolve` 屬性的使用方式。

webpack 尋找模組的方式

在 webpack 中可以用三種方式引入模組：

- 絕對路徑
- 相對路徑
- 模組路徑

> webpack 使用 `enhance-resolve` 解析模組的路徑。

≫ 絕對路徑

絕對路徑是個完整且唯一的路徑，它在整個系統中對應唯一的一個資源。

```
// ch03-configuration/04-resolve/absolute/src/index.js
import helloPOSIX from '/Users/PeterChen/Documents/code/book-webpack/
examples/v5/ch03-configuration/04-resolve/absolute/src/hello.js';
```

範例中使用絕對路徑載入 `hello.js` 資源。

絕對路徑可以想做是地址一樣，它提供了資源的完整位置，不需要依靠其他的資訊輔助，直接使用就行了。

≫ 相對路徑

相對路徑依靠目前目錄的位置做相對位置的表示。

```
// ch03-configuration/04-resolve/relative/src/index.js
import './utils/sayHi.js';
```

index.js 使用相對路徑 ./utils/sayHi.js 請求 sayHi.js 資源，路徑中的 ./ 會將請求資源檔案所在的目錄 ch03-configuration/04-resolve/relative/src 與被請求的資源路徑 utils/sayHi.js 結合組成絕對路徑 ch03-configuration/04-resolve/relative/src/utils/sayHi.js，以此找到對應的模組。

```
// ch03-configuration/04-resolve/relative/src/utils/sayHi.js
import name from '../name.js';
```

sayHi.js 使用相對路徑 ../name.js 請求 name.js 資源，路徑中的 ../ 會將請求資源檔案所在的目錄上層 ch03-configuration/04-resolve/relative/src 與被請求的資源目錄 name.js 結合組成絕對路徑 ch03-configuration/04-resolve/relative/src/name.js，以此找到對應的模組。

相對路徑可以想成是現實中在報位置時以地標為輔的方式，例如：在某某大樓的對面，對面就是相對路徑，而某某大樓為基本路徑。

依照基本路徑的不同，相同的相對路徑可能指向不同的資源。

≫ 模組路徑

模組路徑是在引入第三方程式庫時使用，可以直接使用名稱引入：

```
// ch03-configuration/04-resolve/module/src/index.js
import _ from 'lodash';
```

建置結果如下：

```
asset main.js 69.4 KiB [emitted] [minimized] (name: main) 1 related asset
runtime modules 1010 bytes 5 modules
```

```
cacheable modules 531 KiB
  ./src/index.js 121 bytes [built] [code generated]
  ./node_modules/lodash/lodash.js 531 KiB [built] [code generated]
```

在結果中可以看到 `lodash` 被轉成 `node_modules` 中真正的引用路徑了。這是因為 webpack 藉由 `resolve` 配置的幫助，將模組的實際位置找出，因此我們才可以便利的使用名稱引入不同的模組。

> 要在輸出時顯示相依的模組時，需要將 `stats.dependentModules` 設為 `true`。

圖 3-5　處理模組路徑

接著介紹 webpack 如何使用 `resolve` 屬性找出目標的模組。

使用 resolve 找出模組

webpack 發現模組引入的語法（例如：`import`、`require`）時，會使用這個引入的字串值確認是否有在 `resolve.alias` 屬性中設定別名，接著如果是模組路徑的話，找尋 `resolve.modules` 中的目錄，發現目標後，視目標為檔案或是目錄會有不同的處理方式：

- 檔案：確認是否有附檔名，如果沒有則使用 `resolve.extensions` 屬性所設定的副檔名尋找。
- 目錄：確認是否有 `package.json`，如果有則使用 `resolve.mainFileds` 找出目標檔案，如果沒有則使用 `resolve.mainFiles` 找出目標檔案，找到目標檔案後，再依照檔案的方式處理。

整個流程圖如下所示：

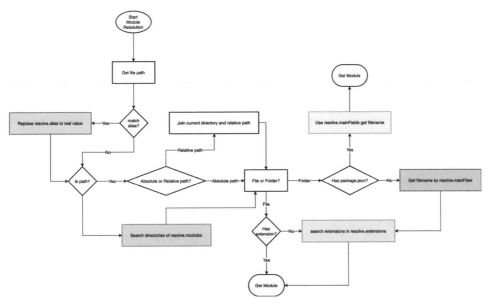

圖 3-6　Resolve 的流程

接著我們會依序講解各個 `resolve` 屬性的使用方式。

resolve.alias

`alias` 屬性是**設定模組路徑的別名**，讓我們在開發時可以更簡單的指定目標的模組。

≫ 解決相對路徑設定的麻煩

原本在開發時都會使用相對路徑取得專案中的模組：

```js
// ch03-configuration/04-resolve/resolve-alias/src/pages/beta.js
import beta from '../utils/beta.js';

console.log(`${beta}`);
```

只要資料夾層數變多，或是重構時改變了資料夾的相對路徑，需要逐一的調整，會十分的麻煩。

使用 webpack 時用 `resolve.alias` 設定路徑別名即可解決此問題：

```js
// ch03-configuration/04-resolve/resolve-alias/webpack.config.js
const path = require('path');

module.exports = {
  resolve: {
    alias: {
      '@': path.resolve(__dirname, 'src'),
    },
  },
};
```

將 `src` 設定為 `@`，如此一來在檔案中就可以直接用 `@` 表示 `src`：

```js
// ch03-configuration/04-resolve/resolve-alias/src/pages/alpha.js
import alpha from '@/utils/alpha.js';

console.log(`${alpha}`);
```

≫ 使用第三方庫更加方便

有時引入的第三方庫並沒有依照預設的方式設定檔案結構，造成要明確指定才能使用，以 vue.js 為例：

```js
// ch03-configuration/04-resolve/resolve-alias-npm/src/index.js
import Vue from 'vue/dist/vue.esm.js';
```

為了使用 vue.js template 的功能，我們需要載入包含 compiler 及 runtime 的完整包，可是 vue.js 預設是載入 runtime only 的版本，因此我們需要明確指定版本（`vue.esm.js`），這使得在引用時十分麻煩。

這時我們可以使用 `resolve.alias` 簡化引用：

```js
// ch03-configuration/04-resolve/resolve-alias-npm/webpack.config.js
const path = require('path');

module.exports = {
  resolve: {
```

```
  alias: {
    vue$: 'vue/dist/vue.esm.js',
  },
 },
 stats: {
   orphanModules: true,
 },
};
```

　　`alias` 尾端加上 `$`，表示此別名是以 `vue` 結尾，以上例來說，如果設定
`import 'vue/wrong'` 這樣就不適用此別名。

resolve.modules

　　`resolve.modules` 屬性告訴 webpack **該去哪個目錄下找模組。**

　　由於 `resolve.modules` 的預設值為 `['node_modules']`，這也是為
什麼前面的例子在引入 `lodash` 時，webpack 會知道要從 `node_modules`
底下尋找目標。

　　我們可以自己調整成自己的目錄：

```
// ch03-configuration/04-resolve/resolve-modules/webpack.config.js
const path = require('path');

module.exports = {
  resolve: {
    modules: [path.resolve(__dirname, 'src'), 'node_modules'],
  },
};
```

　　建置結果為：

```
asset main.js 63 bytes [compared for emit] [minimized] (name: main)
./src/index.js + 1 modules 183 bytes [built] [code generated]
./src/lodash.js 62 bytes [orphan] [built]
```

　　可以看到原本使用 `node_modules` 下的 `lodash`，現在已經改引用 `src`
下的 `lodash.js`。

> 要將 `stats.orphanModules` 設為 `true` 才能於 Console 中輸出 `src/lodash.js`。

這例子可以知道下面幾點：

- 設定越前面的會越先尋找，只要找到就停止查找。
- 設定可以為**絕對路徑**或是**相對路徑**。

> 相對路徑的設定會與 Node 搜尋的方式相同，找尋路徑的目錄及其上層（`./node_modules`、`../node_modules`）。

resolve.mainFields

找到模組目錄後，webpack 會需要知道要使用哪個檔案，以 `vue.js` 為例，你在 `node_modules` 看到如下的結構：

圖 3-7　Vue.js 目錄

雖然找到了 vue.js 的目錄，但這麼多的檔案 webpack 怎麼知道要用哪一個呢？這時就要請出 `resolve.mainFields` 了。

`resolve.mainFields` 會依照 webpack 的 `target` 屬性知道要部署的環境。而 `package.json` 中會設定不同環境所要使用的檔案，我們來看 vue.js 的 `package.json`：

```
// node_modules/vue/package.json
{
  ...

  "main": "dist/vue.runtime.common.js",
```

```
  "module": "dist/vue.runtime.esm.js",

  ...
}
```

vue.js 設定了兩個入口：`main` 與 `module`：

- `main`：預設的入口
- `module`：ESM 的入口

在預設的情況下，webpack 的 `target` 屬性是設為 `web`，這時 `resolve.mainFields` 是：

```
// ch03-configuration/04-resolve/resolve-main-fields/webpack.config.js
const path = require('path');

module.exports = {
  resolve: {
    mainFields: ['browser', 'module', 'main'],
  },
};
```

建置結果如下：

```
asset main.js 63.7 KiB [emitted] [minimized] (name: main) 1 related asset
runtime modules 221 bytes 1 module
./src/index.js + 1 modules 224 KiB [built] [code generated]
./node_modules/vue/dist/vue.runtime.esm.js 223 KiB [orphan] [built]
```

優先級由前往後遞減，以 vue.js 來說，因為沒有設定 `browser`，因此使用了第二順位的 `module`，所以 webpack 會將 `import 'vue'` 轉換為 `import './node_modules/vue/dist/vue.runtime.esm.js'`。

下面列出輸出目的（`target`）的設定與 `resolve.mainFields` 預設值的對照：

target	resolve.mainFields
`web`（預設值）、`webworker`	`['browser', 'module', 'main']`
Others	`['module','main']`

resolve.mainFiles

當使用者只有指定目錄時，webpack 會依照 `resolve.mainFiles` 設定依序尋找正確的檔案，它的預設值是 `['index']`。

有一個例子目錄結構如下：

```
root
├ /src
  ├ /utils
    ├ /alpha
      ├ index.js
      ├ main.js
  ├ index.js
```

我們可以這樣引入 `./utils/alpha/index.js`：

```
// ch03-configuration/04-resolve/mainfiles/src/index.js
import './utils/alpha';
```

執行結果如下：

```
asset main.js 0 bytes [compared for emit] [minimized] (name: main)
./src/index.js 80 bytes [built] [code generated]
./src/utils/alpha/index.js 24 bytes [orphan] [built]
```

省略的 `index.js` 會因為 `resolve.mainFiles` 所設定的 `['index']` 而被視為目標檔案，從而取得模組資源。

我們也可以設定 `main` 作為優先尋找的檔案：

```
// ch03-configuration/04-resolve/mainfiles/webpack.config.main.js
module.exports = {
  resolve: {
    mainFiles: ['main', 'index'],
  },
};
```

這樣就會找到 `./utils/alpha/main.js`。

resolve.extensions

`resolve.extensions` 是處理省略副檔名的檔案，它的預設值是 `['.js', '.json', '.wasm']`。

範例如下：

```
// ch03-configuration/04-resolve/extensions/src/index.js
import './utils/alpha/index';
```

例子中沒有設定副檔名，webpack 會依照 `resolve.extensions` 設定優先尋找副檔名為 `.js` 的檔案，因此找到的事 `./utils/alpha/index.js`。

與 `mainFiles` 一樣的功能，但 `extensions` 是負責副檔名，而 `mainFiles` 是負責檔名。

小結

webpack 的模組路徑有三種類型：**絕對路徑、相對路徑**與**模組路徑**。

路徑的解析仰賴 `resolve` 屬性的設定。當遇到不同路徑時，`resolve` 會依照對應的配置解析，最終得以找到模組，讓使用者引入正確的資源。

參考資料

- Webpack Concepts: Module Resolution
  （https://webpack.js.org/concepts/module-resolution/）

- Webpack Configuration: Resolve
  （https://webpack.js.org/configuration/resolve/）

- main vs browser vs jsnext:main vs module
  （https://juejin.im/entry/6844903459515269134）

- Webpack Concepts: Targets
  （https://webpack.js.org/concepts/targets/）

- Webpack Configuration: Targets
  （https://webpack.js.org/configuration/target/）

模組 Module 的規則判定

本節為 `module` 屬性的設定方式解說的第一部分，講解 `module` 屬性中的規則如何匹配。

`module` 屬性告訴 webpack 應該如何處理各個模組。

模組的解析

webpack 從 `entry` 開始依序掃描各個模組，在掃描的過程中會用 Loaders 處理非 JS、JSON 的模組，轉為 JS 檔案後交給 Parser 解析，解析時如果有相依模組，則重複掃描步驟。

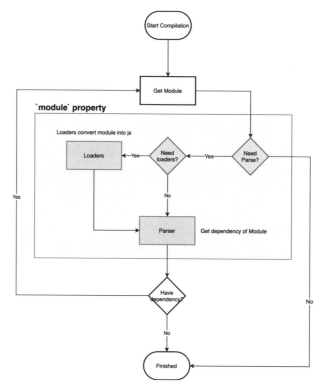

圖 3-8 解析的流程圖

本文會講解如何配置 webpack 使特定模組適用指定規則，就是圖中的 `Need Loaders?` 與 `Need Parse?` 這兩個部分。

設定一個 rules

設定模組的規則時，有兩個點要考慮：

- **哪些模組要使用**：設定此規則包含了哪些模組
- **要做哪些處理**：這些模組要做什麼處理

記住這兩點後，來看下面這個例子：

```
// ch03-configuration/05-module/css-module/webpack.config.demo.js
module.exports = {
  module: {
    rules: [
      {
        test: /\.css$/,
        use: [
          'style-loader',
          { loader: 'css-loader', options: { modules: true } },
        ],
      },
    ],
  },
};
```

我們將配置中的 `test` 及 `use` 依照上面的兩類做區分：

- **哪些模組要使用**：`test` 判斷哪些模組適用此規則。
- **要做哪些處理**：`use` 設定這些模組要用哪些 Loaders 做處理。

我們將這兩類分別取名為**判斷類**及**使用類**，接下來本文會先講解判斷類的用法，下一節講解使用類的用法。

判斷類

判斷類的屬性有：`test`、`include`、`exclude` 等，雖然有些設定的功能不同，但是條件設定方式都是一樣的，如下所示：

- RegExp：如果正規表達式判斷為真則條件成立
- 字串值：如果是以此字串值開頭的路徑則條件成立
- 函式：此函式帶有目前路徑（`path`）的參數（`resourceQuery` 是帶 `query`），如果回傳為真則條件成立
- 陣列：每個元素都是一個匹配方式（RegExp、字串值及函式），只要其中一個為真，此條件成立

雖然每個屬性都可以使用上面所有的設定方式，但是依照不同的屬性的定義，開發者在慣例上會傾向特定的設定方式，下面介紹時會做說明。

接下來會以各種實例說明各種設定的方式。

> 為方便解說，下面的例子會使用自己寫的 Loader 輸出特定的資訊，你可以在每個範例目錄下的 `loader` 資料夾中找到使用的 Loader。

test 與 include

`test` 與 `include` 屬性的功能都是只要**條件為真**，此規則就會匹配。

我們用範例說明：

```js
// ch03-configuration/05-module/rules-test-include/webpack.config.test.js
const path = require('path');

module.exports = {
  module: {
    rules: [
      {
        test: /\.js$/, // include: /\.js$/,
        use: [
          {
            loader: path.resolve(__dirname, 'loader'),
            options: { rule: 'test' },
          },
        ],
      },
    ],
  },
};
```

配置中設定 `test` 來過濾 `.js` 檔案,並將這些檔案使用自製的 Loader 處理。

執行結果如下:

```
test - /Users/PeterChen/Documents/code/book-webpack/examples/v5/ch03-
configuration/05-module/rules-test-include/src/index.js
asset main.js 21 bytes [emitted] [minimized] (name: main)
./src/index.js 22 bytes [built] [code generated]
```

這裡使用 RegExp 的方式判斷結尾為 `.js` 的條件是否成立,因此作為入口點的 `./src/index.js` 屬於此規則並觸發了 Loader 的執行,使其輸出了 Loader 中設定的訊息。

> 可以在範例 `ch03-configuration/05-module/rules-test-include` 中試著將 `test` 改為 `include` 來觀察結果。

exclude

`exclude` 屬性只要條件為真,此規則就會排除。

```js
// ch03-configuration/05-module/rules-exclude/webpack.config.js
const path = require('path');

module.exports = {
  module: {
    rules: [
      {
        exclude: /\.js$/,
        use: [
          {
            loader: path.resolve(__dirname, 'loader'),
            options: { rule: 'exclude: /.js$/' },
          },
        ],
      },
    ],
  },
};
```

入口檔內容如下：

```
// ch03-configuration/05-module/rules-exclude/src/index.js
import './style.css';

console.log('index');
```

入口檔中引入了 `style.css`，這個模組並沒有被排除在規則外。

執行結果如下：

```
exclude: /.js$/ - /Users/PeterChen/Documents/code/book-webpack/
examples/v5/ch03-configuration/05-module/rules-exclude/src/style.css
asset main.js 44 bytes [emitted] [minimized] (name: main)
orphan modules 1 bytes [orphan] 1 module
./src/index.js 45 bytes [built] [code generated]
```

由於排除了 `.js` 的檔案，因此只有 `/{absolute-path}/style.css` 觸發 Loaders 的執行。

resourceQuery

如果 `resourceQuery` 所設定的判斷式**匹配目標資源的 query** 時，則條件成立。

我們將上面例子的入口檔改一下：

```
// ch03-configuration/05-module/rules-resource-query/src/index.js
-import './style.css';
+import './style.css?yoho';

console.log('index');
```

在引入檔案路徑後面加上 `yoho` 的 query parameter，再將配置改為 `resourceQuery`：

```
// ch03-configuration/05-module/rules-resource-query/webpack.config.js
const path = require('path');

module.exports = {
```

```
  module: {
    rules: [
      {
        resourceQuery: (query) => query.match(/yo/),
        use: [
          {
            loader: path.resolve(__dirname, 'loader'),
            options: { rule: 'resourceQuery: (query) => query.match(/yo/)' },
          },
        ],
      },
    ],
  },
};
```

　　`resourceQuery` 使用函式時帶入了 query 的參數，因此 `?yoho` 會被帶入，由於符合判斷，因此 `./style.css` 觸發了 Loaders。

多種條件的配合

　　每個 `rule` 中能使用複數種的條件判斷，當多種條件存在時，檔案的路徑與檔名要**符合全部的條件**才歸為此規則。

　　以下面的例子來說：

```
root
├ /src
  ├ index.js
  ├ /exclude
    ├ index.js
├ /app
  ├ index.js
  ├ /exclude
    ├ index.js
├ /other
  ├ index.js
  ├ /exclude
    ├ index.js
```

配置了下面的設定：

```js
// ch03-configuration/05-module/rules-test-include-exclude/webpack.config.js
const path = require('path');

module.exports = {
  entry: {
    main: './src/index.js',
    app: './app/index.js',
    other: './other/index.js',
  },
  module: {
    rules: [
      {
        test: /\.js$/,
        include: [path.resolve(__dirname, 'src'), (path) => path.match(/app/)],
        exclude: path.resolve(__dirname, 'app', 'exclude'),
        use: [
          {
            loader: path.resolve(__dirname, 'loader'),
            options: { rule: 'test, include and exclude' },
          },
        ],
      },
    ],
  },
};
```

總共設置三種條件：

- `test`：要是 `.js` 檔
- `include`：要在 `src` 目錄中**或**路徑中有符合 `app` 字串的檔案
- `exclude`：排除在 `app/exclude` 目錄下的檔案

建置結果為：

```
test, include and exclude - /Users/PeterChen/Documents/code/book-
webpack/examples/v5/ch03-configuration/05-module/rules-test-include-
exclude/app/index.js
test, include and exclude - /Users/PeterChen/Documents/code/book-
webpack/examples/v5/ch03-configuration/05-module/rules-test-include-
```

```
exclude/src/index.js
test, include and exclude - /Users/PeterChen/Documents/code/book-
webpack/examples/v5/ch03-configuration/05-module/rules-test-include-
exclude/src/exclude/index.js
asset app.js 54 bytes [emitted] [minimized] (name: app)
asset main.js 54 bytes [emitted] [minimized] (name: main)
asset other.js 54 bytes [emitted] [minimized] (name: other)
orphan modules 78 bytes [orphan] 3 modules
cacheable modules 330 bytes
  ./src/index.js + 1 modules 110 bytes [built] [code generated]
  ./app/index.js + 1 modules 110 bytes [built] [code generated]
  ./other/index.js + 1 modules 110 bytes [built] [code generated]
```

只有 `./src/index.js`, `./src/exclude/index.js` 與 `./app/index.js` 觸發了 Loader。

判斷目標 resource 與 issuer

判斷類的屬性是設定此規則適用哪些模組,它的判斷依據有兩類:

- 資源本身(resource):**被請求的**模組的絕對路徑
- 資源使用者(issuer):**請求模組的**模組的絕對路徑

舉例來説,在 `./src/index.js` 中使用 `import excludeStr from './exclude/index.js'` 引入 `./exclude/index.js` 時:

- `resource` 為 `/{absolute-path}/src/exclude/index.js`
- `issuer` 為 `/{absolute-path}/src/index.js`

依照判斷依據的不同,分別使用 `resource` 與 `issuer` 設定兩個不同類別。

前面所提到的 `test`、`include` 及 `exclude` 其對象都是 `resource`。

≫ and、or 與 not

除了上述的三個判斷(`test`、`include`、`exclude`)外,另外還有 `and`, `or` 與 `not` 三個判斷,它們的説明如下:

- `and`:包含匹配所有規則的模組,須在 `resource`、`issuer` 中使用。

- `or`：包含匹配任意規則的模組，須在 `resource`、`issuer` 中使用。
- `not`：排除匹配任一規則的模組，須在 `resource`、`issuer` 屬性中使用。

  這三個需要明確寫出是在 `resource` 還是 `issuer` 中做設定。

  以例子來說明用法，範例的資料結構如下：

```
root
├ /src
  ├ index.js
  ├ style.css
├ /app
  ├ index.js
  ├ style.css
```

配置如下：

```js
// ch03-configuration/05-module/rules-issuer-and/webpack.config.js
const path = require('path');

module.exports = {
  entry: {
    main: './src/index.js',
    app: './app/index.js',
  },
  module: {
    rules: [
      {
        issuer: {
          and: [path.resolve(__dirname, 'src'), /\.js$/],
        },
        use: [
          {
            loader: path.resolve(__dirname, 'loader'),
            options: { rule: 'issuer.and' },
          },
        ],
      },
    ],
  },
};
```

執行結果為：

```
issuer.and - /Users/PeterChen/Documents/code/book-webpack/examples/v5/
ch03-configuration/05-module/rules-issuer-and/src/style.css
```

結果中可以看到只有 `./src/style.css` 觸發規則，因為 `issuer` 的判斷目標為請求資源的模組，而 `and` 判斷需要所有的條件為真，所以此設定的意義是：請求資源的模組路徑要在 `./src` 下，並且要是 `.js` 檔案。

`./app/index.js` 雖然是 `.js` 檔案，但並不在 `./src` 目錄下，因此 `./app/style.css` 並不符合條件。

設定習慣

上面介紹下來，會發現有些屬性的判斷功能是相同的，例如 `test` 與 `include`。 這是因為 webpack 提倡語意化的配置，利用各個人類理解意義的單字作為設定的方式以提升配置的可讀性。

為了優化可讀性，雖然有些設定是相同功能的，但使用者通常會用下面的規則來配置 `module.rules`：

- `test`：篩選目標**副檔名**
- `include`：篩選目標**目錄**
- `exclude`：**排除**特定目錄
- `and`、`or`、`not`：對於上面規則做補充

使用上述的規則做設定，就可以寫出順暢的配置。

多層規則配置

上面的例子都是單層規則，其實 webpack 是可以讓同個資源使用多層規則做設定。

以下面例子來說：

```
// ch03-configuration/05-module/rules-multiple/webpack.config.js
const path = require('path');

module.exports = {
```

```
module: {
  rules: [
    {
      // 1
      use: [
        { loader: path.resolve(__dirname, 'loader'), options: { name: '1' } },
      ],
    },
    {
      // 2
      test: /\.js$/,
      use: [
        { loader: path.resolve(__dirname, 'loader'), options: { name: '2' } },
      ],
      rules: [
        {
          // 2-1
          include: path.resolve(__dirname, 'src'),
          use: [
            {
              loader: path.resolve(__dirname, 'loader'),
              options: { name: '2-1' },
            },
          ],
        },
        {
          // 2-2
          include: path.resolve(__dirname, 'src'),
          use: [
            {
              loader: path.resolve(__dirname, 'loader'),
              options: { name: '2-2' },
            },
          ],
        },
      ],
    },
    {
      // 3
      test: /\.js$/,
      use: [
```

```
          { loader: path.resolve(__dirname, 'loader'), options: { name: '3' } },
        ],
      },
    ],
  },
};
```

執行結果如下：

```
3 loader execution
2-2 loader execution
2-1 loader execution
2 loader execution
1 loader execution
```

Loaders 的觸發順序是由後往前，因此執行順序為：

- Loader 3 會先被觸發。
- 2 因為是巢狀規則，在巢狀結構下，是由內向外觸發，因此依序是 2-2,
  2-1 到 2。
- 最後執行的是第一個規則 1，這是一個無條件的規則，代表任何模組都會
  符合此規則而觸發其設定的規則。

≫ oneOf

一般的設定是只要符合條件就適用規則，而在 oneOf 條件下的規則是**只
要有一個規則成立，其他規則就會忽略**，是當你只想要讓模組符合其中一個
規則時使用的。

我們將剛剛的例子加上 oneOf：

```
// ch03-configuration/05-module/rules-oneof/webpack.config.js
const path = require('path');

module.exports = {
  module: {
    rules: [
      {
        oneOf: [
          {
```

```
      // 1
      use: [
        {
          loader: path.resolve(__dirname, 'loader'),
          options: { name: '1' },
        },
      ],
    },
    {
      // 2
      test: /\.js$/,
      use: [
        {
          loader: path.resolve(__dirname, 'loader'),
          options: { name: '2' },
        },
      ],
      rules: [
        {
          // 2-1
          include: path.resolve(__dirname, 'src'),
          use: [
            {
              loader: path.resolve(__dirname, 'loader'),
              options: { name: '2-1' },
            },
          ],
        },
        {
          // 2-2
          include: path.resolve(__dirname, 'src'),
          use: [
            {
              loader: path.resolve(__dirname, 'loader'),
              options: { name: '2-2' },
            },
          ],
        },
      ],
    },
    {
      // 3
      test: /\.js$/,
      use: [
```

```
            {
              loader: path.resolve(__dirname, 'loader'),
              options: { name: '3' },
            },
          ],
        },
      ],
    },
  ],
},
};
```

執行結果如下：

```
1 loader execution
```

可以看到因為第一個規則就已經命中了，所以只有 `1` 觸發了 Loaders，其他都沒有執行。

從 `oneOf` 的例子可以知道，**判斷是由前往後的，而執行是由後往前的**。

可以用下面的圖來說明判斷及執行的順序：

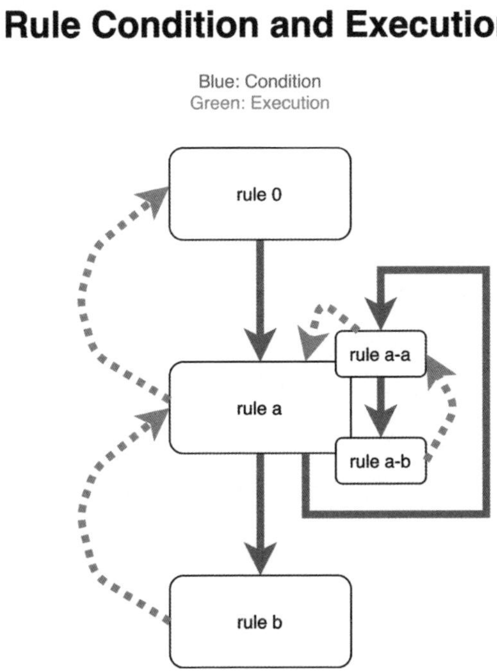
Rule Condition and Execution
Blue: Condition
Green: Execution
rule 0
rule a
rule a-a
rule a-b
rule b

圖 3-9 規則的判斷與執行順序

- 判斷是由前往後，由淺到深
- 執行是由後往前，由深到淺

小結

本文講解 `rules` 的匹配方式，其目標有 `resource` 與 `issuer` 兩種，`resource` 代表請求的資源，而 `issuer` 則是請求資源的模組。

webpack 提供了 `test`、`include`、`exclude`、`and`、`or`、`not` 判斷方式供使用者做判斷。其中 `test`、`include` 與 `exclude` 的目標都為 `resource`，而 `and`、`or` 與 `not` 則可以用在 `resource` 與 `issuer` 兩個目標上。

在多規則的情況下，只要符合條件的模組都會觸發規則，其判斷的順序是由前到後、由外到內，而執行順序是由後到前、由內到外。

多規則情況下，如果只想讓模組只觸發一次規則，可以使用 `oneOf` 做設定。

下節是 `module` 的第二部分，會說明在規則內如何用**使用類**的配置，設定出想要的處理。

參考資料

- webpack Configuration: Module
  （https://webpack.js.org/configuration/module/）
- webpack Contribute: Writing a Loader
  （https://webpack.js.org/contribute/writing-a-loader/）
- webpack API: Loader Interface
  （https://webpack.js.org/api/loaders/）
- webpack - Behind the Scenes
  （https://medium.com/@imranhsayed/webpack-behind-the-scenes-85333a23c0f6）

模組 **Module** 的處理

本節為 `module` 屬性的設定方式解說的第二篇,講解 `module` 屬性如何設定處理程序。

上一節説明了 `module` 如何匹配各個規則,本節接著講解如何處理被匹配的模組。

> 本文某些範例會使用自製的 Loader,可以參考各個範例目錄中的 `loader` 資料夾。

模組的處理

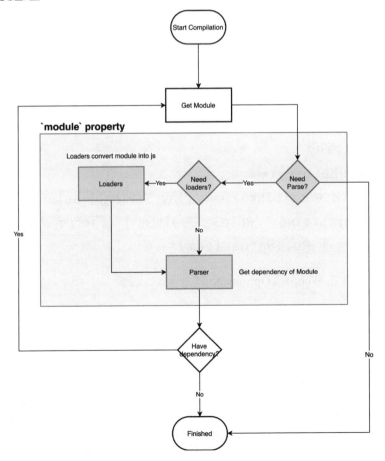

圖 3-10:解析的流程圖

在決定要使用的規則後，接著就是要設定如何處理這個模組，就是圖中的 `Loaders` 與 `Parser` 兩個部分。

被匹配的模組在 webpack 中被稱為 Rule results，Rule results 可以有兩種配置：

- 要使用的 Loaders：設定 Loaders 的陣列，依序處理資源。
- Parser 的設定：設定要處理此模組的 Parser。

接下來會從如何設定 Loaders 說起，之後再說明 Parser 的設定。

使用 Loaders

Loaders 的設定可以使用 `loader`、`options` 與 `use` 三種屬性做設定。

`loader` 與 `options` 都是屬於縮寫，因此我們從擁有完整功能的 `use` 開始講起吧。

≫ use

`use` 可以使用字串值及物件設定單一 Loader 或是使用陣列與函式配置多組 Loaders 設定：

- 字串值：`String`
- 物件：`RuleSetUseItem`
- 函式：`(info: ModuleInfo) ⇒ Array<String | RuleSetUseItem>`
- 陣列：`Array<String | RuleSetUseItem | ((info: ModuleInfo) ⇒ String | RuleSetUseItem)>`

`use` 詳細定義在 WebpackOptions.d.ts [2] 中可以找到。

---

2 程式碼網址：https://github.com/webpack/webpack/blob/4fb45402eec7efe1c70e641cab7b24331948ea8d/declarations/WebpackOptions.d.ts#L309

使用字串值設定 use

字串值可以直接設定 Loader 的**名稱**或是**路徑**，webpack 會依照 `context` 與 `resolveLoader` 屬性找出對應的 Loader。

```js
// ch03-configuration/06-module-use/use-string/webpack.config.js
const path = require('path');

module.exports = {
  module: {
    rules: [
      {
        test: /\.css$/,
        use: 'css-loader',
      },
      {
        test: /\.js$/,
        use: path.resolve(__dirname, 'loader'),
      },
    ],
  },
};
```

- 第一個 `rule` 給予 `css-loader` 這個 Loader 的名稱
- 第二個 `rule` 給予 `path.resolve(__dirname, 'loader')` 這個 Loader 的路徑

通常從 `npm` 抓下來的 Loader 會直接使用名稱做設定，而自己開發的 Loader 會使用路徑來配置。

使用物件設定 use

物件會是一個 `RuleSetUseItem`，它設定 Loader 的使用，有三個屬性：

- `loader`：設定使用哪一個 Loader，使用上節所提到的字串值（Loader 名或是 Loader 路徑）設定。
- `options`：Loader 的選項，每個 Loader 會提供不同的設定選項供使用者選用。
- `ident`：Loader 選項的 ID。

下面有個例子：

```js
// ch03-configuration/06-module-use/use-obj/webpack.config.js
const path = require('path');

module.exports = {
  module: {
    rules: [
      {
        test: /\.js$/,
        use: {
          loader: path.resolve(__dirname, 'loader'),
          options: {
            name: 'a',
          },
        },
      },
    ],
  },
};
```

- `loader`：使用自製的 Loader，輸入 Loader 的路徑。
- `options`：設定 `name` 的選項，使 Loader 可以在內部使用。

  下面是自製 Loader 的代碼：

```js
// ch03-configuration/06-module-use/use-obj/loader/index.js
module.exports = function (source) {
  console.log(`${this.getOptions().name} loader execution`);
  return source;
};
```

我們可以看到設定進去的 `options.name` 被 Loader 所使用。

執行結果如下：

```
a loader execution
```

可以看到我們設定的 `options.name` a 顯示於 Console 上。

ident 屬性

webpack 會用全部的 Loaders 包括 `options` 與資源模組建立一組唯一的 ID，在轉換時會用 `JSON.stringify` 處理 Loader 的 `options`，但有時因為錯誤而轉換失敗（例如：circular JSON）。

為了解決轉換失敗的問題，webpack 提供了 `ident` 屬性，讓使用者自己定義 `options` 的 ID，如此一來就可以避免轉換錯誤了。

使用函式設定 use

函式的設定要**回傳一個 RuleSetUseItem 的陣列**。它帶有一個模組資訊的參數，這個參數有下面幾個屬性：

- `issuer`：請求模組的資源的絕對路徑
- `realResource`：被請求模組的絕對路徑
- `resource`：被請求模組的絕對路徑，其值會受覆蓋資源名稱的處理而與 `realResource` 不同
- `resourceQuery`：被請求模組的參數
- `compiler`：編譯器，可以是 `undefined`

```js
// examples/v5/ch03-configuration/06-module-use/use-func/webpack.config.js
const path = require('path');

module.exports = {
  module: {
    rules: [
      {
        test: /\.js$/,
        use: (info) => console.log(info) || [path.resolve(__dirname,
'loader')],
      },
    ],
  },
};
```

```js
// ch03-configuration/06-module-use/use-func/src/index.js
import hello from './hello.js?name=webpack';
```

```
console.log(hello);
// ch03-configuration/06-module-use/use-func/src/hello.js
export default 'Hello';
```

執行建置後，由於 `index.js` 與 `hello.js` 都匹配，因此會有兩個 `moduleInfo` 物件被 log，可以看到各個模組的資訊。

使用陣列設定 use

陣列的元素可以是**字串值**、**RuleSetUseItem** 或是**一個回傳字串值或是 RuleSetUseItem 的函式**。

以例子說明：

```js
// ch03-configuration/06-module-use/use-array/webpack.config.js
module.exports = {
  module: {
    rules: [
      {
        test: /\.scss$/,
        use: [
          'style-loader',
          {
            loader: 'css-loader',
          },
          (info) => console.log(info) || 'sass-loader',
        ],
      },
    ],
  },
};
```

這是一個將 `.scss` 檔載入的例子，其中 `style-loader` 使用**字串值**，`css-loader` 使用 **RuleSetUseItem 物件**，而 `sass-loader` 使用函式載入。

使用陣列的 `use` 時，Loaders 的執行順序是由後往前，因此依序執行 `sass-loader`、`css-loader` 再到最後的 `style-loader`。

　　陣列的設定與**同樣的條件設定多個規則**相等，因此上面的配置與下面的有相同的作用：

```js
// ch03-configuration/06-module-use/use-array/webpack.config.multiple-rules.js
module.exports = {
  module: {
    rules: [
      {
        test: /\.scss$/,
        use: 'style-loader',
      },
      {
        test: /\.scss$/,
        use: {
          loader: 'css-loader',
        },
      },
      {
        test: /\.scss$/,
        use: (info) => console.log(info.issuer) || 'sass-loader',
      },
    ],
  },
};
```

use 小結

　　`use` 配置雖然看起來複雜，但其實每個設定方式都很相似，卻帶給使用者在配置上的靈活性，總結 `use` 的配置如下：

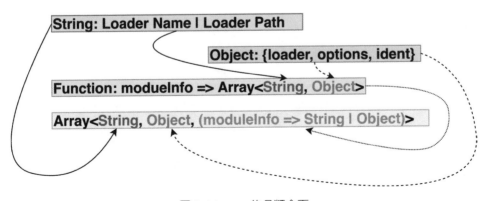

圖 3-11：use 的各類介面

由圖中箭頭的對應可以理解到，其實函式與陣列的設定都是運用前面的字串值、物件與函式的變體而已，這樣就會比較好理解。

≫ loader 與 options

`loader` 與 `options` 都是 `use` 的縮寫

- `loader` = `use: [{loader}]`
- `options` = `use: [{options}]`

因此下面使用 `use` 的完整配置：

```js
// ch03-configuration/06-module-use/use-short/webpack.config.js
const path = require('path');

module.exports = {
  module: {
    rules: [
      {
        test: /\.js$/,
        use: [
          {
            loader: path.resolve(__dirname, 'loader'),
            options: {
              name: 'a',
            },
          },
        ],
      },
    ],
  },
};
```

會與下面 `loader` 與 `options` 的縮寫配置相同：

```js
// ch03-configuration/06-module-use/use-short/webpack.config.short.js
const path = require('path');

module.exports = {
  module: {
```

```
   rules: [
     {
       test: /\.js$/,
       loader: path.resolve(__dirname, 'loader'),
       options: {
         name: 'a',
       },
     },
   ],
  },
};
```

縮寫的方式設定可以減少配置的物件層級，降低複雜度。

到這裡，我們已經了解如何使用 Loader 了，接著會說明如何設定 Loader 的執行順序。

Loaders 的順序

在前一節模組 Module 的規則判定一文中有提到規則執行的順序是由後往前的，但其實執行順序是可以被 `enforce` 屬性更改，或是使用 Inline 的前置符排除特定的 Loaders 執行。

≫ Loaders 的類型

Loaders 依照類型可以分為 `pre`、`normal`、`inline` 及 `post`：

- `pre`：`enforce` 屬性為 `pre` 時
- `post`：`enforce` 屬性為 `post` 時
- `normal`：預設值
- `inline`：Inline 設定的 Loaders

`enforce` 可以將 Loaders 的執行順序改變為優先執行的 `pre` 或是延後執行的 `post`，全部的執行順序如下：

```
pre > normal > inline > post
```

請看下面的例子：

```js
// ch03-configuration/06-module-use/loader-order/webpack.config.js
const path = require('path');

module.exports = {
  module: {
    rules: [
      {
        test: /\.js$/,
        exclude: path.resolve(__dirname, 'src', 'index.js'),
        rules: [
          {
            enforce: 'pre',
            loader: path.resolve(__dirname, 'loader'),
            options: {
              name: 'a2',
            },
          },
          {
            enforce: 'pre',
            loader: path.resolve(__dirname, 'loader'),
            options: {
              name: 'a1',
            },
          },
          {
            loader: path.resolve(__dirname, 'loader'),
            options: {
              name: 'b2',
            },
          },
          {
            loader: path.resolve(__dirname, 'loader'),
            options: {
              name: 'b1',
            },
          },
          {
            enforce: 'post',
```

```
        loader: path.resolve(__dirname, 'loader'),
        options: {
          name: 'd2',
        },
      },
      {
        enforce: 'post',
        loader: path.resolve(__dirname, 'loader'),
        options: {
          name: 'd1',
        },
      },
    ],
  },
];
};
```

配置檔設定：

- `a2`、`a1` 為 `pre` loader
- `b2`、`b1` 為 `normal` loader
- `d2`、`d1` 為 `post` loader

  此例子有設定 Inline 的 Loaders：

```
// ch03-configuration/06-module-use/loader-order/src/index.js
import '../loader/index.js?name=c2!../loader/index.js?name=c1!./hello.js';
```

- `c2`、`c1` 的 `inline` loader

  執行結果為：

```
a1 loader execution
a2 loader execution
b1 loader execution
b2 loader execution
c1 loader execution
c2 loader execution
d1 loader execution
d2 loader execution
```

按照 `pre`, `normal`, `inline`, `post` 的順序執行，並且在**相同類型的情況下，會保持由後往前執行**的機制。

≫ Disable Loaders

Loaders 的執行可以被 inline 的特定的前置符所取消：

- `!`：取消 `normal` Loaders 的執行
- `-!`：取消 `pre`, `normal` Loaders 的執行
- `!!`：取消 `pre`, `normal`, `post` Loaders 的執行

可以將剛剛的例子加上各個前置符看看輸出來比對結果：

```
// ch03-configuration/06-module-use/loader-order/src/index.js
import '../loader/index.js?name=c2!../loader/index.js?name=c1!./hello.
js'; // a1 a2 b1 b2 c1 c2 d1 d2
// import '!../loader/index.js?name=c2!../loader/index.js?name=c1!./
hello.js'; // a1 a2 c1 c2 d1 d2
// import '-!../loader/index.js?name=c2!../loader/index.js?name=c1!./
hello.js'; // c1 c2 d1 d2
// import '!!../loader/index.js?name=c2!../loader/index.js?name=c1!./
hello.js'; // c1 c2
```

Parser 的設定

Parser 是 webpack **用來解析模組的解析器**，藉由解析器，webpack 可以了解模組的語意，並且知道是否還有相依的模組，以便 webpack 繼續往相依的模組解析。

預設 webpack 會將所有的模組以及不同模組化語法（CJS、AMD、ESM）的模組都納入解析的範圍，但有時某些模組或是模組化的庫是我們不想要解析的，這時就要藉由 `noParse` 與 `parser` 的幫助來設置這些設定。

≫ 使用 noParse 避免解析特定模組

通常第三方的庫（Lodash、JQuery）是沒有 `require`、`define`、`import` 等任何引入語法的，因此並不會有相依，也就不需要被 webpack 解析，這時可以設定 `noParse` 來減少建置的時間。

```
// ch03-configuration/06-module-use/no-parse/webpack.config.noparse.js
module.exports = {
  module: {
    noParse: /lodash/,
  },
};
```

我們將預設的建置與加入 `noParse` 的建置時間比對：

```
> webpack
webpack 5.42.0 compiled with 1 warning in 1938 ms

> webpack --config webpack.config.noparse.js
webpack 5.42.0 compiled with 1 warning in 1762 ms
```

第一個指令執行預設的建置，第二個指令執行 `noParse` 設定的建置，可以看到第二個指令較第一個快。

`noParse` 可以用 RegExp、[RegExp]、function(resource)、string、[string]，做設定，使用函式時會傳入 resource 的絕對路徑而 string 的設定方式需要傳入絕對路徑。

≫ **parser**

`parser` 屬性可以設定哪些模組類型要做解析：

```
module.exports = {
  //...
  module: {
    rules: [
      {
        //...
        parser: {
          amd: false, // disable AMD
          commonjs: false, // disable CommonJS
          system: false, // disable SystemJS
          harmony: false, // disable ES2015 Harmony import/export
          requireInclude: false, // disable require.include
          requireEnsure: false, // disable require.ensure
          requireContext: false, // disable require.context
```

```
        browserify: false, // disable special handling of Browserify bundles
        requireJs: false, // disable requirejs.*
        node: false, // disable __dirname, __filename, module,
require.extensions, require.main, etc.
        commonjsMagicComments: false, // disable magic comments
support for CommonJS
        node: {...}, // reconfigure node(/configuration/node)
layer on module level
        worker: ["default from web-worker", "..."] // Customize the
WebWorker handling for javascript files, "..." refers to the defaults.
      }
    }
  ]
  }
}
```

一般都是使用 `true`、`false` 來決定要不要使用特定的語意，但也有像是 `node` 這種用物件設定的模組語意。

下面這個例子可以清楚地看到 `parser` 的用途：

```js
// ch03-configuration/06-module-use/parser/webpack.config.parser.js
module.exports = {
  mode: 'none',
  output: {
    filename: 'bundle.js',
  },
  module: {
    rules: [
      {
        test: /\.js/,
        parser: {
          harmony: false,
        },
      },
    ],
  },
};
```

例子中我們將 `harmony` 給設為 `false`，表示不要解析 ESM 的模組。
執行結果如下：

```
// ch03-configuration/06-module-use/parser/dist/bundle.js
...

import hello from "./hello.js";

console.log(hello);

...
```

原本應該被 webpack 轉換的 `index.js` 由於沒有被解析，所以還是原始的代碼。

可以使用範例 `ch03-configuration/06-module-use/parser` 對比解析前後的代碼，看看差別在哪裡。

小結

`module` 屬性的配置就介紹到這裡，本節專注講解執行 Loaders 與 Parser 的設定。

Loaders 可以使用 `use` 配置，webpack 提供多樣化的設定方式，讓使用者有很大的彈性做配置，而 `enforce` 可以改變 Loaders 的執行順序，使得配置更加精確。

Parser 可以設定哪個模組不要解析以及哪個模組語意不要解析，提高建置的速度。

參考資料

- webpack Configuration: Module
  （https://webpack.js.org/configuration/module/）
- webpack Loaders: sass-loader
  （https://webpack.js.org/loaders/sass-loader/）

- SURVIVEJS — WEBPACK: Loader Definitions
  （https://survivejs.com/webpack/loading/loader-definitions/）
- webpack Concepts: Loaders
  （https://webpack.js.org/concepts/loaders/）

配置 Plugins

本節說明如何配置 Plugins。

　使用 Plugins 的方式在第二章第六節的**使用 Plugins** 中有做說明，這一節主要說明如何在配置中設定 Plugins。

plugins 屬性

　`plugins` 屬性為設定 Plugins 的主要手段：

```js
// ch03-configuration/07-plugins/plugin-copy/webpack.config.js
const CopyPlugin = require('copy-webpack-plugin');

module.exports = {
  plugins: [
    new CopyPlugin({
      patterns: [{ from: 'public' }],
    }),
  ],
};
```

　範例中使用 CopyPlugin 將 `public` 目錄中的檔案複製到 `dist` 中。`plugins` 的值為一個陣列，可以在一個配置中設定多個 Plugins。

Plugins 提供 Loaders

　有些 Plugins 因為需求，所以會提供自己的 Loaders 供使用者使用：

```js
// ch03-configuration/07-plugins/plugin-css/webpack.config.js
const MiniCssExtractPlugin = require('mini-css-extract-plugin');

module.exports = {
  module: {
    rules: [
      {
        test: /\.css$/i,
        use: [MiniCssExtractPlugin.loader, 'css-loader'],
```

```
    },
  ],
  },
  plugins: [new MiniCssExtractPlugin()],
};
```

`MiniCssExtractPlugin` 是個切割 CSS 為獨立檔案的 Plugin，為了此目的，需要使用特製的 Loader 來對 CSS 的資源做處理，因此在設定時需要將 `MiniCssExtractPlugin.loader` 設置於 Loaders 中。

在 optimization.minimizer 中設置 Plugins

webpack 在最小化時所使用的 Minimizer 可以經由 Plugins 做設定：

```js
// ch03-configuration/07-plugins/plugin-css-minimizer/webpack.config.js
const MiniCssExtractPlugin = require('mini-css-extract-plugin');
const CssMinimizerPlugin = require('css-minimizer-webpack-plugin');

module.exports = {
  module: {
    rules: [
      {
        test: /\.css$/i,
        use: [MiniCssExtractPlugin.loader, 'css-loader'],
      },
    ],
  },
  plugins: [new MiniCssExtractPlugin()],
  optimization: {
    minimizer: [new CssMinimizerPlugin()],
  },
};
```

`CssMinimizerPlugin` 是針對 CSS 資源的最小化 Plugin，需要設置在 `optimization.minimizer` 中。

配置 **Plugins** 的正確姿勢

Plugins 在 webpack 中是個特別的存在，作為 webpack 的基礎架構，Plugins 所能做到的事情非常的多，因此設定上也比較彈性，使得每個 Plugins 的設定都有所不同。

由於各個 Plugin 設定的方式都不同，為了能夠正確的配置各種 Plugins，最重要的是依照各 Plugins 所提供的文件來做，只要依照文件的說明做設定，Plugins 的設定就不是件難事。

其實 Plugins 的使用最重要的不是設定，而是找到適合的 Plugins。webpack 有個官方的 Plugins 清單（https://webpack.js.org/plugins/），可以從中找尋適合的 Plugins 並依照文件做配置。另外 awesome webpack 的 Plugins 列表（https://github.com/webpack-contrib/awesome-webpack#webpack- plugins）也可以參考。

憑藉 webpack 龐大的社群，幾乎想得到的處理都已經被實現了，如果前述的清單中都找不到的話，也可以嘗試使用 Google 搜尋，說不定可以找到符合需求的 Plugins。

小結

Plugins 的設定藉由 `plugins` 屬性來配置。

由於 Plugins 的功能不同，有些會需要配置特定的 Loaders，也可能會配置在其他的屬性上，像是 `optimization.minimizer`。

Plugins 的設定方式多樣，因此最好的方式是照著個別 Plugins 的文件做設置。

可以藉由網路資源取得特定的 Plugins 藉以使用 webpack 達到期望的效果。

參考資料

- webpack Configuration: Plugins
  （https://webpack.js.org/configuration/plugins/）

- webpack Configuration: Optimization
  （https://webpack.js.org/configuration/optimization/）

- webpack Plugins: Plugins
  （https://webpack.js.org/plugins/）

- GitHub: webpack-contrib/awesome-webpack
  （https://github.com/webpack-contrib/awesome-webpack）

- webpack Plugins: CopyWebpackPlugin
  （https://webpack.js.org/plugins/copy-webpack-plugin/）

- webpack Plugins: MiniCssExtractPlugin
  （https://webpack.js.org/plugins/mini-css-extract-plugin/）

- webpack Plugins: CssMinimizerWebpackPlugin
  （https://webpack.js.org/plugins/css-minimizer-webpack-plugin/）

監聽 Watch

講解 webpack 的監聽模式，以及 `watch` 屬性與 `watchOptions` 設定項的設定方式。

　瀏覽器只看得懂 webpack 建置後的檔案，因此使用者要知道執行結果必須執行 webpack 的建置程序，完成後才能在瀏覽器上看到結果。

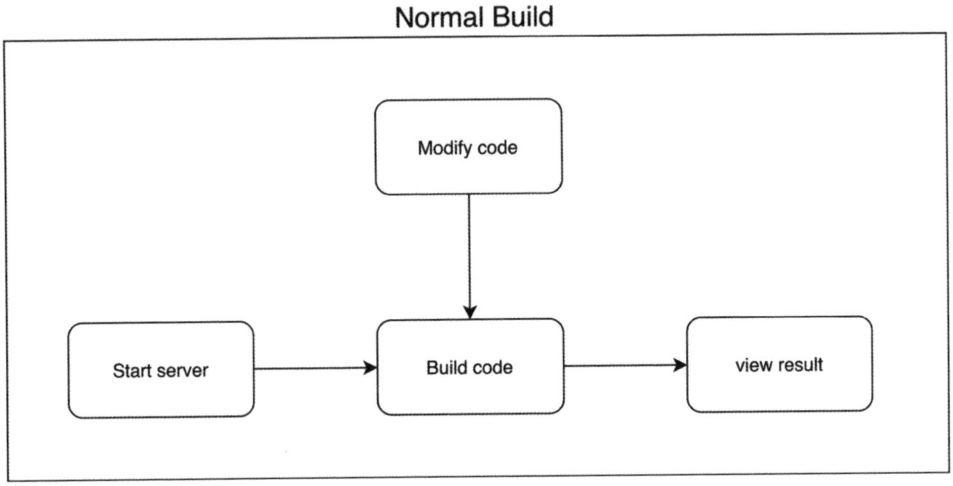

Normal Build

圖 3-12　一般的開發流程

　每次修改了代碼都需要下指令重新建置實在麻煩，所幸 webpack 擁有監聽模式 `watch`，在此模式下 webpack 可以感知檔案是否變化，只要一變化就會啟動建置，以產生新的輸出，讓開發變得更為迅速、簡單。

開啟監聽功能

　`watch` 屬性是個布林值，預設是 `false`，代表關閉監聽模式，而 `true` 的時候就是開啟監聽模式：

```
// ch03-configuration/08-watch/simple-watch/webpack.config.js
module.exports = {
  watch: true,
};
```

建置後可以看到程式沒有結束執行，這是因為 webpack 正在監看檔案的訊息。

現在我們啟動 `http-server` 並將目錄設定在 `./dist` 上，這時可以嘗試修改代碼並**重新整理頁面**，可以看到修改後的內容出現在瀏覽器上。

使用 CLI 的 `--watch` 參數同樣可以啟動監聽模式：

```
webpack --watch
```

在使用監控模式後，我們可以不用自己執行建置，監控程式會幫我們自動建置：

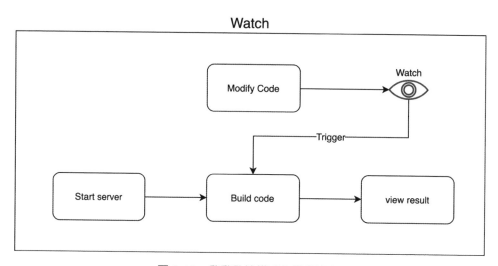

圖 3-13　啟動監控模式的開發流程

watchOptions

開啟監聽模式後，可以使用 `watchOptions` 調整監聽模式下的各樣選項：

```
module.exports = {
  watch: true,
  watchOptions: {
    // ...
  },
};
```

接下來我們來看這些選項的功用吧。

watchOptions.aggregateTimeout

`aggregateTimeout` 設置檔案變動後的多少時間要執行建置,在這個時間內的所有修改都會一起被建置,用來減少建置的頻率。

```js
// ch03-configuration/08-watch/watch-options/webpack.config.aggregate-timeout.js
module.exports = {
  watch: true,
  watchOptions: {
    aggregateTimeout: 5000,
  },
};
```

`aggregateTimeout` 的數字為毫秒,因此上例設定為 5000 毫秒的等待時間。

在等待時間內再作修改的話,等待時間會重計,直到時間內都沒有變化時才會建置。

> `aggregateTimeout` 預設值為 200

watchOptions.ignored

`ignored` 設定哪些檔案要排除在監聽的對象外,以此減少重新建置的時間,它可以是個 RegExp:

```js
// ch03-configuration/08-watch/watch-options/webpack.config.ignored.js
module.exports = {
  watch: true,
  watchOptions: {
    ignored: /ignore/,
  },
};
```

範例中 `ignore` 資料夾會被排除在監聽對象外，因此修改 `ignore` 內的檔案內容是不會觸發建置的。

`ignored` 屬性也可以是字串，這個字串會使用 `anymatch` 解析：

```js
// ch03-configuration/08-watch/watch-options/webpack.config.ignored.js
module.exports = {
  watch: true,
  watchOptions: {
    ignored: '**/ignore/**/*.js',
  },
};
```

範例中任何在 `ignore` 資料夾中的 `.js` 檔案都會被忽略。

最後也可以設定陣列：

```js
// ch03-configuration/08-watch/watch-options/webpack.config.ignored.js
module.exports = {
  watch: true,
  watchOptions: {
    ignored: ['**/ignore/**/*.js', 'node_modules/**'],
  },
};
```

範例中除了原本的 `ignore` 資料夾外，`node_modules` 中的任何內容變化也都會被監控忽略。

watchOptions.poll

監聽模式下有時會無法探測檔案的變化，這時可以啟用 `poll` 屬性，以固定時間觸發重新建置：

```js
// ch03-configuration/08-watch/watch-options/webpack.config.poll.js
module.exports = {
  watch: true,
  watchOptions: {
    poll: 1000,
  },
};
```

`poll` 的單位為 ms，上面的設定為每秒檢查一次檔案是否有變化。

使用 Webpack Dev Server

開啟了監聽模式讓開發者可以除去修改代碼後建置的步驟，但是還有兩個多餘的動作：

- 開啟 `http-server`
- 需要手動重新整理

在開發工作的一開始，我們要記得開啟測試用的伺服器，並在每次修改代碼後要去按下瀏覽器的重新整理按鈕，才能看到更新的結果，真的是很惱人。

為此 webpack 貼心的開發了 webpack 用的 Dev Server，並內建伺服器及監聽的功能。

由於 Dev Server 是另一個庫，因此需要先做安裝：

```
npm install webpack-dev-server --save-dev
```

然後設定 `devServer` 屬性：

```
// ch03-configuration/08-watch/dev-server/webpack.config.js
module.exports = {
  devServer: {
    port: 8082,
    contentBase: './dist',
  },
};
```

接著執行 `webpack serve` 指令，可以看到 Dev Server 跑在 `http://localhost:8082/` 上，可以在瀏覽器上觀察結果並作修改，這時頁面會自動重整變為更新後的內容。

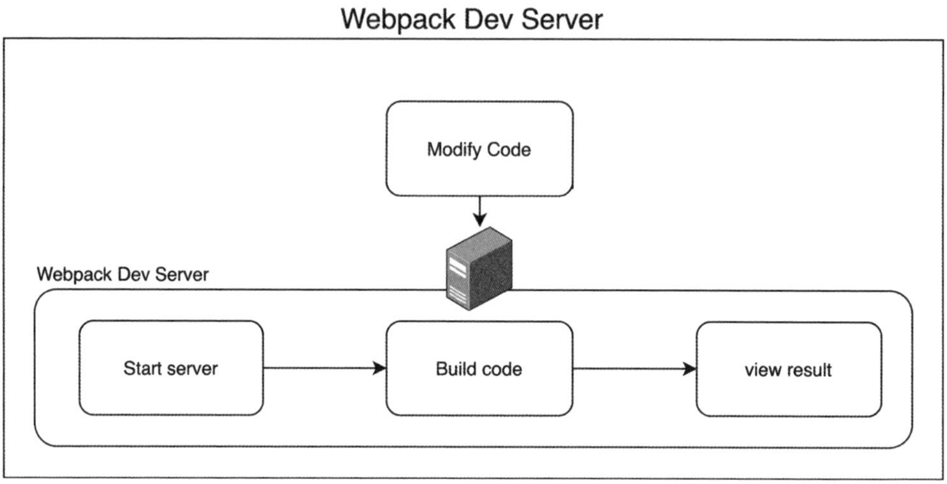

Webpack Dev Server

圖 3-14　DevServer 的開發流程

小結

原本開發時，每次修改代碼都要重新建置一次，造成開發時間延長。為此 webpack 提供了監聽功能，可以監聽專案中的檔案，並在修改代碼時重新建置專案，節省開發的時間，而 Dev Server 還囊括了配置伺服器及重新整理頁面的功能，更提高了開發效率。

本文說到的都只是 webpack 對於開發環境所做的一小部分而已，監聽模式與 Dev Server 的功能不僅僅是這些，在後面的章節會以現實的例子來說明配置 DevServer。

參考資料

- Webpack Configuration: Watch and WatchOptions
  （https://webpack.js.org/configuration/watch/）
- Webpack Configuration: DevServer
  （https://webpack.js.org/configuration/dev-server/）

Source Map

講解 Source Map 的功用及原理。

在這個時代中的前端代碼很少使用直譯的開發方式，通常會用優化工具（例如：terser）產生生產環境的代碼，也會在開發時使用非原生語法（例如：TypeScript、Babel）或是預處理器（例如：SASS）加速開發，而建置時會使用像是 webpack 等建置工具，這使得當 Bug 發生時，瀏覽器指向的是建置後代碼的所在位置，而非原本的代碼位置，使得在判斷錯誤的位置上遇到困難。為了解決此問題，Source Map 技術被發明出來。接著我們來了解什麼是 Source Map 吧。

除錯時遇到的大麻煩

假設今天你寫了下面的代碼：

```javascript
// ch03-configuration/09-source-map/without-source-map/src/index.js
import _ from 'lodash';

const demoName = 'Without Source Map';

function component() {
  const element = document.createElement('div');

  element.innerHTML = _.join(['Webpack Demo', demoName], ': ');

  return element;
}

document.body.appenChild(component());
```

這個簡單的程式會將 `component` 插入頁面中。寫完後，使用 webpack 建置後，在瀏覽器點開要看結果，發現怎麼一片白啊，無奈的你只好打開 DevTool 準備 Debug，他看到了錯誤如下：

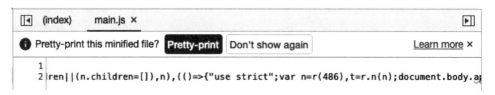

圖 3-15：沒有 Source Map 時的錯誤訊息

看到當下你傻眼了，心想「我明明只有寫 `index.js` 怎麼錯誤是從 `main.js` 來，而且行數也不太對啊」，雖然心裡毛毛的，可是你還是點開了 `main.js:2` 看 source 的內容：

◀ (index)	main.js ×	▶
ℹ Pretty-print this minified file? **Pretty-print** Don't show again		Learn more ×
1 2	`ren||(n.children=[]),n),(()=>{"use strict";var n=r(486),t=r.n(n);document.body.a▶`	

圖 3-16：沒有 Source Map 時對應的資源

「代碼都合併成一行了是要怎麼抓蟲啊」，這時所看到的是建置後的代碼，由於 webpack 的處理，代碼已經不是原本你撰寫的內容了。

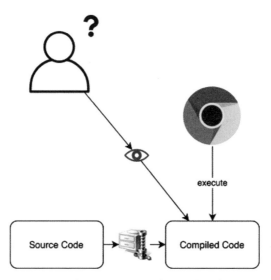

圖 3-17　沒有 Source Map 時沒辦法對應原始碼

使用 Source Map 解決開發問題

所幸 webpack 有提供 Source Map 的功能，我們使用 CLI 將它開啟：

```
{
  "description": "ch03-configuration/09-source-map/source-map/package.json",
  "scripts": {
    "dev": "http-server ./dist & webpack --mode production --watch
--devtool source-map"
  },
  ...
}
```

`--devtool` 參數可以選擇不同的 Source Map 方式（在第三章第十節的 **Dev Tool** 會講解），這裡選 `source-map`，執行後再來看看瀏覽器的 Dev Tool：

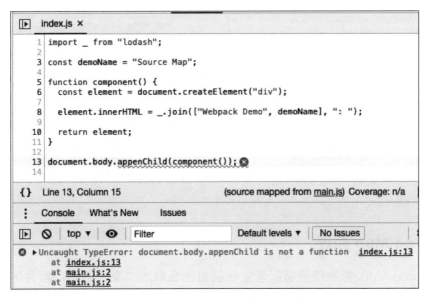

圖 3-18　有 Source Map 時輸出的結果

這時我們就看得到當初寫的程式碼，並且明確的指出錯誤的位置。

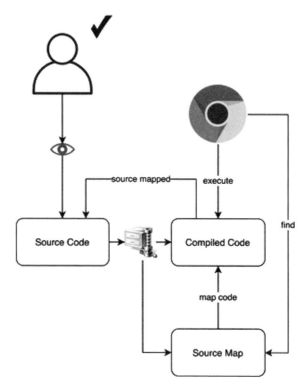

圖 3-19　有 Source Map 可以對應回原始碼

Source Map 會產生一份 map 檔案，用以對應建置後的代碼到來源代碼的位置，瀏覽器看到有 Source Map 的設定就會自動將 Source 轉為 Mapped 後的代碼。

Source Map 原理

Source Map 會為每個檔案產生一個對應資料的檔案，它的內容會像下面這樣：

```
{
  "version": 3,
  "sources": ["../src/index.js"],
```

```
  "names": ["add", "a", "b"],
  "mappings": ";;AAAA,IAAMA,GAAG,GAAG,SAANA,GAAM,CAACC,CAAD,EAAIC,CAAJ
;AAAA,SAAUD,CAAC,GAAGC,CAAd;AAAA,CAAZ",
  "sourceRoot": "/",
  "sourcesContent": ["const add = (a, b) => a + b;\n"],
  "file": "index.js"
}
```

對應檔是個 JSON 格式的資料檔，副檔名為 `.map`，主要的屬性有：

- `version`：Source Map 的版本，目前是 3
- `sources`：組成此建置檔案的原始檔案位置
- `names`：原始檔案內代碼的名詞（變數、屬性名…等）表
- `mappings`：原始程式碼與建置後的程式碼的對應資料
- `sourceRoot`：原始檔案的根目錄
- `sourceContent`：原始檔案的代碼內容
- `file`：此對應檔的目標檔案（建置檔案）

有了這個檔案後，我們需要告知瀏覽器要使用此對應檔，因此要在**建置後的檔案**中加上資訊：

```
'use strict';

var add = function add(a, b) {
  return a + b;
};
//# sourceMappingURL=index.js.map
```

最後一行的 `//# sourceMappingURL=index.js.map` 告訴瀏覽器此檔案的對應檔為 `index.js.map` 檔。

如此一來，在瀏覽器開啟此檔案時，會發現有對應檔，從而使用 Source Map 對應原始檔案的內容。

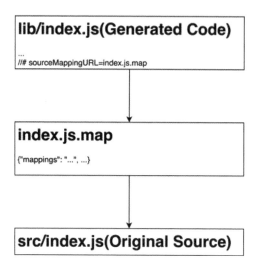

圖 3-20　Source Map 的流程

.map 中大部分的屬性都很直覺的可以知道使用的方式，除了 mappings 外，而這也是對應檔中最重要的資訊，接著我們就來解釋 mappings 資訊的使用方式吧。

mappings 的對應方式

mappings 內的資料規則如下：

- ;：分號用以區隔建置代碼中的每一行。
- ,：逗號用以區隔每個代碼段。
- AAAA：代碼段對應資訊的編碼，此編碼包含 1 或 4 或 5 個值，每個值都以 VLQ 編碼而成。

使用 ; 對應建置後代碼的行，, 分隔行中的各個代碼段，最後使用對應編碼還原代碼段在原始資料中的內容與位置，接著來看要如何看懂對應編碼。

> VLQ 編碼的算法可以參考 Rich-Harris/vlq（https://github.com/Rich-Harris/vlq/blob/master/src/vlq.ts）。

對應編碼的定義

對應編碼的值都是使用 VLQ 編碼，總共由五個值所組成：
- 第一個值：此代碼段位於建置後代碼中的第幾欄
- 第二個值：此代碼段的原始檔案位於 map 檔中 `sources` 陣列的第幾個元素
- 第三個值：此代碼段位於原始檔案中的第幾行
- 第四個值：此代碼段位於原始檔案中的第幾欄
- 第五個值：此代碼段的名稱位於 map 檔中 `names` 陣列的第幾個元素

所有的值都會相依在之前的值之上，因此除去第一個代碼段外，其他的代碼段編碼的正確值都要加在之前編碼值之上。這樣做的好處在於，由於是相對值，因此數值不會太大，節省儲存空間。

以例子說明 Source Map 對應方式

這節會以 Babel 代碼轉換的 Source Map 為例子來說明其對應的方法，VLQ 編碼的方式會在下一小節說明，這裡可以使用線上的 VLQ 解碼器（https://www.murzwin.com/base64vlq.html）做換算。

> 範例程式為 `ch03-configuration/09-source-map/babel-source-map`。

原始代碼為：

```
const add = (a, b) => a + b;
```

建置代碼為：

```
'use strict';

var add = function add(a, b) {
  return a + b;
};
//# sourceMappingURL=index.js.map
```

`//# sourceMappingURL=index.js.map` 告訴瀏覽器此建置檔案的對應檔位置。

對應檔為：

```
{
  "version": 3,
  "sources": ["../src/index.js"],
  "names": ["add", "a", "b"],
  "mappings": ";;AAAA,IAAMA,GAAG,GAAG,SAANA,GAAM,CAACC,CAAD,EAAIC,CAAJ;AAAA,SAAUD,CAAC,GAAGC,CAAd;AAAA,CAAZ",
  "sourceRoot": "/",
  "sourcesContent": ["const add = (a, b) => a + b;\n"],
  "file": "index.js"
}
```

檔案都介紹完了，接著我們試著使用 `mapping` 對應原始的檔案內容吧。

首先我們看到 `;;`，代表兩行的空白行，對照 `./lin/index.js`，第二行的確是空行，而第一行雖然有 `use strict`，但這不在對應的範圍內，因此沒有對應編碼的資料，所以一開始是以 `;;` 開頭。

接著來看第一個代碼段，是在第三行的 `AAAA`，由 VLQ 轉為數字為 `0,0,0,0`，這值代表：

- 在建置後代碼的第 1 欄
- 原始代碼位於 `sources` 的第 1 個元素 `../src/index.js` 中
- 在原始代碼的第 1 行
- 在原始代碼的第 1 欄

因此對應如下：

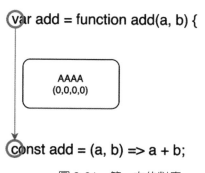

圖 3-21　第一次的對應

由此可知第一段代碼段對應到原始代碼中的 `const`。

第二個代碼段為 `IAAMA`，由 VLQ 轉為數字 `4,0,0,6,0`，這值代表：

- 在建置後代碼的第 4 欄（要由基底值往上加）
- 原始代碼位於 `sources` 的第 1 個（要由基底值往上加）元素 `../src/index.js` 中
- 在原始代碼的第 1 行（要由基底值往上加）
- 在原始代碼的第 6 欄（要由基底值往上加）
- 原始代碼中的變數名稱為 `names` 中的第 1 個（要由基底值往上加）元素 `add`

  對應如下：

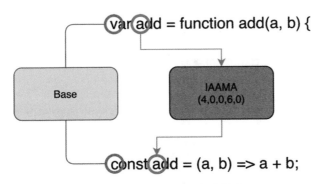

圖 3-22　第二次的對應

由此可知第二段代碼段對應到原始代碼中的 `add`。

> 這裡每個值都是由基底值往上加，因為基底值為 0 的關係，所以目前看不出效果，下一個代碼段再來解釋。

第三個代碼段為 `GAAG` 轉為數字 `3,0,0,3`，這值代表：

- 在建置後代碼的第 8（`0`+4+3）欄（要由基底值往上加）
- 原始代碼位於 `sources` 的第 1 個（要由基底值往上加）元素 `../src/index.js` 中
- 在原始代碼的第 1 行（要由基底值往上加）
- 在原始代碼的第 10（`0`+6+3）欄（要由基底值往上加）

基底值為第一及第二個代碼段的（`0,0,0,0`）與（`4,0,0,6,0`）相加而成的（`4,0,0,6,0`），因此第三個代碼段要基於這個值再做運算。

對應如下：

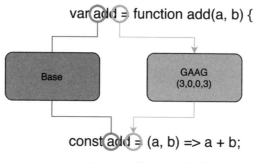

圖 3-23　第三次的對應

由於有基底值，因此由基底值向後加，所以第三個代碼段對應的原始代碼為 `=`。

之後就以上面的方式類推，下面整理了部分代碼段的總覽圖供讀者參閱：

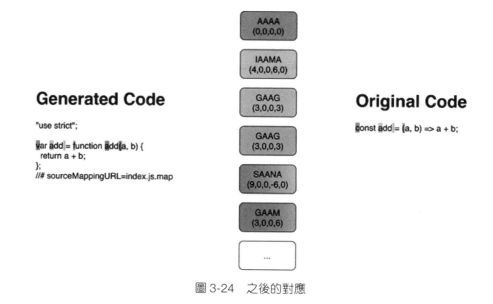

圖 3-24　之後的對應

負數的對應值

由於會有基底值，因此對應值有可能會是負數，代表往前尋找對應的意思，例如上例中有個 `SAANA`，轉出來的數字為 `9,0,0,-6,0`，這代表當在找尋原始代碼的欄數時，需要與基底值做減法運算，對應如下：

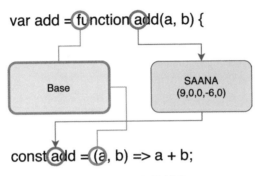

圖 3-25　反向的對應

原始代碼中的代碼段位於基底值後方 6 欄，因此會尋找到 `add`。

VLQ 編碼

前面在 `mappings` 時所使用的 VLQ，它可以用少量的空間表示極大的數值，因此在處理數字時，常常會使用 VLQ 作為儲存的方式。

下面講解如何做 VLQ 的編碼與解碼

≫ 由數字編碼為 VLQ

編碼流程如下：

1. 轉為二進位

2. 向左位移一位，原數為負數的話第一位為 1，正數的話為 0

3. 以 5 位為一個值切開，如不滿 5 位，前面補 0

4. 如果有多個值，做倒序處理

5. 如果有多個值，除了最後一個值最高位補 0 外，其他值的最高位補 1

6. 使用 Base64 編碼各個值

以例子說明，現在要編碼 16：

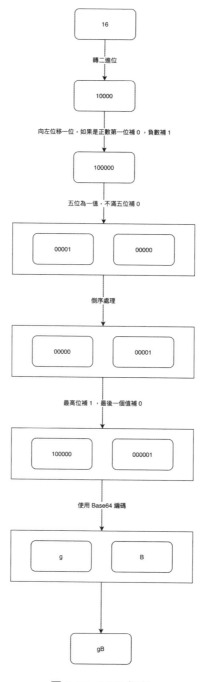

圖 3-26　VLQ 編碼

≫ 由 VLQ 解碼回數字

預設值：目前數值為 0，位移值為 0。

1. 取得第一個字元

2. Base64 解碼

3. 轉為二進位

4. 第 6 位（最高位）為 1，表示接著的字元屬於同個值，納入運算中

5. 依照位移值向左位移

6. 位移完成後，位移值加 5

7. 目前數值加上此值

8. 如有下個字元重複上述步驟直到第 6 位（最高位）為 0，此字元為最後一位

9. 全部字元所取得的目前數值的第一位元為判斷是否為負數的 bit，取出此 bit 並 1. 向右位移一位

10. 如果負數元為 1 則數值為負，反之為正

以例子說明，現在要解碼 gB：

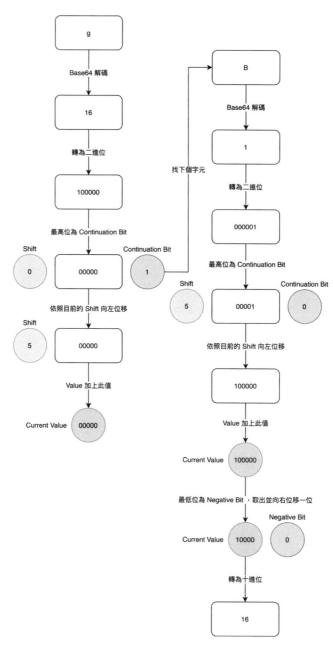

圖 3-27　VLQ 解碼

小結

經過建置後的代碼雖然可以增加效能，但卻有難以除錯的缺點，為了彌補此缺點，我們需要藉由 Source Map 的幫助。

Source Map 可以將建置後的內容與原始的內容做對應，瀏覽器找到對應資料後，會依照對應資料輸出原始代碼內容，讓我們可以知道原始代碼的錯誤出處，藉以增加除錯的效率。

Source Map 中的 `mappings` 資料是用 VLQ 編碼所編寫的對應資料，可以在建置代碼與原始代碼間做對應代碼段的工作。

本文講述了 Source Map 的用處與原理，下一節我們會說到 webpack 中的 `devtool` 配置，讓 webpack 幫我們產生 Source Map 資訊。

參考資料

- 阮一峰的網絡日誌：JavaScript Source Map 詳解
  （https://www.ruanyifeng.com/blog/2013/01/javascript_source_map.html）
- HTML5 Rocks: Introduction to JavaScript Source Maps
  （https://www.html5rocks.com/en/tutorials/developertools/sourcemaps/）
- Matt Zeunert Blog: How do source maps work?
  （https://www.mattzeunert.com/2016/02/14/how-do-source-maps-work.html）
- treehouse: An Introduction to Source Maps
  （https://blog.teamtreehouse.com/introduction-source-maps）
- source-map-visualization
  （http://sokra.github.io/source-map-visualization/）
- Source Map Revision 3 Proposal
  （https://sourcemaps.info/spec.html）
- Babel Options: sourceMaps
  （https://babeljs.io/docs/en/options#sourcemaps）
- Wiki: Variable-length quantity

（https://en.wikipedia.org/wiki/Variable-length_quantity）

- Github: Rich-Harris/vlq
  （https://github.com/Rich-Harris/vlq）
- Github: mozilla/source-map
  （https://github.com/mozilla/source-map）

Dev Tool

講解在 webpack 中使用 `devTools` 屬性設定 Source Map 的方式。

webpack 是個建置工具，它會將多個檔案或是不同語言的模組合成 bundle 檔案，在生產環境時，這樣的做法能減少傳輸容量，對於程式效能有很大的幫助。但是在開發環境中，建置過的代碼會變得難以追蹤，一但發生 Bug，都不知道要去哪裡找到問題，幸好 webpack 有提供 Source Map 輸出的功能，接下來會講解如何使用 webpack 中的 `devtool` 設定 Source Map。

使用 devtool 屬性設定 Source Map

`devtool` 屬性是用來設定要怎麼輸出 Source Map 的資訊，預設是 `false`，代表不產出 Source Map 資訊。

如果要讓 webpack 產出 Source Map，`devtool` 必須要是字串值，這個字串值設定要使用什麼樣的 Source Map 方式，總共有下面這些選項：

```js
// examples/v5/ch03-configuration/10-devtool/devtool/webpack.config.js
const devtools = [
  false,
  'source-map',
  'cheap-source-map',
  'cheap-module-source-map',
  'nosources-source-map',
  'nosources-cheap-source-map',
  'nosources-cheap-module-source-map',
  'eval',
  'eval-source-map',
  'eval-cheap-source-map',
  'eval-cheap-module-source-map',
  'eval-nosources-source-map',
  'eval-nosources-cheap-source-map',
  'eval-nosources-cheap-module-source-map',
  'hidden-source-map',
  'hidden-cheap-source-map',
  'hidden-cheap-module-source-map',
```

```
  'hidden-nosources-source-map',
  'hidden-nosources-cheap-source-map',
  'hidden-nosources-cheap-module-source-map',
  'inline-source-map',
  'inline-cheap-source-map',
  'inline-cheap-module-source-map',
  'inline-nosources-source-map',
  'inline-nosources-cheap-source-map',
  'inline-nosources-cheap-module-source-map',
];

// ...
```

接下來會依序講解這些設定的差別。

Source Map 種類

此節會使用範例 `ch03-configuration/10-devtool/devtool`，此範例的代碼如下：

```
// ch03-configuration/10-devtool/devtool/src/index.js
import alpha from './const/alpha.js';
import beta from './const/beta.js';

const output = (mainTitle, subTitle) =>
  ['index', mainTitle, subTitle].joi(' - ');

console.log(output(alpha, beta));
```

```
// ch03-configuration/10-devtool/devtool/src/const/alpha.js
export default 'alpha';
```

```
// ch03-configuration/10-devtool/devtool/src/const/beta.js
export default 'beta';
```

這個例子中埋了一個錯誤 `join` 寫成 `joi`，以此檢視 Source Map 的效果。

配置檔如下：

```js
// examples/v5/ch03-configuration/10-devtool/devtool/webpack.config.js
const devtools = [
    ...
];

module.exports = devtools.map((devtool) => ({
  mode: "none",
  output: {
    filename: `${devtool || "[name]"}.js`,
  },
  devtool,
  optimization: {
    moduleIds: 'named'
  },
  module: {
    rules: [
      {
        test: /\.js/,
        exclude: /node_modules/,
        use: {
          loader: "babel-loader",
        },
      },
    ],
  },
}));
```

- 為了不讓 `mode` 影響結果，因此設為 `none`
- `optimization.moduleIds` 讓輸出的 bundle 中使用名稱（`named`）當作模組的 ID，讓使用者做識別
- 使用 `babel-loader` 轉譯代碼

  接著我們依序看各個設定的效果。

false

這是預設值，代表不使用 Source Map。

執行 webpack 後 `false` 的結果會輸出在 `dist/main.js` 中。

```
/******/ (() => {
 // ...
 /******/ var __webpack_modules__ = {
   /***/ './src/const/alpha.js': /***/ () =>
     // ...
     {
       // ...
       // ch03-configuration/10-devtool/devtool/src/const/alpha.js
       /* harmony default export */ const __WEBPACK_DEFAULT_EXPORT__ = 'alpha';

       /***/
     },

   /***/ './src/const/beta.js': /***/ () =>
     // ...
     {
       // ...
       // ch03-configuration/10-devtool/devtool/src/const/beta.js
       /* harmony default export */ const __WEBPACK_DEFAULT_EXPORT__ = 'beta';

       /***/
     },
   // ...
   /******/
 };
 // ...
 (() => {
   // ...
   var output = function output(mainTitle, subTitle) {
     return ['index', mainTitle, subTitle].joi(' - ');
   };

   console.log(
     output(
       _const_alpha_js__WEBPACK_IMPORTED_MODULE_0__.default,
       _const_beta_js__WEBPACK_IMPORTED_MODULE_1__.default
     )
   );
 })();

 /******/
})();
```

webpack 將各個檔案內容綁定至 bundle 中，可以看到經過 `babel-loader` 轉換後的 `./src/index.js` 內容。

放到瀏覽器上，在 Development Tool 中內容如下：

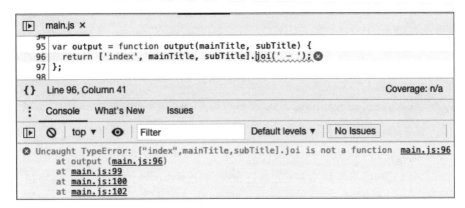

圖 3-28　false 的結果

可以看到檔名還是 bundle 的 `main.js`，錯誤行數指到 `main.js` 中的內容。

這樣是很難 debug 的，如果加上 `terser` 之類的最佳化工具，可讀性會變得更差。

eval

`eval` 會將各個模組以 `eval()` 包起來，並在最後加上 `sourceURL`，告訴開發者此代碼原始的檔名。

執行 webpack 後 `eval` 的結果會輸出在 `dist/eval.js` 中。

```
// ...
/******/ (() => {
  // ...
  /******/ var __webpack_modules__ = {
    /***/ './src/const/alpha.js': /***/ () =>
      // ...
      {
        eval(
          '__webpack_require__.r(__webpack_exports__);\n/* harmony
```

```
export */ __webpack_require__.d(__webpack_exports__, {\n/* harmony
export */   "default": () => (__WEBPACK_DEFAULT_EXPORT__)\n/* harmony
export */ });\n// ch03-configuration/10-devtool/devtool/src/const/alpha.
js\n/* harmony default export */ const __WEBPACK_DEFAULT_EXPORT__ =
(\'alpha\');\n\n//# sourceURL=webpack://devtool/./src/const/alpha.js?'
       );

       /***/
    },

   /***/ './src/const/beta.js': /***/ () =>
    // ...
     {
       eval(
       '__webpack_require__.r(__webpack_exports__);\n/* harmony
export */ __webpack_require__.d(__webpack_exports__, {\n/* harmony
export */   "default": () => (__WEBPACK_DEFAULT_EXPORT__)\n/* harmony
export */ });\n// ch03-configuration/10-devtool/devtool/src/const/beta.
js\n/* harmony default export */ const __WEBPACK_DEFAULT_EXPORT__ =
(\'beta\');\n\n//# sourceURL=webpack://devtool/./src/const/beta.js?'
       );

       /***/
    },

   /***/ './src/index.js': /***/ () =>
    // ...
     {
       eval(
       '__webpack_require__.r(__webpack_exports__);\n/* harmony
import */ var _const_alpha_js__WEBPACK_IMPORTED_MODULE_0__ = __
webpack_require__("./src/const/alpha.js");\n/* harmony import */ var _
const_beta_js__WEBPACK_IMPORTED_MODULE_1__ = __webpack_require__("./
src/const/beta.js");\n// ch03-configuration/10-devtool/devtool/src/
index.js\n\n\n\nvar output = function output(mainTitle, subTitle) {\n
return [\'index\', mainTitle, subTitle].joi(\' - \');\n};\n\nconsole.
log(output(_const_alpha_js__WEBPACK_IMPORTED_MODULE_0__.default, _
const_beta_js__WEBPACK_IMPORTED_MODULE_1__.default));\n\n//#
sourceURL=webpack://devtool/./src/index.js?'
       );
```

```
    /***/
    },

  /******/
 };
 // ...
})();
```

可以看到 `eval` 內的字串最後有個 `//# sourceURL=webpack:///./`
`src/index.js?` 註解，他會提示使用者原始的檔案名稱。

結果如下：

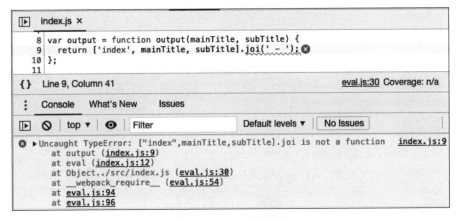

圖 3-29　eval 的結果

現在我們可以知道此問題發生在 `index.js` 中，但是它的內容還是
webpack 建置後的內容，沒有參考價值。

cheap-source-map

`cheap-source-map` 會提供 Source Map，但會**喪失欄的資訊**。

執行 webpack 後 `cheap-source-map` 的結果會輸出在 `dist/cheap-`
`source-map.js` 中。

```
// ...
//# sourceMappingURL=cheap-source-map.js.map
```

bundle 的內容跟 `false` 時一樣，只差在最後一行有 `//# sourceMappingURL=cheap-source-map.js.map` 這行註解，瀏覽器讀到後會去找這個檔案的獨立 `.map` 檔。

下面為對應檔 `dist/cheap-source-map.js.map` 的部分內容：

```
{
  "sourcesContent": [
    "// ch03-configuration/10-devtool/devtool/src/const/alpha.js\
nexport default 'alpha';",
    "// ch03-configuration/10-devtool/devtool/src/const/beta.js\nexport
default 'beta';",

    "...",

    "// ch03-configuration/10-devtool/devtool/src/index.js\nimport
alpha from './const/alpha.js';\nimport beta from './const/beta.js';\n\
nvar output = function output(mainTitle, subTitle) {\n  return
['index', mainTitle, subTitle].joi(' - ');\n};\n\nconsole.
log(output(alpha, beta));"
  ],
  "mappings": ";;;;;;;;;;;AAAA;AACA;;A;;;;;;;;;;ACDA;AACA;;A;;;;ACDA;AA
CA;AACA;AACA;AACA;AACA;AACA;AACA;AACA;AACA;AACA;AACA;AACA;AACA;AA
CA;AACA;AACA;AACA;AACA;AACA;AACA;AACA;;;;ACvBA;AACA;AACA;AACA;AAC
A;AACA;AACA;AACA;;;;;ACPA;;;;;ACAA;AACA;AACA;AACA;AACA;AACA;AACA;;;;;;
;;;;ACNA;AACA;AACA;AACA;AACA;AACA;AACA;AACA;;;;A",

    "..."
}
```

可以看到 `sourceContent` 中的內容已經是 Loader 處理過後的代碼，代表對應的代碼雖然是檔案中的代碼，但可以看到箭頭函式已經被 `babel-loader` 轉為一般函式了，因此對應的檔案已經是 Loader 轉換過的非原始的程式碼。

另外，`cheap-source-map` 所產生出來的 `mappings` 每行都只有一個代碼段，`cheap-source-map` 藉由將整行視為同一個代碼段以減少 Source Map 所需的容量。

結果如下：

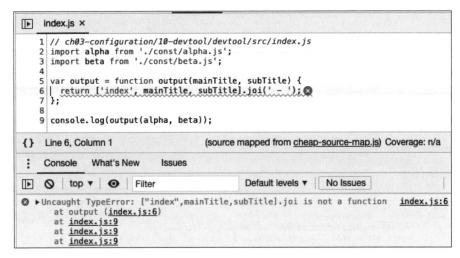

圖 3-30　cheap-source-map 的結果

現在可以看到是哪個檔案發生問題，也可以知道錯誤的行數了，但是代碼已經經過 Loader 轉換，並且不能確認欄數。

cheap-module-source-map

`cheap-module-source-map` 與 `cheap-source-map` 相似，但它會對應到 Loader 處理前的代碼。

下面為對應檔 `dist/cheap-module-source-map.js.map` 的部分內容：

```
{
  "sourcesContent": [
    "// ch03-configuration/10-devtool/devtool/src/const/alpha.js\
nexport default 'alpha';\n",
    "// ch03-configuration/10-devtool/devtool/src/const/beta.js\nexport
default 'beta';\n",

    "...",

    "// ch03-configuration/10-devtool/devtool/src/index.js\nimport
```

```
alpha from './const/alpha.js';\nimport beta from './const/beta.js';\n\
nconst output = (mainTitle, subTitle) =>\n  ['index', mainTitle,
subTitle].joi(' - ');\n\nconsole.log(output(alpha, beta));\n"
  ],

  "..."
}
```

可以看到 `sourceContent` 中的代碼是 `babel-loader` 處理前的 arrow function 寫法。

結果如下：

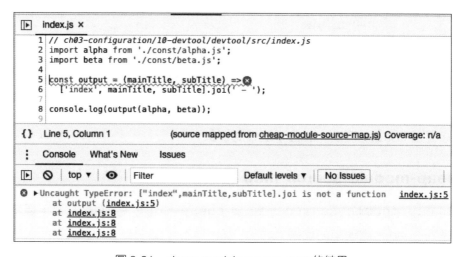

圖 3-31　cheap-module-source-map 的結果

現在終於對應到原始的代碼了，只差欄數沒有對應。

source-map

`source-map` 屬性提供了完整的 Source Map。

下面為對應檔 `dist/source-map.js.map` 的部分內容：

```
{
  "mappings": ";;;;;;;;;;;AAAA;AACA,iEAAe,OAAf,E;;;;;;;;;;;ACDA;AACA,iE
AAe,MAAf,E;;;;;;UCDA;UACA;;UAEA;UACA;UACA;UACA;UACA;UACA;UACA;UACA;UACA;UACA
;UACA;UACA;UACA;;UAEA;UACA;;UAEA;UACA;UACA;;;;WCtBA;WACA;WACA;WAC
```

```
A;WACA,wCAAwC,yCAAyC;WACjF;WACA;WACA,E;;;;;WCPA,wF;;;;;WCAA;WACA;WACA;W
ACA,sDAAsD,kBAAkB;WACxE;WACA,+CAA+C,cAAc;WAC7D,E;;;;;;;;;;ACNA;AACA;AAC
A;;AAEA,IAAMA,MAAM,GAAG,SAATA,MAAS,CAACC,SAAD,EAAYC,QAAZ;AAAA,SAACb,CAAC
,OAAD,EAAUD,SAAV,EAAqBC,QAArB,EAA+BC,GAA/B,CAAmC,KAAnC,CADa;AAAA,CAAf;;
AAGAC,OAAO,CAACC,GAAR,CAAYL,MAAM,CAACM,oDAAD,EAAQC,mDAAAR,CAAlB,E",
    "sourcesContent": [
    "// ch03-configuration/10-devtool/devtool/src/const/alpha.js\
nexport default 'alpha';\n",
    "// ch03-configuration/10-devtool/devtool/src/const/beta.js\nexport
default 'beta';\n",

    "...",

    "// ch03-configuration/10-devtool/devtool/src/index.js\nimport
alpha from './const/alpha.js';\nimport beta from './const/beta.js';\n\
nconst output = (mainTitle, subTitle) =>\n  ['index', mainTitle,
subTitle].joi(' - ');\n\nconsole.log(output(alpha, beta));\n"
    ],

    "..."
}
```

可以看到一行不只有一個代碼段了，因此 `source-map` 可以產生完整的
map 資訊。

結果如下：

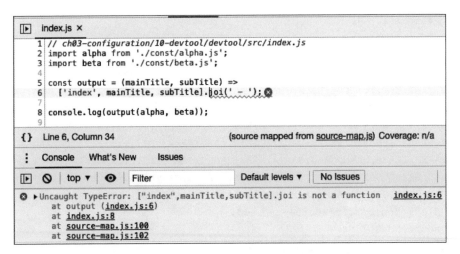

圖 3-32　source-map 的結果

我們可以看到紅線不在是整行，而是清楚對應到 `.joi` 的位置。

nosources-source-map

`nosources-source-map` 提供了完整的 Source Map，但不產生 `sourceContent` 內容。

下面為對應檔 `dist/nosources-source-map.js.map` 的完整內容：

```
{
  "version": 3,
  "sources": [
    "webpack://devtool/./src/const/alpha.js",
    "webpack://devtool/./src/const/beta.js",
    "webpack://devtool/webpack/bootstrap",
    "webpack://devtool/webpack/runtime/define property getters",
    "webpack://devtool/webpack/runtime/hasOwnProperty shorthand",
    "webpack://devtool/webpack/runtime/make namespace object",
    "webpack://devtool/./src/index.js"
  ],
  "names": [
    "output",
    "mainTitle",
    "subTitle",
    "joi",
    "console",
    "log",
    "alpha",
    "beta"
  ],
  "mappings": ";;;;;;;;;;;AAAA;AACA,iEAAe,OAAf,E;;;;;;;;;;;ACDA;AACA,iE
AAe,MAAf,E;;;;;;UCDA;UACA;;UAEA;UACA;UACA;UACA;UACA;UACA;UACA;UACA;UACA
;UACA;UACA;UACA;UACA;;UAEA;UACA;;UAEA;UACA;UACA;;;;;WCtBA;WACA;WACA;WAC
A;WACA,wCAAwC,yCAAyC;WACjF;WACA;WACA,E;;;;;WCPA,wF;;;;;WCAA;WACA;WACA;W
ACA,sDAAsD,kBAAkB;WACxE;WACA,+CAA+C,cAAc;WAC7D,E;;;;;;;;;;;ACNA;AACA;AAC
A;;AAEA,IAAMA,MAAM,GAAG,SAATA,MAAS,CAACC,SAAD,EAAYC,QAAZ,QAAZ,AAAA,SACb,CAAC
,OAAD,EAAUD,SAAV,EAAqB,QAArB,EAA+BC,QAA/B,GAA/B,GAA/B,E;;;AAGAC,OAAO,CAACC,
GAAR,CAACACC,GAAAR,CAAYL,MAAM,CAACM,oDAAD,EAAQC,mDAAR,CAAlB,E",
  "file": "nosources-source-map.js",
  "sourceRoot": ""
}
```

可以看到它並沒有 `sourceContent`。

結果如下：

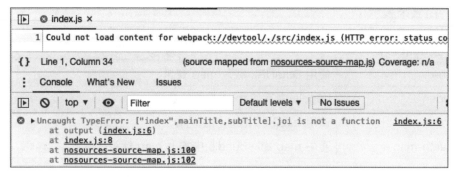

圖 3-33　nosources-source-map 的結果

可以看到雖然可以對應到原始代碼的行及欄位，但卻沒有代碼內容供比對。
這個類型通常會使用在 `production` 這類**不想讓使用者看到源碼**的環境上。

inline-source-map

`inline-source-map` 使用 DataURL 產生完整的 Source Map 資訊。

執行 webpack 後 `inline-source-map` 的結果會輸出在 `dist/inline-source-map.js` 中。

```
//...

//# sourceMappingURL=data:application/json;charset=utf-8;base64,eyJ2ZX...
```

`sourceMappingURL` 的內容從原本的路徑變為 DataURL。

hidden-source-map

產生完整內容的 `.map` 檔，但是在 bundle 中不產生 `sourceMappingURL`
的註解。

統整各 Source Map 類型特性

雖然還有很多類型沒有介紹到，但其他的類型都是由上面幾種組合而成的，用表來表示：

產生 bundle 的方式	特性
inline	使用 DataURL 載入 map 資訊
hidden	bundle 中不加 map 檔路徑資訊
eval	使用 `eval()` 包住模組內容
source-map	產生 map 檔，bundle 中加上 map 檔路徑資訊

產生 map 的方式	特性
nosources	不產生 `sourceContent`
cheap	`mappings` 中不產生欄資訊，`sourceContent` 為 Loader 載入後的內容
cheap-module	`mappings` 中產生欄資訊，`sourceContent` 為原始代碼的內容

`devtool` 設定的模式如下：

`[inline-|hidden-|eval-][nosources-][cheap-[module-]]source-map` 或 `eval`

由此可知：

- 有 `source-map` 與 `eval` 兩者可選
- 選擇 `source-map` 時
  - `inline`, `hidden`, `eval` 可以擇一
  - 可以使用 `nosources`
  - 可以使用 `cheap`
  - 可以加上 `cheap-module`

整個配置流程如下：

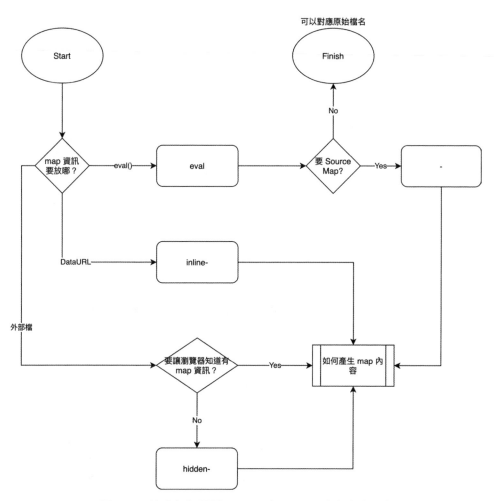

圖 3-34　決定如何配置 devtool 之 bundle 輸出方式設定

先決定要怎麼產生 bundle，接著在決定 map 檔的生成方式：

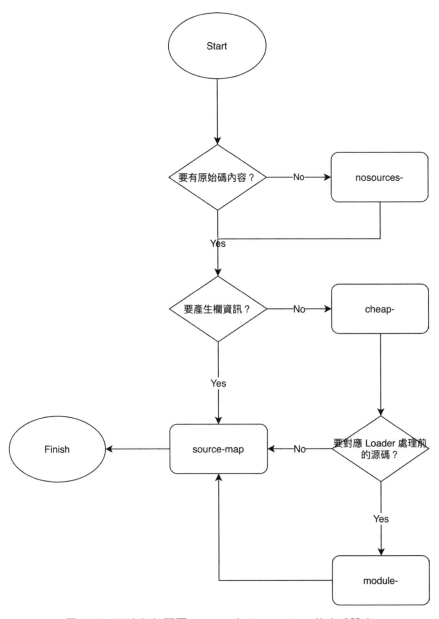

圖 3-35　決定如何配置 devtool 之 Source Map 的方式設定

下面總結一下各個特性在除錯時能取得的資訊：

devtool	特性
eval	可以對應檔名
source-map	可以對應檔名、loader 處理前的行數、欄數
cheap-	可以對應檔名、loader 處理後的行數，但不會對應列數
cheap-module-	可以對應檔名、loader 處理前的行數，但不會對應列數
inline-	用 DataUrl 載入 map 檔，不產生 map 檔案
hidden-	不會有 `sourceMappingURL` 的註解在 bundle 中
nosource-	不會產生 `sourceContent` 的內容，但依然可以看到錯誤堆疊

小結

`devtool` 屬性提供了高自由度的 Source Map 配置，可以依照環境及需求配置期望 Source Map 方式。

參考資料

- webpack Guides: Development # Using source maps
  （https://webpack.js.org/guides/development/#using-source-maps）
- webpack Configuration: Devtool
  （https://webpack.js.org/configuration/devtool/）
- SurvieJS Webpack: Source Maps
  （https://survivejs.com/webpack/building/source-maps/）

最佳化 Optimization 與模式 Mode

講述如何使用 webpack 的 `optimization` 配置各種輸出以配合設定最佳化，並以 Mode 輔助做特定環境的配置。

在建置時，我們需要針對各個環境配置最佳的輸出方式，為此 webpack 提供了 `optimization` 屬性供使用者針對環境做配置。

optimization 設定方式

`optimization` 擁有許多的屬性去設定各個關於 bundle 產出最佳化的配置。

```
module.exports = {
  optimization: {
    // ...
  },
};
```

接著我們會講解幾個重要的屬性。講解時使用的範例會配置 `none` 模式，避免模式設定影響結果，並且以各個數值作為 bundle 的檔名方便觀察。

optimization.moduleIds

`optimization.moduleIds` 設定以何種形式編制 Module 的識別碼。

它的設定有五種，分別是字串值 `natural`、`named`、`deterministic`、`size` 與布林值的 `false`：

值	說明
'natural'	依照使用順序編碼
'named'	使用 Module 名稱編碼
'deterministic'	依照 Module 名稱轉為一串數字
'size'	依照最小初始下載數編碼
false	不使用內建的設置，改為使用 Plugin 客製
沒有配置	預設 'natural'

下面的範例將所有的字串值帶入配置：

```js
// ch03-configuration/11-optimization/module-ids/webpack.config.js
module.exports = ['natural', 'named', 'deterministic', 'size'].map(
  (moduleIds) => ({
    mode: 'none',
    output: {
      filename: `${moduleIds}.js`,
    },
    optimization: {
      moduleIds,
    },
    stats: {
      ids: true,
    },
  })
);
```

`./src/index.js` 內容如下：

```js
// ch03-configuration/11-optimization/module-ids/src/index.js
import './alpha.js';
import './alpha.js';
import './beta.js';
import './beta.js';
import './beta.js';
import './gamma.js';
import './gamma.js';
import './gamma.js';
import './gamma.js';
console.log('index');
```

範例中模組使用的次數依序為 `gamma.js` > `beta.js` > `alpha.js` > `index.js`。

引入多次相同資源是不必要的，這裡為了辨識 id 的生成方式才如此做。

建置後的 ID 編碼結果如下：

	natural	named	deterministic	size
./src/index.js	0	./src/index.js	138	3
./src/alpha.js	1	./src/alpha.js	986	2
./src/beta.js	2	./src/beta.js	710	1
./src/gamma.js	3	./src/gamma.js	743	0

natural 是以使用的順序為識別碼，因此會依序編號。

- named 會使用路徑作為識別碼，**增加除錯的效率**。
- deterministic 依照 Module 名稱編碼，預設為三碼。
- size 依照引入的次數編碼，引入次數由多編碼至少，因此 gamma.js 擁有最多的使用次數，所以編碼為 0，並且依序向下編碼。

當設定為 false 時，可以直接操作 Plugin 決定要如何生成識別碼：

```js
// ch03-configuration/11-optimization/module-ids/webpack.config.js
// ...
module.exports = {
  // ...
  optimization: {
    moduleIds: false,
  },
  plugins: [
    new webpack.ids.DeterministicModuleIdsPlugin({
      maxLength: 5,
    }),
  ],
};
```

範例中將 optimization.moduleIds 設為 false，並用 DeterministicModuleIdsPlugin 設定使用 deterministic 編碼，並且設為五位數。

建置後的結果如下：

```
./src/index.js [68138] 270 bytes {0} [built] [code generated]
./src/alpha.js [92986] 22 bytes {0} [built] [code generated]
```

```
./src/beta.js [44710] 21 bytes {0} [built] [code generated]
./src/gamma.js [2743] 22 bytes {0} [built] [code generated]
```

可以看到原本三碼的編碼變為我們設定的五碼了。

optimization.chunkIds

`optimization.chunkIds` 設定用何種方式編制 Chunk 識別碼。

它的設定有六種，分別是字串值 `natural`、`named`、`deterministic`、`size`、`total-size` 與布林值的 `false`：

值	說明
'natural'	依照使用順序編碼
'named'	使用 Chunk 名稱編碼
'deterministic'	依照 Chunk 名稱轉為一串數字
'size'	依照最小初始下載數編碼
'total-size'	依照最小全部下載數編碼
false	不使用內建的設置，改為使用 Plugin 客製
沒有配置	模式為 `none` 時預設 `natural`、`development` 時預設 `named`、`production` 時預設 `deterministic`

下面範例將所有的配置帶入設定：

```js
// ch03-configuration/11-optimization/chunk-ids/webpack.config.js
const path = require('path');

module.exports = [
  'natural',
  'named',
  'deterministic',
  'size',
  'total-size',
].map((chunkIds) => ({
  mode: 'none',
  output: {
    path: path.resolve(__dirname, 'dist', chunkIds),
```

```
  },
  optimization: {
    chunkIds,
  },
  stats: {
    ids: true,
    modules: false,
  },
}));
```

由於此範例中專注於 Chunk 的部分，因此將 `stats.modules` 設為 `false` 避免輸出 modules，並將輸出的目錄改為各個屬性名以方便區分。

範例中的程式碼如下：

```
// ch03-configuration/11-optimization/chunk-ids/src/index.js
import('./alpha.js');
import('./alpha.js');
import('./alpha.js');
import('./alpha.js');
import('./beta.js');
import('./beta.js');
import('./beta.js');
import('./gamma.js');
import('./gamma.js');
console.log('index');
```

範例中為了分為多個 Chunk，因此使用非同步的方式載入模組，促使 webpack 切割 Chunk。

並且為了驗證 `size` 與 `total-size` 的區別，因此各個模組需要引入不同數量的模組：

```
// ch03-configuration/11-optimization/chunk-ids/src/alpha.js
import('./beta.js');
import('./beta.js');
console.log('alpha');
```

```
// ch03-configuration/11-optimization/chunk-ids/src/beta.js
import('./gamma.js');
import('./gamma.js');
```

```
import('./gamma.js');
import('./gamma.js');
console.log('beta');
```

alpha.js 多引入兩次 beta.js，beta.js 多引入四次 gamma.js，
而 gamma.js 則沒有任何引入。

建置後各種識別碼如下：

	natural	named	deterministic	size	total-size
./src/index.js	0	main	179	3	3
./src/alpha.js	1	src_alpha_js	986	0	2
./src/beta.js	2	src_beta_js	710	1	1
./src/gamma.js	3	src_gamma_js	743	2	0

natural 是以使用的順序為識別碼，因此會依序編號。

- named 會使用路徑作為識別碼，**增加除錯的效率**，而 src/index.js 因為是主要 Chunk，所以以 entry 設定的 main 為名。
- deterministic 依照 Module 名稱編碼，預設為三碼。
- size 依照**初始**的引入次數編碼，引入次數由多編碼到少，因此 alpha.js 引用了四次最多，所以編碼為 0，並且依序向下編碼。
- total-size 依照**總**引用次數編碼，引入次數由多編碼到少，因此 gamma.js 在 index.js 引用兩次加上在 beta.js 中的四次，總共為六次最多，所以編碼為 0，並且依序向下編碼。

而如果將 optimization.chunkIds 設為 false 時可以依照自己的需求加上特定的 Plugin 產生識別碼：

```js
// ch03-configuration/11-optimization/chunk-ids/webpack.config.js
const webpack = require('webpack');

module.exports = {
  mode: 'none',
  plugins: [
    new webpack.ids.DeterministicChunkIdsPlugin({
```

```
      maxLength: 5,
    }),
  ],
  stats: {
    ids: true,
    modules: false,
  },
};
```

範例中將 `optimization.chunkIds` 設為 `false`，並用 DeterministicChunkIdsPlugin 設定使用 deterministic 編碼，並且設為五位數。

建置結果如下：

```
asset main.js 13.1 KiB {40179} [compared for emit] (name: main)
asset 44710.js 681 bytes {44710} [compared for emit]
asset 92986.js 481 bytes {92986} [compared for emit]
asset 2743.js 131 bytes {2743} [compared for emit]
```

可以看到原本三碼的編碼變為我們設定的五碼了。

optimization.nodeEnv

`nodeEnv` 可以設定**環境變數**。

```
// ch03-configuration/11-optimization/node-env/webpack.config.js
module.exports = ['development', 'production'].map((nodeEnv) => ({
  mode: 'none',
  output: {
    filename: `${nodeEnv}.js`,
  },
  optimization: {
    nodeEnv,
  },
}));
```

這個例子中產生兩個 bundle，一個注入 `development`，一個注入 `production`。

`index.js` 如下所示：

```
// ch03-configuration/11-optimization/node-env/src/index.js
console.log(process.env.NODE_ENV);
```

建置出來後，bundle 的內容如下：

```
/******/ (() => {
  // webpackBootstrap
  var __webpack_exports__ = {};
  console.log('development');


  /******/
})();
```

可以看到 `process.env.NODE_ENV` 被置換為我們所配置的 `development`。

`optimization.nodeEnv` 預設為 `mode` 的值，如果 `mode` 為 `none` 或是 `optimization.nodeEnv` 設為 `false` 時，`process.env.NODE_ENV` 不會被設置，可以實際操作範例 `ch03-configuration/11-optimization/node-env` 驗證此機制。

optimization.flagIncludedChunks

`flagIncludedChunks` 會區分出資源中個別的 Chunks，如果已經載入的資源中有目前請求的 Chunk，則不會再次載入。

下面為範例的配置：

```
// ch03-configuration/11-optimization/flag-included-chunks/webpack.config.js
const path = require('path');

module.exports = [false, true].map((flagIncludedChunks) => ({
  mode: 'none',
  output: {
    path: path.resolve(__dirname, 'dist', `${flagIncludedChunks}`),
  },
  optimization: {
    chunkIds: 'named',
    flagIncludedChunks,
```

```
  },
  stats: {
    ids: true,
    modules: false,
  },
}));
```

會了方便分辨 Chunk，因此將 `optimization.chunkIds`、`stats.ids` 與 `stats.modules` 調整，並且調整 `output.path` 將不同的結果放於不同的目錄中。

入口檔如下：

```
// ch03-configuration/11-optimization/flag-included-chunks/src/index.js
console.log('index');

const btn = document.createElement('button');
btn.innerHTML = 'SUB';
btn.onclick = function click() {
  import('./sub').then(({ default: sub }) => {
    console.log(sub);
  });
};
document.body.appendChild(btn);

const btn2 = document.createElement('button');
btn2.innerHTML = 'NORMAL';
btn2.onclick = function click() {
  import('./normal').then(({ default: normal }) => {
    console.log(normal);
  });
};
document.body.appendChild(btn2);
```

在頁面中設定兩個按鈕 SUB 與 NORMAL，按下後會非同步載入 `sub.js` 與 `normal.js`，其內容如下：

```
// ch03-configuration/11-optimization/flag-included-chunks/src/sub.js
import normal from './normal';

export default `sub ${normal}`;
```

```
// ch03-configuration/11-optimization/flag-included-chunks/src/normal.js
export default 'normal';
```

建置結果如下：

```
# flagIncludedChunks: false
asset main.js 11.5 KiB {main} [emitted] (name: main)
asset src_sub_js.js 1.17 KiB {src_sub_js} [emitted]
asset src_normal_js.js 592 bytes {src_normal_js} [emitted]
webpack 5.42.0 compiled successfully in 111 ms

# flagIncludedChunks: true
asset main.js 11.5 KiB {main} [emitted] (name: main)
asset src_sub_js.js 1.18 KiB {src_normal_js}, {src_sub_js} [emitted]
asset src_normal_js.js 592 bytes {src_normal_js} [emitted]
webpack 5.42.0 compiled successfully in 99 ms
```

在沒有開啟 `flagIncludedChunks` 時，Chunk `src_sub_js` 識別為獨立的 Chunk，而在啟動 `flagIncludedChunks` 後，webpack 將其視為 `src_normal_js` 與 `src_sub_js` 的組合。

執行應用程式，並先按下 SUB 後再按下 NORMAL 按鈕，比較兩者差異，會發現在未開啟 `flagIncludedChunks` 的情況下，載入了 `src_sub_js` 後又再載入了 `src_normal_js`。

開啟 `flagIncludedChunks` 後，由於 webpack 知道 `src_sub_js` 內容中有 `src_normal_js`，因此**不會再載入** `src_normal_js`。

optimization.sideEffects

`sideEffects` 啟用時，會去觀察 module 的 `package.json` 的 `sideEffects` 設定，如果設定 `true`，代表此 module 全部都只有 export 的代碼，沒有自己執行並影響全域的行為，這樣一來 webpack 可以將未引入的部分代碼排除在 bundle 中，以減少 bundle 的大小。

範例 `ch03-configuration/11-optimization/side-effects` 有使用 `./modules/module` 中的模組，此模組會有兩個引入的模組：

```
// ch03-configuration/11-optimization/side-effects/modules/module/index.js
import alpha from './alpha';
import beta from './beta';

export { alpha, beta };
```

但在 `./src/index.js` 中只有引入 `alpha`：

```
// ch03-configuration/11-optimization/side-effects/src/index.js
import { alpha } from '../modules/module';

console.log(alpha);
```

然後配置檔內容如下：

```
// ch03-configuration/11-optimization/side-effects/webpack.config.js
module.exports = [false, true].map((sideEffects) => ({
  mode: 'none',
  output: {
    filename: `${sideEffects}.js`,
  },
  optimization: {
    sideEffects,
  },
}));
```

建置後的比較 bundle 在 `sideEffects` 啟用與未啟用的狀況：

```
// ...
/* 2 */
/***/ ((__unused_webpack_module, __webpack_exports__, __webpack_
require__) => {

__webpack_require__.r(__webpack_exports__);
/* harmony export */ __webpack_require__.d(__webpack_exports__, {
/* harmony export */   "default": () => (__WEBPACK_DEFAULT_EXPORT__)
/* harmony export */ });
/* harmony default export */ const __WEBPACK_DEFAULT_EXPORT__ = ("alpha");
```

```
/***/ }),
-/* 3 */
-/***/ ((__unused_webpack_module, __webpack_exports__, __webpack_
require__) => {

-__webpack_require__.r(__webpack_exports__);
-/* harmony export */ __webpack_require__.d(__webpack_exports__, {
-/* harmony export */   "default": () => (__WEBPACK_DEFAULT_EXPORT__)
-/* harmony export */ });
-/* harmony default export */ const __WEBPACK_DEFAULT_EXPORT__ = ("beta");


-/***/ })
// ...
```

　可以看到原本 `false` 的時候，有引入 `beta`，在啟用後，webpack 發現 `beta` 沒有使用，就將其排除了。

> 可以使用範例 `ch03-configuration/11-optimization/side-effects` 實際操作。

optimization.usedExports

　`usedExports` 啟用後，webpack 會使用 `terser` 去識別各個模組是否有 side effects，如果沒有的話，不將其引入。

　與上面 `sideEffects` 相同的例子，我們可以改啟用 `usedExports`，結果如下：

```
-/***/ ((__unused_webpack_module, __webpack_exports__, __webpack_
require__) => {
-__webpack_require__.r(__webpack_exports__);
-/* harmony export */ __webpack_require__.d(__webpack_exports__, {
-/* harmony export */   "default": () => (__WEBPACK_DEFAULT_EXPORT__)
-/* harmony export */ });
-/* harmony default export */ const __WEBPACK_DEFAULT_EXPORT__ = ("beta");
-/***/ })
```

```
+/***/ (() => {
+/* unused harmony default export */ var __WEBPACK_DEFAULT_EXPORT__ =
("beta");
+/***/ })
```

可以看到 `beta` 的內容雖然存在於 bundle 中，但已經沒有引入了。

optimization.concatenateModules

`concatenateModules` 會經由模組圖 module graph 的分析，安全地**將模組盡量做合併**，以達到較好的效能。

配置如下：

```
// ch03-configuration/11-optimization/concatenate-modules/webpack.config.js
module.exports = [false, true].map((concatenateModules) => ({
  mode: 'none',
  output: {
    filename: `${concatenateModules}.js`,
  },
  optimization: {
    concatenateModules,
  },
}));
```

沒啟用時建置結果如下：

```
(() => {
  var __webpack_modules__ = [
    ,
    /* 1 */
    (__unused_webpack_module, __webpack_exports__, __webpack_require__)
=> {},
    /* 2 */
    (__unused_webpack_module, __webpack_exports__, __webpack_require__)
=> {},
    /* 3 */
    (__unused_webpack_module, __webpack_exports__, __webpack_require__)
=> {}, '
  ];
})();
```

可以看到 webpack 依照每個模組拆分代碼。

啟用後的結果如下：

```
(() => {
  // CONCATENATED MODULE: ./modules/used-exports-module/alpha.js
  /* harmony default export */ const alpha = 'alpha'; // CONCATENATED
MODULE: ./modules/used-exports-module/beta.js
  /* harmony default export */ const beta = 'beta'; // CONCATENATED
MODULE: ./modules/used-exports-module/index.js // CONCATENATED MODULE:
./src/index.js
  console.log(alpha);
})();
```

可以看到所有的模組都已經被集中在一起了。

optimization.minimize

`minimize` 屬性設定是否要壓縮 bundle，預設使用 TerserPlugin 做壓縮的處理。

```
// ch03-configuration/11-optimization/minimize/webpack.config.js
module.exports = [false, true].map((minimize) => ({
  mode: 'none',
  output: {
    filename: `${minimize}.js`,
  },
  optimization: {
    minimize,
  },
}));
```

使用後會做壓縮的動作，因此 bundle 的大小會縮小：

```
asset false.js 106 bytes [emitted] (name: main)
./src/index.js 22 bytes [built] [code generated]
webpack 5.42.0 compiled successfully in 90 ms

asset true.js 21 bytes [emitted] [minimized] (name: main)
./src/index.js 22 bytes [built] [code generated]
webpack 5.42.0 compiled successfully in 162 ms
```

預設配置模式 mode

前面說了很多的最佳化設定屬性，如果要自己做調整，會變得很繁雜，為此 webpack 提供了預設的配置模式，只要使用者使用模式設定，對於目標環境的最佳預設值就會被設置，以減少自己配置的花費。

模式預設有三個 `none`, `development`, `production`。

模式	描述
`development`	依照開發環境做配置，會將 `moduleIds` 與 `chunkIds` 設為 `named`，並將 `process.env.NODE_ENV` 設為 `development`。
`production`	依照生產環境做配置，會將 `moduleIds` 與 `chunkIds` 設為 `deterministic`，並且將 `flagIncludedChunks`、`sideEffects`、`usedExports`、`concatenateModules`、`minimize` 啟用，並將 `process.env.NODE_ENV` 設為 `production`。
`none`	不預設模式，所有的配置按照預設值設定。

小結

`optimization` 設定給了使用者決定要如何優化 bundle 效率的能力，可以依照不同的環境，產生期望的 bundle，而 webpack 也提供了 `mode` 供使用者配置預設的環境設定，以減少使用者的負擔。

這裡沒有講到 `optimization` 的 `splitChunks` 配置，這是可以決定要如何切割 Chunk 的設定，在之後的篇幅中會做介紹。

參考資料

- Webpack Configuration: Optimization
  （https://webpack.js.org/configuration/optimization/）
- Webpack Configuration: Mode
  （https://webpack.js.org/configuration/mode/）

- Webpack Guides: Tree Shaking
  （https://webpack.js.org/guides/tree-shaking/#clarifying-tree-shaking-and-sideeffects）

- 程式前沿：深入理解 webpack 的 chunkId 對線上緩存的思考
  （https://codertw.com/%E7%A8%8B%E5%BC%8F%E8%AA%9E%E8%A8%80/677502/）

配置檔的種類

本節說明多種類型的配置檔使用方式。

配置檔除了可以以物件作為設定外，還可以有其他的方式配置，本節會說明如何以不同的方式使用配置檔。

配置檔導出物件

第一種使用方式為導出物件，這也是最常見的方式：

```js
// ch03-configuration/12-configuration-types/cli-file/webpack.config.prod.js
const path = require('path');

module.exports = {
  mode: 'production',
  entry: './src/index2.js',
  output: {
    filename: 'bundle.js',
    path: path.resolve(__dirname, 'build'),
  },
};
```

當要配置多環境時，會建立多個配置檔，例如前面的範例就是給 production 環境使用的 `webpack.config.prod.js`，然後在 development 環境下會以另一個配置檔 `webpack.config.dev.js` 來做配置：

```js
// ch03-configuration/12-configuration-types/cli-file/webpack.config.dev.js
module.exports = {
  mode: 'development',
  entry: './src/index2.js',
};
```

使用不同 `--config` 參數來參照不同的配置檔：

```
# production
webpack --config webpack.config.prod.js

# development
webpack --config webpack.config.dev.js
```

這樣的配置方式雖然區分環境明確，但有些配置在不同的環境下是一樣的，例如範例中的 `entry`，這時如果分為兩個檔案設置的話，會有重複配置的問題產生。

要解決重複配置的問題可以使用導出函式的方式設定。

配置檔導出函式

配置檔是個標準的 Node.js CommonJS 模組，除了回傳物件外，webpack 還允許配置檔傳回 Function。

```js
// ch03-configuration/12-configuration-types/export-function/webpack.
config.env.js
const path = require('path');

module.exports = (env, argv) => {
  console.log(env);
  return {
    mode: env.production ? 'production' : 'development',
    entry: './src/index2.js',
    output: env.production
      ? {
          filename: 'bundle.js',
          path: path.resolve(__dirname, 'build'),
        }
      : {},
  };
};
```

webpack 會傳入兩個參數：

- `env`：環境變數，在 CLI 中用 `--env` 設定
- `argv`：CLI 參數，像是 `--mode`、`--config` 等參數

使用函式的方式導出就可以依照不同的環境或是參數對設定做調整，如範例中的 `output` 在 production 與 development 環境中有不一樣的配置，藉由判斷傳入的參數即可同時符合兩個環境的需求。

接著使用範例介紹兩個參數使用上的差別。

首先來看第一個參數 env 的使用方式：

```
# production
webpack --env production --config webpack.config.env.js

# development
webpack --env development --config webpack.config.env.js
```

使用 --env 傳回環境變數，藉由環境變數判斷環境配置。

而第二個參數 argv 會將 CLI 上所設定的所有參數傳入。

假設我們使用下面的 CLI 指令叫用 webpack：

```
# production
webpack --mode production --config webpack.config.argv.js

# development
webpack --mode development --config webpack.config.argv.js
```

那配置檔可以設定為：

```js
// ch03-configuration/12-configuration-types/export-function/webpack.config.argv.js
const path = require('path');

module.exports = (env, argv) => {
  console.log(argv);
  return {
    mode: argv.mode,
    entry: './src/index2.js',
    output:
      argv.mode === 'production'
        ? {
            filename: 'bundle.js',
            path: path.resolve(__dirname, 'build'),
          }
        : {},
  };
};
```

　　`argv` 中存有 CLI 的參數 `mode` 與 `config`，這裡藉由 `mode` 判斷目標環境。

　　函式導出的方式將所有的配置放於同個檔案中，並且用 JavaScript 代碼判斷在哪個環境，以此來設定不同的屬性值，達到切換環境的建置目的。

　　需要注意的是可能會不小心在 CLI 參數跟配置物件中設定到相同的屬性，這時 CLI 參數會被採納造成配置檔中的設定失效，因此盡量使用環境變數（`env`），並少用參數（`argv`）。

≫ 配置模組傳回 Promise

　　在取得配置時有些作業可能會是**非同步**的，因此 webpack 允許我們傳回 Promise。

```js
// ch03-configuration/12-configuration-types/export-promise/webpack.config.js
const path = require('path');

module.exports = (env, argv) => {
  return new Promise((resolve, reject) => {
    setTimeout(() => {
      resolve({
        mode: env.production ? 'production' : 'development',
        entry: './src/index2.js',
        output: env.production
          ? {
              filename: 'bundle.js',
              path: path.resolve(__dirname, 'build'),
            }
          : {},
      });
    }, 5000);
  });
};
```

≫ 配置模組傳回陣列

　　有些情況，我們需要同時建置多種環境，這時就可以使用陣列的方式：

```
// ch03-configuration/12-configuration-types/export-array/webpack.config.js
const path = require('path');

module.exports = [
  {
    name: 'dev',
    mode: 'development',
    entry: './src/index2.js',
  },
  {
    name: 'prod',
    mode: 'production',
    entry: './src/index2.js',
    output: {
      filename: 'bundle.js',
      path: path.resolve(__dirname, 'build'),
    },
  },
];
```

直接下 `webpack` 指令就可以建置 `development` 及 `production` 環境。

如果只想要執行其中一個的話，可以使用 `--config-name` 來對應屬性 `name` 做不同的配置：

```
# production
webpack --config-name prod

# development
webpack --config-name dev
```

≫ 同步執行建置

在多配置的情況下，我們可以使用 `parallelism` 屬性設定平行處理的數量：

```
// ch03-configuration/12-configuration-types/parallelism/webpack.config.js
const path = require('path');
```

```
module.exports = [
  {
    // config01
  },
  {
    // config02
  },
];
module.exports.parallelism = 1;
```

範例中將平行處理的最大值改為 `1`，預設的 `parallelism` 為 `100`。

小結

配置檔除了導出**物件**外，也可以依照需求使用**函式**、**Promise** 或是**陣列**做設定。

函式可以使用 CLI 參數決定配置方式，解決重複配置的問題。而 Promise 則是在一些需要非同步取得配置方式時使用。最後的陣列形式可以同時配置多種設定來同時執行多項的建置工作。

參考資料

- webpack Configuration: Configuration Types
  （ https://webpack.js.org/configuration/configuration-types/ ）
- webpack Configuration: Other Options
  （ https://webpack.js.org/configuration/other-options/#parallelism ）
- webpack API: Command Line Interface
  （ https://webpack.js.org/api/cli/#env ）

使用 Node.js API 操作 Webpack

學習如何使用 Node.js API 來操作 webpack。

Node.js API 是除了 CLI 外另一個操作 webpack 的方法。由於 CLI 會以自己的方式產生輸出資訊與錯誤訊息及 Log，因此對於有**客製建置流程資訊**的使用者來說，Node.js API 就是個很好的選擇。

安裝

使用 Node.js API 只需要安裝 `webpack` 核心庫即可：

```
npm install webpack --save-dev
```

使用 Node.js API

由於沒有 CLI，因此我們必須自己寫一支 Node.js 程式來叫用 webpack：

```js
// ch03-configuration/13-use-node-api/node-interface/build.js
const webpack = require('webpack');

webpack({}, () => {});
```

`build.js` 叫用 `webpack()` 啟動建置。

啟動這支程式：

```
node build.js
```

使用 `node` 指令執行建置。

這就是使用 Node.js API 的基本框架，而 `webpack()` 依照傳入的參數的數量分為兩種方式，一種為**兩個參數的叫用方式**，另一種為**一個參數的叫用方式**。

接下來會依序講解 `webpack()` 不同的使用方式。

使用 **webpack(configObj, callback)** 啟動建置程序

`webpack( )` 帶有兩個參數，分別為**配置物件**與回呼函式。

```js
// ch03-configuration/13-use-node-api/node-interface-callback/build.js
const webpack = require('webpack');

const configurationObject = {
  // Configuration Object
};

const callbackFunction = (err, stats) => {
  // Callback Function
};

webpack(configurationObject, callbackFunction);
```

- 第一個參數 Configuration Object：配置物件，可以參考**配置物件**一節
- 第二個參數 Callback Function：在建置完成後所叫用的回呼函式，這是**可選參數**

如果 `webpack( )` 有第二個參數 callback function，那會**直接執行編譯**，並將結果傳至 callback function 中。

回呼函式會接受兩個參數：

- `err`：與 webpack 相關的錯誤，例如錯誤的配置物件
- `stats`：擁有建置結果的資訊物件

回呼函式利用這兩個參數，可以輸出想要知道的建置過程資訊。關於輸出的方式會在後面的章節講解。

使用 **webpack(configObj)** 產生 **Compiler** 實體

沒有第二個參數時，`webpack( )` 會傳回編譯器物件（Compiler），可以用它操作 webpack 的建置。

此物件有兩個方法：

- `run(callback)`：執行建置

- watch(watchOptions, callback)：執行並監聽檔案，發生變化後重新建置，它會傳回 watching 物件，用來操作監聽的動作

≫ run(callback)

```
// ch03-configuration/13-use-node-api/node-interface-run/build.js
const webpack = require('webpack');

const configurationObject = {
  // Configuration Object
};

const callbackFunction = (err, stats) => {
  // Callback Function
};

const compiler = webpack(configurationObject);
compiler.run(callbackFunction);
```

run() 會執行建置，當建置完成後會叫用 callbackFunction 做輸出資訊的作業。

≫ watch(watchOptions, callback)

```
// ch03-configuration/13-use-node-api/node-interface-watch/build.js
const webpack = require('webpack');
const path = require('path');

const configurationObject = {
  // Configuration Object
};

const callbackFunction = (err, stats) => {
  // Callback Function
};

const watchOptions = {
  // Watch Options
```

```
};

const compiler = webpack(configurationObject);
const watching = compiler.watch(watchOptions, callbackFunction);
```

使用 `watch()` 啟動編譯器，會啟動監聽檔案的功能，與 `webpack --watch` 功能相似。

`watchOptions` 是配置監聽相關的設定。

要關閉監聽狀態，可以使用 `close(callback)` 方法：

```
watching.close(() => {
  console.log('Closed');
});
```

`close()` 的 `callback` 會在結束監聽時叫用。

另外 `watching` 可以用 `invalidate()` 取消掉本次的編譯：

```
watching.invalidate();
```

下面的例子展示了 `close()` 與 `invalidate()` 的使用方式：

```
// ch03-configuration/13-use-node-api/node-interface-watch/build.js
const webpack = require('webpack');

const configurationObject = {
  // Configuration Object
};

const callbackFunction = (err, stats) => {
  // Callback Function
  const info = stats.toJson();
  console.log(`Hash: ${info.hash}`);
  console.log(`Version: ${info.version}`);
  console.log(`Time: ${info.time}`);
  console.log(`Bult at: ${info.builtAt}`);
  console.log('\n');
};

const watchOptions = {
```

```
  // Watch Options
};

const compiler = webpack(configurationObject);
const watching = compiler.watch(watchOptions, callbackFunction);

setTimeout(() => {
  console.log('\ninvalidate\n');
  watching.invalidate();
}, 1000);

setTimeout(() => {
  watching.close(() => {
    console.log('Closed');
  });
}, 5000);
```

stats.toJson( ) 會給予詳細的編譯資訊，可以利用這物件組出想要的輸出。

其結果如下圖：

```
Hash: 01a611ab1b1d3f2fb3db
Version: 5.42.1
Time: 169
Built at: 1625552924897



invalidate

Hash: 01a611ab1b1d3f2fb3db
Version: 5.42.1
Time: 102
Built at: 1625552925835



Closed
```

　範例中因為在一秒後叫用 `invalidate()` 而使前次編譯被視為無效的，因此又重新編譯了一次。而過了五秒後觸發 `close()` 關閉監控，因此停止程式。

> `run` 與 `watch` 方法都不能夠多併發，必須要等前一次編譯完成才能在執行。

配置物件為陣列時

　`webpack()` 與 CLI 的配置檔一樣只要給予陣列的格式，就可以**同時編譯**多種配置：

```js
// ch03-configuration/13-use-node-api/node-interface-multiple/build.js
const webpack = require('webpack');

const configurationObject = [
  {
    // config01
  },
  {
    // config02
  },
];

const callbackFunction = (err, stats) => {
  const info = stats.toJson();

  console.log(`Hash: ${info.hash}`);
  console.log(`Version: ${info.version}`);

  info.children.forEach((child) => {
    console.log(`Child ${child.name}`);
    console.log(`  Hash: ${child.hash}`);
    console.log(`  Version: ${child.version}`);
    console.log(`  Time: ${child.time}`);
    console.log(`  Built at: ${child.builtAt}`);
    console.log('\n');
  });
};
```

```
const compiler = webpack(configurationObject);
compiler.run(callbackFunction);
```

使用陣列選項的 `webpack()` 傳回的也是傳回 `stats` 物件，但是在 `toJson()` 後，每個建置的資訊會在 `children` 內。

> 陣列的配置雖然可以同時配置多個不同的設定，但執行時還是一個一個完成，並不會同步執行，如果要同步執行，可以使用 `parallel-webpack`
> （https://github.com/trivago/parallel-webpack）來做處理。

配置 Plugins 的另一種方式

在使用 Node.js API 時，除了一般使用配置的 `plugins` 屬性設置外，還可以直接使用 `apply` 設定 Plugin：

```
// ch03-configuration/13-use-node-api/node-plugins/build.js
const webpack = require('webpack');
const CompressionPlugin = require('compression-webpack-plugin');

const compiler = webpack({});
new CompressionPlugin().apply(compiler);
compiler.run(() => {});
```

範例中使用 `apply` 設定 CompressionPlugin。

Stats 物件

Node.js API 在建置完成後會對 `callback` 傳入 `err` 及 `stats` 參數，其中的 `stats` 是個擁有建置結果資訊的 Stats 物件，在前面的例子我們有使用 `stats` 取得對應的資訊並做輸出，`stats` 有下面這些資訊：

- 基本資訊：版本、hash、執行時間…等
- 模組資訊
- Chunks 資訊
- Bundle 資訊

webpack CLI 內部就是使用 `stats` 中的資訊輸出訊息的。

≫ Stats 的方法

Stats 物件提供了幾個方法：

- `stats.hasErrors()`：如果建置有錯誤時為 `true` 否則為 `false`
- `stats.hasWarnings()`：如果建置有警告時為 `true` 否則為 `false`
- `stats.toJson(statsOptions?)`：回傳建置資訊，`option` 可以控制資訊如何輸出
- `stats.toString(statsOptions?)`：回傳預設的輸出資訊，與 CLI 輸出的資訊類似

≫ 擁有的資訊

在使用 `toJson()` 後，會取回 Stats 資料，這個資料物件會像下面這樣：

```
{
  'version': '5.0.0-alpha.6', // 此編譯使用的 webpack 版本
  'hash': '11593e3b3ac85436984a', // 此編譯的 hash 值
  'time': 2469, // 此次編譯使用的時間 (ms)
  'filteredModules': 0, // 此資訊所忽略的模組數量
  'outputPath': "/", // 此次編譯的輸出路徑
  'assetsByChunkName': {
    // 此次編譯 chunk 對應的 bundle(asset) 名稱
  },
  'assets': [
    // bundle 的清單
  ],
  'chunks': [
    // chunk 的清單
  ],
  'modules': [
    // 模組的清單
  ],
  'errors': [
    // 錯誤資訊清單
  ],
  'warnings': [
```

```
    // 警告資訊清單
  ],
  'children' : [
      // 當多個建置設定時（配置物件為陣列）的各個建置資訊
  ]
}
```

`modules`, `chunks` 及 `assets`，分別是輸入、建立中、完成時的資料都可以取得，以便使用者設置輸出資訊。

> 如果 `webpack()` 中的配置是陣列時，各個建置資訊會在 `children` 裡。

錯誤處理的方式

在 Node.js API 中，除了輸出訊息需要自己處理外，錯誤處理的方式也要自己撰寫，主要有三個層級的錯誤：

- 導致 webpack 無法執行的錯誤（例如：配置寫錯）
- 編譯錯誤（例如：缺少模組）
- 編譯時的警告

範例如下：

```js
// ch03-configuration/13-use-node-api/node-interface-error-handling/build.js
const webpack = require('webpack');

const callbackFunction = (err, stats) => {
  if (err) {
    console.log('\n-----Fatal Errors-----\n');
    console.error(err.stack || err);
    if (err.details) {
      console.error(err.details);
    }
    return;
  }

  const info = stats.toJson();

  if (stats.hasErrors()) {
```

```
    console.log('\n-----Compilation Errors-----\n');
    // 編譯過程發生錯誤
    info.errors.forEach((error) => {
      console.error(error);
    });
  }

  if (stats.hasWarnings()) {
    console.log('\n-----Compilation Warnings----\n');
    // 編譯過程發生警告
    info.warnings.forEach((warning) => {
      console.warn(warning);
    });
  }
};

const fatalError = { wrong: 'error' };
webpack(fatalError, callbackFunction);

const compilationError = { mode: 'production', entry: 'error' };
webpack(compilationError, callbackFunction);

const compilationWarning = {};
webpack(compilationWarning, callbackFunction);
```

輸出結果如下：

```
-----Fatal Errors-----
-----Compilation Errors-----
-----Compilation Warnings----
```

範例中使用三種不同的配置物件 `fatalError`、`compilationError` 與 `compilationWarning` 來製造三個層級的錯誤：

- 導致 webpack 無法執行的錯誤：因為 webpack 的配置物件中沒有 `wrong` 這個屬性而出錯。
- 編譯錯誤：因為專案中並沒有 `error` 這個模組因而出錯。
- 編譯警告：因為配置中沒有設定 `mode` 因而輸出警告。

小結

Node.js API 對於將 webpack 當作建置工具，同時也想要完全客製輸出資訊的使用者來說是較好的選擇。

Node.js API 可以使用配置物件做配置，並且搭配 `callback` 叫用函式做輸出資訊的控制。

搭配 `run` 以及 `watch` 指令控制 webpack，使用 `watch` 會監聽檔案的變化做重編譯的動作。

Node.js API 同時也支援陣列的配置物件，可以同時建置多個配置。

Plugins 在 Node.js API 中可以使用 `apply` 做設定的動作。

Stats 物件提供不同的方法以便使用者取得想要的資料，而 Stats 資料將輸入、建置中、完成時的資料都提供給使用者，以便用來輸出資訊。

掌握回呼函式中的 `err` 與 `stats` 參數使用，可以達到錯誤處理與輸出訊息的目的。

參考資料

- webpack API: Node Interface
  （https://webpack.js.org/api/node/）

- webpack API: Stats Data
  （https://webpack.js.org/api/stats/）

- webpack Configuration: Watch and WatchOptions
  （https://webpack.js.org/configuration/watch/）

- webpack Configuration: Stats
  （https://webpack.js.org/configuration/stats/）

- webpack Concepts: Plugins
  （https://webpack.js.org/concepts/plugins/#node-api）

第三章總結

使用多種不同功能的配置屬性設定理想的建置方式。

本章介紹 webpack 的各種配置屬性用法。

- 第一節說明配置物件的用法，通過特定的屬性，可以設定 webpack 中不同的建置方式，讓結果符合專案的需求。除了自己設定外，也有許多的工具可以幫助使用者產生對應需求的配置，例如 `webpack-cli` 的 `init` 指令。

- 第二節講解 `entry` 屬性的設定方式，`entry` 是用來設定入口模組的屬性，它的值可以是字串、陣列、物件或是函式。當使用字串值時，Chunk 會預設為 `main`。如果為陣列時，會將陣列中的模組都加入 `main` 中。如果為物件時，鍵值就是此 Chunk 名稱，而值就是入口模組。函式會是在需要動態載入入口時使用，例如入口為遠端資源時。

- 第三節講解 `output` 屬性的設定方式，`output` 設定輸出的方式，像是輸出的目錄以及檔名。設定時可以使用 Template String 做動態的輸出格式以符合各種需求。

- 第四節說明 `resolve` 屬性，`resolve` 的設定讓 webpack 知道要如何抓取各種模組，而模組指定的方式有三種：絕對路徑、相對路徑與模組路徑。其中模組路徑為引用第三方庫的方式，主要為了解決引入 `node_modules` 資源的麻煩。

- 第五節說明 `module` 屬性中的判斷對應模組的方式，`module` 用於設定各種模組的處理方式，其中判斷要使用何種處理方式的為判斷類的屬性，這其中有 `test`、`include`、`exclude` 等，只要符合條件就會使用設定中的處理方式，如果同時符合多條件，那他們的處理方式也都會被執行在同一個模組上，如果只想要被一種方式處理，webpack 也提供了 `oneOf` 屬性讓模組只會被一種方式處理。

- 第六節說明 `module` 中處理的相關設定，`use` 屬性設定模組的處理方式，可以同時設定多個 Loaders 來處理同種的模組。Loaders 的順序除了以預設的方式設定外，也可以使用 `enforce` 改變優先權。

- 第七節說明 `plugins` 屬性，`plugins` 使用來設置各式的 Plugins，但由於 Plugins 使用的範圍廣泛，也可以被用在其他的屬性上，像是 `optimization.minimizer` 也是設置 Plugins，而有些 Plugins 也有提供專屬的 Loaders 供使用者設定。由於 Plugins 的設定比較沒有一定的規範，因此 Plugins 的設定方式主要以各 Plugins 的說明為主。
- 第八節說明 `watch` 與 `watchOptions` 屬性，使用 `watch` 屬性決定是否開啟監控模式，而 `watchOptions` 則是決定監控的方式。
- 第九節說明 Source Map 的原理，Source Map 的目的是將編譯後的程式碼對應回原本開發時的程式碼，這樣做的好處是在發生錯誤時可以針對開發者在開發時的代碼除錯，減少除錯時的麻煩。
- 第十節說明 `devtool` 屬性，`devtool` 設定要如何產出 Source Map，不同的方式針對不同的需求設定。
- 第十一節說明 `optimization` 屬性，`optimization` 是設定輸出時針對各種效能優化的配置，像是編碼方式可以決定是要以名稱來表示還是以不同編碼的方式決定，這些會影響瀏覽器在快取時的效率。
- 第十二節說明不同種配置檔的設定方式，除了物件外，還可以用函式、Promise 與陣列的方式設定。函式可以減少重複的配置，而 Promise 是在有遠端資源需求時使用，最後的陣列則是想要同時建置多種環境時使用。
- 第十三節說明如何使用 Node.js API 執行 webpack，一般在使用 webpack 時會搭配 CLI 工具使用，CLI 幫我們處理好了輸出與錯誤處理的部分，簡化了執行的步驟。 Node.js API 則將輸出方式交給使用者決定，給予使用者更大的客製能力。

webpack 的配置屬性多樣，提供了強大的客製能力，但也因為這些大量的配置屬性用法多變，造成了學習曲線陡升，使初學者卻步。這裡盡可能使用多種範例實際演示各種屬性的效果，讓使用者更加容易學習各種屬性的使用。當我們將所有重要的屬性理解後，就可以依照自己的需求設定出期望的建置方式了。

真實世界的 Webpack

以開發時會遇到的實際情形進行 webpack 的配置示範

webpack 的配置多元，使用者可以依照需求做細微的修改以達到目的，但是對於沒有配置過 webpack 的使用者來說，面對複雜且瑣碎的配置屬性時，會因為不知從何下手而不知所措。要改善這問題，除了全面地了解各種配置的功能外，最重要的就是要汲取多方的配置經驗，藉以找出自己專案中的真正需求。

前一章中對於各個重要的配置屬性都已經對其功能做了說明，讓我們了解到配置屬性的使用方式。

在這一章中將以各式現實中會出現的需求作為背景條件，將這些配置屬性結合起來作為解決方案來介紹，這樣多屬性的配置可以讓我們更加了解屬性間的交互影響關係與搭配方式，使得在針對自己的需求做配置時會更加順手。

結束這章的學習後，我們會增加許多建置相關的背景知識，對於建置有更具體的了解，藉著這些知識讓我們可以設定出更加符合需求的配置。

使用 Webpack 開發 JavaScript 應用

說明如何配置 webpack 用來開發 JavaScript 應用程式。

webpack 可以解析 ES2015 版本的 JavaScript，並將其轉為 bundle，這是原生支援的功能，因此不需要任何的配置就可以開發 JavaScript 應用程式。

但是依照目標的瀏覽器不同，所支援的 JavaScript 語法可能會有所差別，在較舊的瀏覽器上執行（例如 IE）會無法識別新的語法而造成錯誤。

為解決這個問題，我們可以使用 Babel 處理代碼將其轉為瀏覽器中可識別的較舊版本 JavaScript。

Babel

Babel 可以將新版本的 JavaScript 語法轉為目標瀏覽器環境可識別的舊版本語法。

接著我們先不使用 webpack，單純使用 Babel 將代碼做轉換。

≫ 安裝 Babel

安裝 @babel/core 及 @babel/cli：

```
npm install @babel/core @babel/cli --save-dev
```

- @babel/core：Babel 的核心庫，用來執行 Babel
- @babel/cli：Babel 的 CLI 工具，可以下指令控制 Babel 的執行

≫ 執行 Babel

現在有個 .js 檔內容如下：

```
// ch04-real-world/01-javascript/babel-plugin/src/index.js
const add = (a, b) => {
  // ES2015: Arrow Function
  return a + b;
};


export default {
  add,
};
```

這裡使用了 ES2015 的 const 及 arrow function。

接著使用 Babel CLI 執行 Babel 的建置：

```
babel src -d dist
```

完成後我們看一下建置的 ./dist/index.js 會發現跟原本的一模一樣，這是因為 Babel 的核心庫只負責建置的流程，並沒有加上轉換的處理，這部分是屬於 Babel Plugins 的職責。

≫ 使用 Babel Plugins

現在我們幫 Babel 加上 Plugins，為了可以將 const 與 arrow function 轉為舊版本的語法我們要安裝 @babel/plugin-transform-arrow-functions 與 @babel/plugin-transform-block-scoping：

```
npm install @babel/plugin-transform-arrow-functions @babel/plugin-
transform-block-scoping --save-dev
```

- **@babel/plugin-transform-arrow-functions**：轉換 arrow function
- **@babel/plugin-transform-block-scoping**：轉換 **const**
  執行建置：

```
babel src -d dist-with-plugin --plugins=@babel/plugin-transform-arrow-
functions,@babel/plugin-transform-block-scoping
```

加上 **plugins** 參數帶入 Plugins，結果如下：

```
var add = function (a, b) {
  // ES2015: Arrow Function
  return a + b;
};

export default {
  add,
};
```

可以看到 **const** 被轉為 **var**，**(a, b) ⇒** 轉為 **function (a, b)**，
Babel 的用途就在這裡。

≫ 使用 Babel 配置檔

使用 CLI 做設定時，只要設定一多，會變得很難設定，因此 Babel 提供了
配置檔的方式做設定：

```
// ch04-real-world/01-javascript/babel-config/babel.config.js
module.exports = {
  plugins: [
    '@babel/plugin-transform-arrow-functions',
    '@babel/plugin-transform-block-scoping',
  ],
};
```

配置檔名為 `babel.config.js`，與 webpack 相同，Babel 會辨識特定的檔案（例如 `babel.config.js`）當作設定檔，並從中取得配置。

≫ 使用 Presets

每個 Plugins 都針對特定的語法處理，假設使用了其他的語法，就必須要個別加上對應的 Plugins，設定會變得相當複雜，所幸 Babel 提供了 Presets，Presets 會將多個 Plugins 包起來，供使用者引入所需的 Plugins。

這裡使用 `@babel/preset-env`：

```
npm install @babel/preset-env --save-dev
```

`@babel/preset-env` 可以依照目標環境，決定要轉換什麼語法。

現在將 `@babel/preset-env` 加到配置中：

```js
// ch04-real-world/01-javascript/babel-preset/babel.config.js
module.exports = {
  presets: ['@babel/preset-env'],
};
```

執行建置會發現除了 `const` 與 arrow function 外，還另外幫我們轉換了 `export` 的語法：

```js
'use strict';

Object.defineProperty(exports, '__esModule', {
  value: true,
});
exports['default'] = void 0;

var add = function add(a, b) {
  // ES2015: Arrow Function
  return a + b;
};

var _default = {
  add: add,
};
exports['default'] = _default;
```

≫ 使用 Browserslist

`@babel/preset-env` 預設會將 ES2015~ 的所有語法轉為 ES5 版本的語法，但使用者的目標環境瀏覽器不一定只支援 ES5 版本語法，像是 Chrome 或是 Firefox 等現代瀏覽器都已經支援較新的語法，這時可以使用 Browserslist 設定目標瀏覽器，讓 Babel 知道該以哪個環境為目標做轉換，**以減少轉換所帶來的消耗。**

建立一個 `.browserslistrc` 的檔案，Babel 會識別此檔案以做對應的轉換：

```
# ch04-real-world/01-javascript/babel-browserslist/.browserslistrc
> 5%
```

建置後會發現 `const` 與 arrow function 沒有被轉換了，這是因為目前市佔率大於 5% 的瀏覽器都已經支援這兩個語法了，因此 Babel 忽略轉換這兩個語法。

≫ 使用 Polyfill

Babel 的 Plugins 只負責轉換語法，並沒有對新的語意做解釋，這時就要藉由 Polyfill 的幫助。

我們需要引入 `core-js`：

```
npm install core-js --save
```

`core-js` 是個 Polyfill 庫，它使用原有的語法實現新的語意 features，Babel 使用它作為新語意的轉換手段。

要使用 Polyfill 需要調整設定：

```
// ch04-real-world/01-javascript/babel-polyfill/babel.config.js
module.exports = {
  presets: [
    [
      '@babel/preset-env',
      {
        useBuiltIns: 'usage',
```

```
        corejs: 3,
      },
    ],
  ],
};
```

- `useBuiltIns`：決定要如何引入 Polyfill
  - `false`：預設值，全部手動引入
  - `'entry'`：在入口 `.js` 檔中引入完整的 `core-js`，Babel 會依照環境配置取出對應的 Polyfill
  - `'usage'`：Babel 會偵測代碼，以引入對應的 Polyfill
- `corejs`：指定 `core-js` 版本

  這裡配置使用 `usage` 的方式自動引入 Polyfill。

  為了測試 Polyfill 效果，我們修改代碼加上 `addAsync`：

```javascript
// ch04-real-world/01-javascript/babel-polyfill/src/index.js
const add = (a, b) => {
  // ES2015: Arrow Function
  return a + b;
};

const addAsync = (a, b) =>
  new Promise((resolve, reject) => {
    resolve(a + b);
  });

export default {
  add,
  addAsync,
};
```

建置結果如下：

```
'use strict';

Object.defineProperty(exports, '__esModule', {
  value: true,
});
```

```
exports.default = void 0;

require('core-js/modules/es.object.to-string.js');

require('core-js/modules/es.promise.js');

var add = function add(a, b) {
  // ES2015: Arrow Function
  return a + b;
};

var addAsync = function addAsync(a, b) {
  return new Promise(function (resolve, reject) {
    resolve(a + b);
  });
};

var _default = {
  add: add,
  addAsync: addAsync,
};
exports.default = _default;
```

可以看到 `Promise()` 為 ES2015 的語意，當目標環境為 ES5 的時候，Babel 會加上 `core-js` 提供的 Polyfill 實現這個功能。

≫ 將 Babel 加到 webpack 中

Babel 與 webpack 搭配時，會使用 `babel-loader` 將 babel 引入 webpack 的建置流程中：

```js
// ch04-real-world/01-javascript/babel-webpack/webpack.config.js
module.exports = {
  module: {
    rules: [
      {
        test: /\.js$/,
        use: {
          loader: 'babel-loader',
```

```
        },
      },
    ],
  },
};
```

由於我們已經將所有的配置都拿到配置檔中（`.browserslistrc` 與 `babel.config.js`），因此 `babel-loader` 中不需再做設定。

建置後可以在 bundle 中看到，代碼已經被轉換為目標環境相容的狀態了。

小結

本文學習 Babel 的用法，在真實的環境中，雖然 webpack 可以識別 ES2015 的語法，但是瀏覽器不一定懂，因此還是需要利用 Babel 做轉換。

Babel 本身不會做任何的轉換，需要加上對應的 Plugins 才會有轉換的動作，而 Preset 可以將多個 Plugins 包起來，依照目標環境做對應的轉換。

Plugins 只會轉換語法，對於新的語意並不會轉換，這時需要藉由 `core-js` 的 Polyfill 幫助做轉換。

使用 babel-loader 引入 Babel 至 webpack 的建置流程中，讓我們在建置過程中享有 Babel 的功能。

參考資料

- VALENTINO GAGLIARDI: How babel preset-env, core-js, and browserslistrc work together
  （https://www.valentinog.com/blog/preset-env/）
- SurviveJS Webpack: Loading JavaScript
  （https://survivejs.com/webpack/loading/javascript/）
- Babel Docs: Usage Guide
  （https://babeljs.io/docs/en/usage）
- Babel Docs: Configure Babel
  （https://babeljs.io/docs/en/configuration）

- Babel Docs: Config Files
  （https://babeljs.io/docs/en/config-files）
- GitHub: browserslist/browserslist
  （https://github.com/browserslist/browserslist）

使用 Style

講述如何在 webpack 中處理 Style 樣式表。

　　Style 的語言 CSS 與 JavaScript 有著相同的問題，依照瀏覽器不同，支援程度也不相同，因此 CSS 也需要一個像是 Babel 的工具來幫助開發者將新的語法轉為舊版的語法。

PostCSS

　　PostCSS 可以將 CSS 丟給不同的 Plugins 處理，最後產生擁有 Plugins 所賦予能力的 Style。

　　現在我們來嘗試使用 PostCSS 將新語法的 CSS 轉為舊的語法（就像是 JS 的 Babel 一樣）。

≫ 安裝 PostCSS

　　首先安裝 PostCSS：

```
npm install postcss postcss-cli --save-dev
```

- `postcss`：PostCSS 的核心庫，負責建置流程
- `postcss-cli`：PostCSS 的 CLI 工具，供使用者使用 CLI 執行 PostCSS

≫ 執行 PostCSS

　　這裡建立一個 `style.css` 作為範例：

```css
/* ch04-real-world/02-style/postcss-cli-example/src/style.css */
/* https://www.w3.org/TR/css-variables-1/ */
:root {
  --demoColor: blue;
}

.demo {
  color: var(--demoColor);
}
```

範例中使用了 CSS Variables。

接著使用 CLI 執行 PostCSS：

```
postcss src/style.css --dir dist
```

- `src/style.css`：欲轉換的 `.css`
- `--dir dist`：輸出的目錄位置

   建置結果如下：

```
/* https://www.w3.org/TR/css-variables-1/ */
:root {
  --demoColor: blue;
}

.demo {
  color: var(--demoColor);
}

/*# sourceMappingURL=data:application/json;base64,eyJ2ZXJz... */
```

可以看到檔案內容除了加上 Source Map 外其他都與原本的相同，這是因為 PostCSS 本身只是個建置工具（就像是 Babel），它**沒有任何轉換的功能**，需要仰賴 PostCSS Plugins 的幫助才能轉換 CSS 代碼。

≫ 使用 postcss-preset-env 轉換代碼

現在我們想要將擁有新語法的 `.css` 內容轉為舊版本相容的語法，這時就可以藉由 PostCSS 的 `postcss-preset-env` Plugin：

```
npm install postcss-preset-env --save-dev
```

接著告訴 PostCSS 要使用此 Plugin 並執行 PostCSS：

```
postcss src/style.css --dir dist --use postcss-preset-env
```

- `--use`：設定要使用的 Plugins

執行結果如下：

```css
/* ch04-real-world/02-style/postcss-plugin/src/style.css */
/* https://www.w3.org/TR/css-variables-1/ */
:root {
  --demoColor: blue;
}

.demo {
  color: blue;
  color: var(--demoColor);
}

/*# sourceMappingURL=data:application/json;base64,eyJ2ZXJz... */
```

我們看到 `style.css` 的內容被加上了 `color: blue` 這個舊的語法，以支援沒有實現 CSS Variables 的瀏覽器。

≫ 使用配置檔設定 PostCSS

使用 CLI 設定雖然簡單，但只要配置複雜，就會變得難以維護，因此 PostCSS 提供了配置檔的方式做設定：

```js
// ch04-real-world/02-style/postcss-config/postcss.config.js
module.exports = {
  map: true,
  plugins: [require('postcss-preset-env')()],
};
```

這裡我們開啟 Source Map (`map: true`)，以及在 `plugins` 中引入 `postcss-preset-env`。

現在指令可以簡化為：

```
postcss src/style.css --dir dist
```

建置結果會與前面相同。

≫ 使用 .browserslistrc 配置目標環境

預設 `postcss-preset-env` 會將目標對象視為 Browserslist 的 `defaults` 值。

我們可以自己使用 `.browserslistrc` 做目標的調整：

```
# ch04-real-world/02-style/postcss-browserslist/.browserslistrc
> 5%
```

重新建置後會發現，變數沒有做轉換了，這是因為在範圍內的瀏覽器都已經支援 css 變數的語法。

將 CSS 載入至 Webpack 中

上面我們已經可以在開發時使用新的 Style 語法，而在編譯後變為舊語法了，現在終於要將 `.css` 引入 webpack 中了。

```
npm install postcss-loader --save-dev
```

接著配置設定：

```js
// ch04-real-world/02-style/postcss-webpack-loader/webpack.config.js
module.exports = {
  module: {
    rules: [
      {
        test: /\.css$/,
        use: [
          {
            loader: 'postcss-loader',
          },
        ],
      },
    ],
  },
};
```

我們為 `.css` 配置 `post-loader`，建置後發生下面的錯誤：

```
ERROR in ./src/style.css 2:0
Module parse failed: Unexpected token (2:0)
File was processed with these loaders:
 * ./node_modules/postcss-loader/dist/cjs.js
You may need an additional loader to handle the result of these loaders.
| /* https://www.w3.org/TR/css-variables-1/ */
> :root {
|   --demoColor: blue;
| }
 @ ./src/index.js 1:0-21

webpack 5.43.0 compiled with 1 error and 1 warning in 2342 ms
```

這是因為 PostCSS 只幫忙處理 CSS 的語法相關的轉換，並沒有將其轉為 webpack 理解的 JavaScript，為了要載入 webpack 我們需要藉由 `css-loader` 的幫助。

≫ 使用 css-loader 載入 Style 至 JavaScript 中

先安裝 `css-loader`：

```
npm install css-loader --save-dev
```

然後加進配置中：

```javascript
// ch04-real-world/02-style/postcss-css-loader/webpack.config.js
module.exports = {
  mode: 'none',
  module: {
    rules: [
      {
        test: /\.css$/,
        use: [
          {
            loader: 'css-loader',
          },
          {
            loader: 'postcss-loader',
```

```
          },
        ],
      },
    ],
  },
};
```

建置結果如下：

```
asset main.js 5.7 KiB [emitted] (name: main)
runtime modules 937 bytes 4 modules
cacheable modules 2 KiB
  ./src/index.js 22 bytes [built] [code generated]
  ./src/style.css 420 bytes [built] [code generated]
  ./node_modules/css-loader/dist/runtime/api.js 1.57 KiB [built] [code
generated]
webpack 5.36.2 compiled successfully in 1350 ms
```

可以看到 `./src/style.css` 正常的引入了，放到瀏覽器上執行時，會發現 Style 並沒有按照預期載入至 `<style>` 中，這是因為 `css-loader` 只負責解析並載入 `.css` 內容，並不負責將其載入至 Document 中。

≫ 使用 style-loader 載入 CSS 內容至 Document 中

藉由 `style-loader` 的幫助，可以幫我們嵌入 `.css` 內容至 Document 中：

```
npm install style-loader --save-dev
```

接著在配置中加上 `style-loader`：

```js
// ch04-real-world/02-style/postcss-style-loader/webpack.config.js
module.exports = {
  mode: 'none',
  module: {
    rules: [
      {
        test: /\.css$/,
        use: [
```

```
          {
            loader: 'style-loader',
          },
          {
            loader: 'css-loader',
          },
          {
            loader: 'postcss-loader',
          },
        ],
      },
    ],
  },
};
```

建置後執行，會發現 `style.css` 內容已經加到 Document 中了。

將 CSS 拆分至獨立檔案

在開發時，使用 `style-loader` 從 `.js` 檔中直接引入 Style 是足夠的，但是在開發環境時，如果樣式有問題時，嵌入的 Style 會難以除錯，這時如果可以保持獨立的 `.css` 檔的狀況下，每個 `.js` 個別引入了哪些樣式也可以識別，對於除錯是很好的幫助。這時可以借助 `mini-css-extract-plugin` 的幫助，讓我們可以將 css 獨立出來成為單一檔案由 HTML 引入。

≫ 使用 mini-css-extract-plugin

首先安裝：

```
npm install mini-css-extract-plugin --save-dev
```

接著加入配置：

```
// ch04-real-world/02-style/extract-css/webpack.config.js
const MiniCssExtractPlugin = require('mini-css-extract-plugin');
const HtmlWebpackPlugin = require('html-webpack-plugin');

module.exports = {
```

```
  mode: 'none',
  module: {
    rules: [
      {
        test: /\.css$/,
        use: [
          {
            loader: MiniCssExtractPlugin.loader,
          },
          {
            loader: 'css-loader',
          },
          {
            loader: 'postcss-loader',
          },
        ],
      },
    ],
  },
  plugins: [new HtmlWebpackPlugin(), new MiniCssExtractPlugin()],
};
```

這裡有幾點要注意：

- 不需要使用 `style-loader`，因此從中刪去
- 加入 `mini-css-extract-plugin` 的 loader 以處理 CSS
- 加入 `mini-css-extract-plugin` 產生獨立的 style 檔案
- 加入 `html-webpack-plugin` 自動引入 `.js` 與 `.css` 檔案

接著建置結果如下：

```
asset main.js 2.11 KiB [emitted] (name: main)
asset index.html 270 bytes [emitted]
asset main.css 115 bytes [emitted] (name: main)
Entrypoint main 2.23 KiB = main.css 115 bytes main.js 2.11 KiB
runtime modules 274 bytes 1 module
javascript modules 72 bytes
  ./src/index.js 22 bytes [built] [code generated]
  ./src/style.css 50 bytes [built] [code generated]
css ./node_modules/css-loader/dist/cjs.js!./node_modules/postcss-
```

```
loader/dist/cjs.js!./src/style.css 114 bytes [built] [code generated]
webpack 5.43.0 compiled successfully in 2326 ms
```

可以看到多了 `main.css` 輸出，並且 Chunk ID 與 `main.js` 相同，代表
是由相同的 Chunk `./src/index.js` 所切割出來的。

另外 `html-webpack-plugin` 建立出來的 `index.html` 中也可以看到
自動引入了 `main.css`：

```
<!DOCTYPE html>
<html>
  <head>
    <meta charset="utf-8" />
    <title>Webpack App</title>
    <meta name="viewport" content="width=device-width, initial-scale=1" />
    <script defer src="main.js"></script>
    <link href="main.css" rel="stylesheet" />
  </head>
  <body> </body>
</html>
```

這樣一來，我們就可以清楚地看到樣式的出處了。

小結

為了使用新版本的樣式語法，需要藉由 PostCSS 及其 Plugin `postcss-preset-env` 的幫助，依照 `browserslist` 的設定做對應的轉換。

webpack 中要使用 `css-loader` 將 `.css` 內容轉為 JavaScript，並還
要借助 `style-loader` 的幫助嵌入 Document 中。如果想要建立獨立的
`.css` 匯出，可以使用 `mini-css-extract-plugin`，它會依照引用的
`.js` 分割出個別的樣式表，另外再藉由 `html-webpack-plugin` 的幫助
自動引入到 HTML 中。

參考資料

- GitHub: postcss/postcss
  （https://github.com/postcss/postcss）

- postcss-preset-env
  （https://preset-env.cssdb.org/）

- GitHub: postcss/postcss-load-config
  （https://github.com/postcss/postcss-load-config）

- GitHub: browserslist/browserslist
  （https://github.com/browserslist/browserslist）

載入圖片資源
....

介紹如何使用 webpack 載入圖片資源，並對載入做最佳化處理。

　　網頁載入圖片的方式有很多，可以直接用路徑載入，或是轉為 Data URL 載入，`.svg` 格式甚至可以用內嵌的方式引進 HTML。這些載入方式都可以藉由 webpack 來達成，甚至做最佳化的處理。接下來就來講解如何使用 webpack 載入圖片資源。

使用路徑載入

　　將 `module.rule.type` 設為 `asset/resource` 時，webpack 會將載入的圖片放到輸出的路徑下，並且將引入的路徑轉為輸出的路徑。

在配置檔中加入設定：

```js
// ch04-real-world/03-image/load-image-by-path/webpack.config.js
module.exports = {
  mode: 'none',
  module: {
    rules: [
      {
        test: /\.png$/,
        type: 'asset/resource',
      },
    ],
  },
};
```

建置結果如下：

```
asset 6c80d661b822703023e4.png 24 KiB [emitted] [immutable] [from:
src/webpack-logo.png] (auxiliary name: main)
asset main.js 3.82 KiB [emitted] (name: main)
```

可以看到圖片的名字被編為 hash 並存進 `./dist` 中了。

接著來看 bundle 內容：

```
(() => {
  'use strict';
  var __webpack_modules__ = [
    ,
    (/* ... */) => {
      module.exports = __webpack_require__.p + '6c80d661b822703023e4.png';
    },
  ];
  // ...
})();
```

模組的內容已經被轉為對應的檔名了，我們只要用平常引入模組的方式使用即可：

```
// ch04-real-world/03-image/load-image-by-path/src/index.js
import WebpackLogo from './webpack-logo.png';

function logo(url) {
  const element = new Image();

  element.src = url;

  return element;
}

document.body.appendChild(logo(WebpackLogo));
```

使用 Data URL 載入圖片

圖片使用路徑載入時會需要多一次的請求以取得資源，這對於大圖片來說是可以接受的，但對於 icon 之類的小圖示，花費多次請求是浪費資源的，數量一多，會造成效能降低。

為了避免多次請求的問題，我們可以將圖片轉為 Data URL 直接寫在引用的位置中，如此一來**就不需要再次請求**了，為此我們需要將 `module.rule.type` 設為 `asset/inline`：

```
// ch04-real-world/03-image/load-image-by-url/webpack.config.js
module.exports = {
  mode: 'none',
  module: {
    rules: [
      {
        test: /\.png$/,
        type: 'asset/inline',
      },
    ],
  },
};
```

建置結果如下：

```
asset main.js 34.2 KiB [emitted] (name: main)
runtime modules 274 bytes 1 module
./src/index.js 189 bytes [built] [code generated]
./src/webpack-logo.png 32.2 KiB [built] [code generated]
webpack 5.43.0 compiled successfully in 98 ms
```

發現到圖片檔不在輸出的結果內了，但是 webpack 確實有處理 `webpack-logo.png`。

接著我們看一下 bundle 的內容：

```
(() => {
  'use strict';
  var __webpack_modules__ = [
    ,
    (module) => {
      module.exports = 'data:image/png;base64,iVBORw0K...';
    },
  ];
})();
```

可以看到圖片的內容已經被編譯為 Data URL 了，我們只需要使用平常的引入方式處理圖片就好，webpack 已經幫我們處理了細節的部分。

適時切換路徑與 Data URL 載入的方式

前面有提到大圖片還是比較合適使用路徑的引入方式，那如果我們想要依照圖片的大小改變引入的方式要怎麼做呢？為解決此問題，我們可以將 `module.rule.type` 設為 `asset`：

```js
// ch04-real-world/03-image/load-image-by-auto/webpack.config.js
module.exports = {
  mode: 'none',
  module: {
    rules: [
      {
        test: /\.png$/,
        type: 'asset',
      },
    ],
  },
};
```

設為 `asset` 後在 **8kb** 以上的資源會被視為獨立的資源，而 **8kb** 以下會被轉換為 **Data URL**。

範例中的圖片 `webpack-logo.png` 超過了 8kb，因此會被視為獨立的資源。

8kb 這個轉換基準是可以修改的，利用 `Rule.parser.dataUrlCondition.maxSize` 的設定，我們可以依照需求配置期望的基準：

```js
// ch04-real-world/03-image/load-image-by-auto-max-size/webpack.config.js
module.exports = {
  mode: 'none',
  module: {
    rules: [
      {
        test: /\.png$/,
        type: 'asset',
        parser: {
          dataUrlCondition: {
            maxSize: 36 * 1024, // 36kb
          },
```

```
        },
      },
    ],
  },
};
```

範例中將基準值設為 36kb，這大過了圖片的容量，因此會被轉換為 Data URL。

載入 SVG

SVG 格式的檔案與一般圖片不同，它們可以被視為合法的 HTML tag，因此我們可以直接將其內容嵌入 HTML 中。

當 `module.rule.type` 設為 `asset/source` 時，webpack 會直接將檔案的內容載入至代碼中：

```js
// ch04-real-world/03-image/load-svg/webpack.config.js
module.exports = {
  mode: 'none',
  module: {
    rules: [
      {
        test: /\.svg$/,
        type: 'asset/source',
      },
    ],
  },
};
```

這樣取得的 `svg` 資源就會是**未經轉換的 HTML tag** 的形式，在引入後直接遷入 `body` 就好了：

```js
// ch04-real-world/03-image/load-svg/src/index.js
import WebpackLogo from './webpack-logo.svg';

document.body.innerHTML = WebpackLogo;
```

直接將 SVG 的內容使用 `innerHTML` 填進 `body` 中就可以了。

SVG 格式的圖片在 HTML tag 的狀態下才可以被 CSS 做顏色及動畫的變化，但是也會造成無法 cache 與 HTML 佈局比較亂等問題，這些特性就要看使用者本身的取捨決定載入的方式了。

小結

下表總結三個 Loaders 的使用時機：

module.rule.type	使用時機
asset/resource	引入的圖片大小較大時
asset/inline	引入的圖片大小較小時，像是 Icon 等小圖示
asset/source	載入的圖片為 SVG 格式時

圖片在圖片較大時可以用直接引入的方式，當圖片較小時也可以轉換為 Data URL 後內嵌到在代碼中以節省請求次數，最後 SVG 可以使用 `asset/source` 保持原本 HTML tag 的形式以確保 SVG 的各個特性沒有遺失。

參考資料

- webpack Guides: Asset Modules
  （https://webpack.js.org/guides/asset-modules/）
- webpack Configuration: Module
  （https://webpack.js.org/configuration/module/#ruleparserdataurlcondition）

配置多模式專案
....

講解如何在同一專案中配置多種模式的 webpack 設定。

在開發專案時，會有兩種配置：**開發**配置及**生產**配置。開發配置專責於開發階段使用，使工程師得到像是有意義的命名模組輸出、Source Map、Hot Module Replacement 等的除錯幫助。而生產環境的配置則需要做最佳化、減少體積、切割代碼以提高快取機會等。但是這兩種環境的配置也並不完全不同，其中對於模組的載入、入口的設定等在兩個環境下是會相同的，這時要如何配置這些配置，又不會讓使用者麻煩是需要特別注意的。

為解決此問題，本文會使用函式、`webpack-merge` 及 `webpack-chain` 這三種不同的方式說明如何配置 webpack 的配置檔。

使用函式設定配置檔

在第三章第十二節的**使用 CLI 操作 webpack** 中有提到，配置檔可以用函式的方法設定，函式的參數會傳入環境變數，以此來決定各個環境下的設定。

以下面的例子說明：

```js
// ch04-real-world/04-config-setup/function/webpack.config.js
module.exports = (webpackEnv) => {
  const isEnvDevelopment = webpackEnv.development;
  const isEnvProduction = webpackEnv.production;

  return {
    mode: isEnvProduction ? 'production' : isEnvDevelopment && 'development',
    module: {
      rules: [
        {
          test: /\.js$/,
          use: {
            loader: 'babel-loader',
          },
        },
      ],
```

```
    },
  };
};
```

我們可以在函式中組成目標環境的配置並傳回，接著只要在指令中給予相應的環境變數，就可以使 webpack 依照不同的配置做建置的工作：

```
# production
webpack --env production

# development
webpack --env development
```

使用函式的好處在於只需要使用單一的配置檔，利用 JavaScript 完全控制設定的輸出，對於不同環境中各個設定不會相差太多時是個好選擇，但如果環境間差距過大，最好還是避免使用此方法。

使用 webpack-merge 合併多個配置

使用多個 webpack 配置檔設定不同環境的建置方式是最常見的做法，但大部分的配置不管差距再怎麼大，不同的環境還是會有相同的設定，為了避免重複的配置，開發者可以合併多個配置檔的內容。

試想你有下面這些配置檔：

```
root
├─ /config
  ├─ /webpack.base.conf.js
  ├─ /webpack.dev.conf.js
  ├─ /webpack.prod.conf.js
```

你可能會想說使用 `Object.assign()` 或是 Spread Operator 做合併，但由於 webpack 配置屬於多層結構，並且配置的順序也有其特定的規則，因此盡量避免使用這樣的方式做設定的合併處理。

為了安全的合併配置檔內容，我們可以借助 `webpack-merge` 的幫助，它是專門為了合併 webpack 配置而開發的，可以完美的組合多個配置檔。

以上面的例子來看，基底配置（`webpack.base.conf.js`）設定了關於模組的載入：

```
// ch04-real-world/04-config-setup/merge/config/webpack.base.conf.js
module.exports = {
  module: {
    rules: [
      {
        test: /\.js$/,
        use: {
          loader: 'babel-loader',
        },
      },
    ],
  },
};
```

而在開發（`webpack.dev.conf.js`）及生產配置（`webpack.prod.conf.js`）中使用 `webpack-merge` 與基底配置做合併：

```
// ch04-real-world/04-config-setup/merge/config/webpack.dev.conf.js
const { merge } = require('webpack-merge');
const baseWebpackConfig = require('./webpack.base.conf');

module.exports = merge(baseWebpackConfig, {
  mode: 'development',
});
```

```
// ch04-real-world/04-config-setup/merge/config/webpack.prod.conf.js
const { merge } = require('webpack-merge');
const baseWebpackConfig = require('./webpack.base.conf');

module.exports = merge(baseWebpackConfig, {
  mode: 'production',
});
```

接著在執行的時候針對不同的環境，選取不同的配置檔：

```
# production
webpack --config config/webpack.prod.conf.js
```

```
# development
webpack --config config/webpack.dev.conf.js
```

這樣的配置方式可以清楚的拆分各個不同的配置，對於專案中不同環境會有多種不同配置的情況十分的有用，開發者也能做很好的配置。

使用 webpack-chain 擴充配置

`webpack-merge` 足以應付大部分的需求，但是對於想要修改本來的規則時，例如說修改 `babel-loader` 中的 `options` 這樣細部的變動，使用 `webpack-merge` 時必須將整個 `babel-loader` 的規則重寫一遍，其中可能大部分的 `options` 都是相同的，這使得重複的代碼產生。

需要這類細部的變動時可以使用 `webpack-chain` 來達成，它使用鏈式 (chain) 設計 API，用這些 API 我們可以產生合法的 webpack 配置，也可以使用 API 定位各個設定並做指定的修改。

現在我們修改範例 `ch04-real-world/04-config-setup/merge` 的基底配置：

```js
// ch04-real-world/04-config-setup/chain/config/webpack.base.conf.js
const WebpackConfig = require('webpack-chain');

const webpackConfig = new WebpackConfig();

webpackConfig.module
  .rule('js')
  .test(/\.js$/)
  .use('babel')
  .loader('babel-loader');

module.exports = webpackConfig;
```

在基底配置中我們設定了 `babel-loader`，其中可以看到 `webpack-chain` 可以將各個設定做命名的動作：

- `.rule('js')`：將此 `rule` 命名為 `js`
- `.use('babel')`：將此 `use(loaders)` 命名為 `babel`

接下來在開發及生產配置檔中就可以依照這些名字對應至想要修改的規則：

```js
// ch04-real-world/04-config-setup/chain/config/webpack.prod.conf.js
const webpackConfig = require('./webpack.base.conf');

webpackConfig.module
  .rule('js')
  .use('babel')
  .loader('babel-loader')
  .tap((options) => options);

webpackConfig.mode('production');

module.exports = webpackConfig.toConfig();
```

```js
// ch04-real-world/04-config-setup/chain/config/webpack.dev.conf.js
const webpackConfig = require('./webpack.base.conf');

webpackConfig.module
  .rule('js')
  .use('babel')
  .loader('babel-loader')
  .tap((options) => options);

webpackConfig.mode('development');

module.exports = webpackConfig.toConfig();
```

- `tap()`：callback 中會傳入之前設定選項 `options`，修改後當作 callback 的回傳值即可改變設定
- `toConfig()`：當要輸出為合法的 webpack 配置物件時，使用此函式

`webpack-chain` 使用鏈式 API 讓使用者可以完全控制並修改原有配置的所有細節，對於需要最高精細度修改的使用者來說非常合適。

小結

本文介紹了三種設定方式，各個特色如下表所示：

方式	優	缺	例子
function	設定手法簡單、擁有極高的控制能力	設定在單一檔案中，配置混亂	facebook/create-react-app
`webpack-merge`	設定手法簡單、高可讀性	控制精細度較低	vuejs-templates/webpack
`webpack-chain`	鏈式 API、控制精細度極高	配置方式非原生，必須額外學習	Vue CLI

參考資料

- GitHub: facebook/create-react-app
  （https://github.com/facebook/create-react-app）

- GitHub: survivejs/webpack-merge
  （https://github.com/survivejs/webpack-merge）

- GitHub: vuejs-templates/webpack
  （https://github.com/vuejs-templates/webpack）

- GitHub: neutrinojs/webpack-chain
  （https://github.com/neutrinojs/webpack-chain）

- Vue CLI: Working with Webpack # Chaining (Advanced)
  （https://cli.vuejs.org/guide/webpack.html#chaining-advanced）

Module Federation

本節介紹 Module Federation 用途與使用方式。

Module Federation 是個可以讓多個 webpack 建置的專案在一起運作的技術。它可以藉由少許的限制，在專案獨立的狀態下，將各個專案合併視為一個大型的相依關係，藉以從其他專案中取得資源。

動機

以前會將整個系統的程式都放在同一個專案下。隨著專案規模的增大，單一專案的方式就顯得肥大，只改一個小地方就需要整個系統重新部署，造成時間上的浪費。這時我們會將不同的子系統分為不同的專案來解決這個問題。

分為不同專案後依然會有許多的程式是可以共用，我們可以將這些多個專案利用 Module Federation 連結在一起做使用。

專案類型

在 Module Federation 的架構下，會依照專案的性質將專案分類，分為 Host 與 Remote 兩種。

使用其他專案資源的專案稱為 Host，而**提供其他專案資源的專案則被稱為 Remote**。

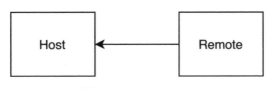

圖 4-1　host-module

分享的是 Module

通常需要共享的程式只是專案的一部分，如果為了共用而請求整個專案程式，反而會降低效能，Module Federation 可以讓使用者只**共享專案的其中一部分模組**以避免請求不需要的資源造成浪費。

ModuleFederationPlugin

webpack 使用 ModuleFederationPlugin 提供 Module Federation 的功能。

接下來舉個例子說明 ModuleFederationPlugin 的使用方式。

首先看到目錄結構：

```
host-and-remote
├ /host
  ├ /src
    ├ bootstrap.js
    ├ index.js
    ├ name.js
  ├ package.json
  ├ webpack.config.js
├ /remote
  ├ /src
    ├ bootstrap.js
    ├ index.js
    ├ name.js
  ├ package.json
  ├ webpack.config.js
```

有兩個專案 host 與 remote，這兩個相似的專案中有幾點不同：

- 專案 host 的 name.js 導出 host，專案 remote 的 name.js 導出 remote
- 專案 host 的 bootstrap.js 取用專案 remote 的 name.js 資源
- 專案 host 的 port 為 3001，而專案 remote 是 3002。

接著我們觀察 remote 專案的配置為：

```js
// ch04-real-world/05-module-federation/host-and-remote/remote/
// webpack.config.js
const { ModuleFederationPlugin } = require('webpack').container;
// ...
module.exports = {
  // ...
  plugins: [
    new ModuleFederationPlugin({
      name: 'app_remote',
      filename: 'remoteEntry.js',
```

```
    exposes: {
      './name': './src/name.js',
    },
  }),
  // ...
  ],
};
```

- 將此專案的對外名稱設為 `app_remote`
- 對外的資源名稱設為 `remoteEntry.js`
- 對外導出 `./src/name.js`，它於資源中的相對路徑為 `./name`

  另一個專案 `host` 的 `webpack.config.js`：

```
// ch04-real-world/05-module-federation/host-and-remote/host/webpack.config.js
const { ModuleFederationPlugin } = require('webpack').container;
// ...
module.exports = {
  // ...
  plugins: [
    new ModuleFederationPlugin({
      name: 'app_host',
      remotes: {
        app_remote: 'app_remote@http://localhost:3002/remoteEntry.js',
      },
    }),
    // ...
  ],
};
```

我們設置了 ModuleFederationPlugin：

- 將此專案的對外名稱設為 `app_host`
- 設定遠端資源 `app_remote`：將專案名稱為 `app_remote` 且入口是 `http://localhost:3002/remoteEntry.js`

  要引入 remote 資源時直接使用 `remotes` 中所設定的資源名稱加上想要取得的模組路徑：

```
// ch04-real-world/05-module-federation/host-and-remote/host/src/bootstrap.js
```

```
import remoteName from 'app_remote/name';
import name from './name.js';

const div = document.createElement('div');
div.innerHTML = `Hello, ${name} and ${remoteName}!`;
document.body.appendChild(div);
```

這樣一來就可以使用 remote 專案中的模組資源了。

依照專案實作方式，一個專案有可能**同時為 Host 與 Remote** 兩種。

小結

現在的專案越切越細，方向朝著 Micro Frontend 走去，而如何在多個專案中調配資源，就變成一個非常重要的課題。

Module Federation 可以讓多個 webpack 建置的專案互相引用，活用 Host 與 Remote 的設定，可以將專案拆分並讓整個調配更加的靈活。

參考資料

- Module Federation: Getting Started With Federated Modules（https://module-federation.github.io/blog/get-started）

- DEV: Webpack 5 and Module Federation - A Microfrontend Revolution（https://dev.to/marais/webpack-5-and-module-federation-4j1i）

- webpack Blog: Webpack 5 release (2020-10-10)（https://webpack.js.org/blog/2020-10-10-webpack-5-release/#module-federation）

- webpack Plugins: ModuleFederationPlugin（https://webpack.js.org/plugins/module-federation-plugin/）

- webpack Concepts: Module Federation（https://webpack.js.org/concepts/module-federation/）

- GitHub: module-federation/module-federation-examples（https://github.com/module-federation/module-federation-examples）

- GitHub: webpack/webpack
  （https://github.com/webpack/webpack/blob/a87dba421a245f672027493af
  0760f2a1826fac9/lib/container/ModuleFederationPlugin.js）

- BetterProgramming: Micro Frontends Using Webpack 5 Module Federation
  （https://betterprogramming.pub/micro-frontends-using-webpack-5-module-
  federation-3b97ffb22a0d）

第四章總結
. . . .

使用多種配置與工具達成理想的建置模式。

本章以現實世界會有的場景介紹各種配置方式。

- 第一節說明如何在建置時處理 JavaScript 代碼，利用 Babel 與 preset 和 polyfill 的搭配，我們可以在不考慮目標環境的支援度下，使用最新的語法，藉以加快開發的速率。

- 第二節介紹如何在建置時處理 Style，利用 PostCSS 與其 Plugin 加上 Browserlist 的幫助，可以將最新的語法轉變為目標環境可以運作的舊語法。而在 webpack 中引入 CSS 時，可以依照需求選擇要與 Bundle 包在一起，還是要將資源轉為獨立的檔案。

- 第三節介紹如何在建置時處理圖片，利用 Asset Modules 的設定，可以選擇資源要使用內嵌、獨立或是依照容量決定的方式處理資源，而 SVG 資源則可以不經轉換直接遷入 HTML tag。

- 第四節介紹在實際情況中的配置可能會很複雜，這時可以利用函式、`webpack-merge` 或是 `webpack-chain` 的幫忙做更靈活的配置。

- 第五節介紹 Module Federation，這技術可以使多個 webpack build 的專案一起執行，成為同一個相依關係。取用別的專案資源的叫做 Host，而提供資源的專案叫做 Remote，藉由這兩個的搭配，可以讓多專案的系統架構共用模組。

實際的運用場景十分多樣，這裡介紹的都是比較常見的運用場景，在實際學習本章後，除了對於各種場景的背景知識的認識外，也可以了解到建置專案除了依靠 webpack 本身的功能外，還可以引入許多第三方的資源來幫助我們建構各種解決方案。

使用 Webpack
優化環境體驗

開發環境減少重新載入時的麻煩,生產環境降低請求的
時間消耗

雖然 webpack 有預設的 `development` 與 `production` 模式供使用者依照自己的需求做配置，但預設的設定只能在大方向上做環境體驗的優化，如果要最大化的提升效能，還是需要使用者自己做配置。

在這一章中，將會各別介紹在不同環境下的優化方式。開發環境中時常因為源碼的改變而需要重新建置並重新整理頁面以檢查輸出的效果，因此在無法避免大量重載動作的情況下，開發環境的優化方向會朝向**自動重載**與**減少重載時間**的方向進行。而生產環境中所遭遇的問題會是請求時所需等待的時間，時間越長，效能就越差，因此優化方向會朝盡可能地**減少等待時間**、**增加快取**的比例方向去做。

結束這章的學習後，我們可以依照各專案與各環境的需求去做出對應的最佳化處理，讓專案可以提供最佳的服務。

建立 Webpack 開發環境

使用 webpack 建立大型專案的開發環境。

在做一件事時，第一要務就是要把環境弄得舒適，只有舒適的環境，我們才能有好的產出。開發程式的第一件事也是如此，本文會講解如何使用 webpack 創造出舒適有效率的開發環境，增加開發者的效率。

使用 development 模式

將 `mode` 設置為 `development`，指示 webpack 開啟開發模式：

```js
// ch05-optimization/01-development/development-mode/webpack.config.js
module.exports = {
  mode: 'development',
};
```

`development` 模式下，會以開發者的便利性為第一要務來進行建置，各種 Chunk 或 Module 的名稱會變為可讀性高的路徑，使開發者可以更容易讀懂建置後的程式碼。

使用 Source Map

由於 webpack 會將多個檔案合併，因此實際在瀏覽器上執行的會與原來開發者所撰寫的代碼有所不同這時會造成 Debug 的困難。

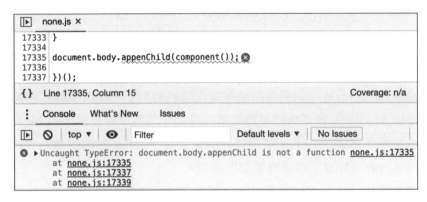

圖 5-1　沒有 Source Map

可以看到上面沒有使用 Source Map 時瀏覽器會直接拿 bundle 的內容檔做除錯的依據，這對於除錯來說非常的困難。

現在我們在配置中加入 `devtool` 設置 Source Map：

```js
// ch05-optimization/01-development/source-map/webpack.config.js
module.exports = {
  // ...
  devtool: 'inline-source-map',
};
```

現在再看瀏覽器的 Dev Tool 中的報錯及代碼內容：

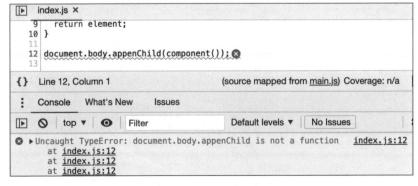

圖 5-2　有 Source Map

瀏覽器識別了 Source Map 的內容，將代碼對應回了開發時撰寫的內容，使除錯更加方便。

> 關於 Source Map 可以參考第三章第九節的 **Source Map**，而 `devtool` 的使用可以參考第三章第十節的 **Dev Tool**。

使用 Dev Server

　　到這裡，我們已經可以開發時期掌握代碼的動向了，藉由 `development` 模式輸出 Modules 與 Chunks 的名稱，我們可以看懂建置出來的 bundle 組成。也利用了 Source Map 將除錯時的對象從 bundle 檔內容轉為我們所撰寫的代碼內容，除錯已經沒有阻礙了。

　　但在開發時，我們常常需要觀察代碼的成果，這使我們必須啟動測試的伺服器，並反覆建置修改伺服器中檔案的內容，以此來看到結果，這麻煩的建置流程使開發效率降低。

　　這裡我們使用 `webpack-dev-server` 開啟伺服器並開啟監聽模式。

　　首先先下載 `webpack-dev-server`：

```
npm install webpack-dev-server --save-dev
```

　　將指令換為 `webpack serve`：

```
webpack serve
```

　　接著修改 `webpack.config.js`：

```js
// ch05-optimization/01-development/dev-server/webpack.config.js
const path = require('path');

module.exports = {
  // ...
  devServer: {
    contentBase: path.resolve(__dirname, './dist'),
  },
};
```

contentBase 設定 Dev Server 要以哪個目錄為伺服器的根目錄，由於 index.html 在 ./dist 目錄中，因此修改 contentBase 的設定。

執行後可以看到 Dev Server 已經跑在 http://localhost:8080：

```
i 「wds」: Project is running at http://localhost:8082/
i 「wds」: webpack output is served from /
i 「wds」: Content not from webpack is served from /Users/PeterChen/
Documents/code/book-webpack/examples/v5/ch05-optimization/01-
development/dev-server/dist
```

試著修改代碼，可以看到瀏覽器自動的更新了。

> 這裡可以注意 Dev Server 在跑的時候，不會在實際的 ./dist 資料夾中產
> 生 bundle，它會將產生的檔案存於 memory 中。

使用 html-webpack-plugin 產生 index.html

前面的例子中 index.html 是個靜態檔，這樣會有下面的問題：

- 需要我們自己知道 bundle 檔的目錄及檔名，才能在 index.html 中正確的載入 bundle。
- 需要跟 Dev Server 說 index.html 在哪個目錄中，才能在正確位置啟動伺服器。

為了避免這些問題，我們可以用 html-webpack-plugin 這個插件自動建立 index.html。

首先安裝：

```
npm install html-webpack-plugin --save-dev
```

然後在配置檔中刪除 contentBase，並且加上 html-webpack-plugin 設定：

```
// ch05-optimization/01-development/auto-create-html/webpack.config.js
const HtmlWebpackPlugin = require('html-webpack-plugin');

module.exports = {
```

```
  // ...
- devServer: {
-   contentBase: path.resolve(__dirname, './dist'),
- },
+ plugins: [new HtmlWebpackPlugin()],
};
```

`html-webpack-plugin` 預設會產生 index.html 並且將引入 bundle 的 `<script>` 加到 html 檔案中。

如此一來，我們就可以刪除 `./dist/index.html` 了，並且因為沒有靜態資源，Dev Server 也可以不用設定 `contentBase`。執行後可以看到跟預期一樣的顯示結果了。

配置改變時自動重新建置

由於 Dev Server 的監聽範圍僅限專案的內容，並不包括其他的檔案，因此在上節加上 `html-webpack-plugin` 的時候，我們修改了 `webpack.config.js`，但是並不會重新建置。

這時就需要 `nodemon` 的幫助，這是一個可以偵測 node.js 程式並自動重載的工具，首先先安裝：

```
npm install nodemon --save-dev
```

接著修改指令：

```
nodemon --watch webpack.config.js --exec npx webpack serve
```

我們配置 `nodemon` 去監看 `webpack.config.js`，只要發生變化，就重新啟動 Dev Server，如此一來，就不用在配置改變時手動重啟 Dev Server 了。

模組熱替換 Hot Module Replacement

前面的例子雖然在修改檔案後會更新瀏覽器，但如果只是一小部分的修改，就讓整個網頁重整，會消耗不必要的資源，因此 Dev Server 提供了模組熱替換的功能，它能在**不重整整個網頁的情況下**，更新一小部分的內容。

首先要開啟 `devServer.hot`：

```
// ch05-optimization/01-development/hmr/webpack.config.js
// ...

module.exports = {
  // ...
  devServer: {
    hot: true,
  },
};
```

接著在 `index.js` 偵測 `demoName.js` 的修改：

```
// ch05-optimization/01-development/hmr/src/index.js
import _ from 'lodash';
import demoName from './demoName';

function component() {
  const element = document.createElement('div');

  element.innerHTML = _.join(['Hello', ', ', demoName, '!'], '');

  return element;
}

let element = component();

document.body.appendChild(element);

if (module.hot) {
  module.hot.accept('./demoName', function () {
    console.log('Accepting the updated demoName module!');
    console.log(demoName);

    document.body.removeChild(element);

    element = component();

    document.body.appendChild(element);
  });
}
```

這裡偵測 `./demoName`，只要更新了，就在 console 輸出 `demoName` 新的內容。

結果如下：

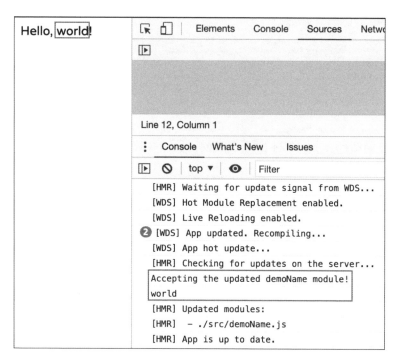

圖 5-3　使用 HMR 後的輸出訊息

我們將 `demoName` 的內容改為 `world`，在畫面沒有重新整理的情況下，可以看到 Console 中輸出了新的內容。

這就是使用了 HMR 後的效果，與第二章第七節的**使用 Dev Server** 中介紹的一樣，不同之處在於現在是自己實作了 HMR 的機制。

要自制 HMR 機制有三個步驟：

- 使用 `module.hot` 確認開啟 HMR
- 使用 `module.hot.accept` 註冊要重載的模組
- 使用 `module.hot.accept` 中的回呼函式實現重載功能

要自己處理模組熱替換是很複雜的，就像上面的例子一樣，還要自己手動處理顯示的部分，還好大部分的資源在 Loaders 的幫助下會幫自動處理掉熱替換的程序，像是 vue-loader 支援 `.vue` 檔的熱替換，而 `style-loader` 可以處理 Style 的部分。

小結

開發環境對於工程師是非常重要的，如何使用 webpack 建立舒適的開發環境是很重要的課題。

本文利用 development 模式開啟開發模式，讓 Modules 與 Chunks 輸出名稱，並使用 Source Map 讓除錯目標可以維持原本的代碼，而 Dev Server 帶給我們監聽模式與測試伺服器的配置，熱替換使用我們在整頁更新的基礎下做更微小的更新，增加開發上的效率。

參考資料

- webpack Concepts: Hot Module Replacement
  （https://webpack.js.org/concepts/hot-module-replacement/）
- webpack Guides: Hot Module Replacement
  （https://webpack.js.org/guides/hot-module-replacement/）
- webpack Guides: Development
  （https://webpack.js.org/guides/development/）
- nodemon
  （https://nodemon.io/）
- GitHub: webpack-dev-server - Restart after config change #440
  （https://github.com/webpack/webpack-dev-server/issues/440#issuecomment-205757892）

建立 Webpack 生產環境 - 減小體積

講述使用 webpack 建立生產環境中代碼減少體積的優化方式。

在真正的產品環境時，能將代碼的容量縮小，減少請求的時間，是開發者的目標之一。 webpack 可以在依照設定對代碼做壓縮、減少等處理，以達到優化的目的。

開啟 production 模式

webpack 使用模式 `mode` 來設定預設的最佳化配置，當目標環境為生產模式時，我們可以將 `mode` 設為 `production`，下面的配置輸出 `none` 與 `production` 的 bundle 供比較：

```js
// ./demos/production-mode/webpack.config.js
module.exports = ['none', 'production'].map((mode) => ({
  mode,
  output: {
    filename: `${mode}.js`,
  },
}));
```

建置結果如下：

```
asset none.js 106 bytes [emitted] (name: main)
./src/index.js 22 bytes [built] [code generated]
webpack 5.43.0 compiled successfully in 95 ms

asset production.js 21 bytes [emitted] [minimized] (name: main)
./src/index.js 22 bytes [built] [code generated]
webpack 5.43.0 compiled successfully in 163 ms
```

可以看到在沒有最佳化的狀態下（ `none` ）的 bundle 容量大於 `production` 模式下的最佳化處理很多。

`production` 模式做了許多優化的處理：

■ 使用 `terser` 壓縮代碼

- 設定 `process.env.NODE_ENV` 為 `production`
- Tree Shaking
- Module Concatenation

webpack 的 `production` 模式已經將大部分減少體積的優化做好了，接下來本節會討論各個減少體積的策略與方法，配合 `production` 模式可以達到事半功倍的效果。

縮小 JavaScript 的體積

webpack 提供了 `optimization.minimize` 與 `optimization.minimizer` 配置供使用者設定**是否啟用最小化**以及**如何處理最小化**。

預設的 `minimizer` 是使用 `terser-webpack-plugin` 做最小化的處理，而 `minimize` 在 `production` 模式下預設是開啟的，你也可以手動開啟：

```js
// ch05-optimization/02-production-minimize/optimization-minimize/
webpack.config.js
const TerserWebpackPlugin = require('terser-webpack-plugin');
const { ESBuildMinifyPlugin } = require('esbuild-loader');

module.exports = [
  { name: 'terser', plugin: TerserWebpackPlugin },
  { name: 'esbuild', plugin: ESBuildMinifyPlugin },
].map((minimizer) => ({
  mode: 'none',
  output: {
    filename: `${minimizer.name}.js`,
  },
  optimization: {
    minimize: true,
    minimizer: [new minimizer.plugin()],
  },
}));
```

這裡使用了 webpack 預設的 terser 與 esbuild 的 Minify 輸出個別的 bundle。大家可以觀察看哪個比較合適你。

善用環境變數

不僅是在 webpack 的配置中，在專案的代碼中，我們也有需要判斷是在哪個環境下而做不同的處理，例如在不同模式下要顯示不同的 Log：

```
// ch05-optimization/02-production-minimize/optimization-node-env/src/
index.js
if (process.env.NODE_ENV === 'production') {
  console.log('production');
}
if (process.env.NODE_ENV === 'development') {
  console.log('development');
}
```

配置如下：

```
// ch05-optimization/02-production-minimize/optimization-node-env/
webpack.config.js
module.exports = {
  mode: 'none',
  optimization: {
    nodeEnv: 'production',
    minimize: true,
  },
};
```

- `nodeEnv` 設為 `production`，因此 `process.env.NODE_ENV = 'production'`
- 開啟 `minimize`

  如此一來上面的 `index.js` 會被 webpack 視為：

```
if ('production' === 'production') {
  console.log('production');
}
if ('production' === 'development') {
  console.log('development');
}
```

`minimizer`（預設是 terser）會將沒有使用到的代碼（dead code）刪除，所以建置結果會如下：

```
console.log('production');
```

直接剩下一行 `console.log('production')`，大大減少了容量。

`optimization.nodeEnv` 在 `development` 及 `production` 模式下會被預設同為模式名稱。

Tree Shaking

Tree Shaking 的意思是將檔案內容中不會執行到的代碼刪去的動作。這樣技巧需要依照 ES Module 的架構（`import`、`export`），因此在建置時請將模組建置為 ES Module 使 webpack 可以做 Tree Shaking 的處理。

像是引入了一個模組，但我們只有使用到部分的物件，這時如果開啟 `optimization.usedExports` 時，webpack 會幫忙分析物件是否有使用到，如果沒有的話，雖然保留了代碼，但不將其匯出。

而 `optimization.sideEffects` 啟用時，會去判斷模組的 `package.json` 中的 `sideEffects` 是否為 `false`，如果是 `false` 的話，則會完全將未使用的物件從 bundle 中去除。

相關的範例可以參考第三章第十一節 **最佳化 Optimization** 中介紹的 `usedExports` 與 `sideEffects`。

Module Concatenation

webpack 預設會將每個模組分塊包至 bundle 中，這樣會增加分裝的代碼，但有時其實是可以將其合併為單一模組的。

因此在開啟 `optimization.concatenateModules` 的狀態下，webpack 會檢查是否有機會合併 Module，以減少代碼量。

`concatenateModules` 的詳細說明在第三章第十一節 **最佳化 Optimization** 中有介紹。

縮小 CSS 的體積

與 JavaScript 一樣，CSS 也可以縮小體積來增加效能，這裡要借助 PostCSS 與 `cssnano` 的幫助：

```
npm install postcss postcss-loader cssnano --save-dev
```

接著配置如下：

```js
// ch05-optimization/02-production-minimize/css-minimize/webpack.config.js
module.exports = [false, true].map((isProcessByPostCSS) => ({
  mode: 'none',
  output: {
    filename: `${isProcessByPostCSS}.js`,
  },
  module: {
    rules: [
      {
        test: /\.css$/,
        use: ['style-loader', 'css-loader', 'postcss-loader'].filter((loader) =>
          loader === 'postcss-loader' ? isProcessByPostCSS : true
        ),
      },
    ],
  },
}));
```

配置中也將未壓縮的配置一同輸出，讓我們做個比較。

記得要設置 `postcss.config.js`：

```js
// ch05-optimization/02-production-minimize/css-minimize/postcss.config.js
module.exports = {
  plugins: [require('cssnano')()],
};
```

這裡配置 `cssnano` 的 Plugin，建置後我們看一下 bundle 的內容：

```
-___CSS_LOADER_EXPORT___.push([module.id, ".hello {\n  color: blue;\n}\n", ""]);
+___CSS_LOADER_EXPORT___.push([module.id, ".hello{color:blue}", ""]);
```

可以看到加上 `cssnano` 處理過的 `.css` 內容換行及空白都沒了。

`postcss-loader` 與 `cssnano` 配合的壓縮方式也一樣適用在 extract css 上：

```js
// ch05-optimization/02-production-minimize/extract-css-minimize/
// webpack.config.js
const MiniCssExtractPlugin = require('mini-css-extract-plugin');

module.exports = [false, true].map((isProcessByPostCSS) => ({
  mode: 'none',
  output: {
    filename: `${isProcessByPostCSS}.js`,
  },
  module: {
    rules: [
      {
        test: /\.css$/,
        use: [
          MiniCssExtractPlugin.loader,
          'css-loader',
          'postcss-loader',
        ].filter((loader) =>
          loader === 'postcss-loader' ? isProcessByPostCSS : true
        ),
      },
    ],
  },
  plugins: [
    new MiniCssExtractPlugin({
      filename: `${isProcessByPostCSS}.css`,
    }),
  ],
}));
```

所以如果本身專案就有使用 PostCSS 的，可以直接使用此法，如果沒用 PostCSS 的話可以另外考慮使用 `css-minimizer-webpack-plugin`（實際設定可以參考 `ch05-optimization/02-production-minimize/extract-css-minimize/webpack.config.plugin.js`）。

減少 Image 的大小

在第四章第三節**載入圖片資源**中有提到如何載入圖片，現在我們要使用 `image-webpack-loader` 來壓縮圖片：

```
npm install image-webpack-loader --save-dev
```

我們使用 `image-webpack-loader`：

```js
// ch05-optimization/02-production-minimize/minify-image/webpack.config.js
module.exports = [false, true].map((isCompress) => ({
  mode: 'none',
  output: {
    filename: `${isCompress}.js`,
  },
  module: {
    rules: [
      {
        test: /\.png$/,
        use: ['image-webpack-loader'].filter((entry) =>
          entry === 'image-webpack-loader' ? isCompress : true
        ),
        type: 'asset',
        parser: {
          dataUrlCondition: {
            maxSize: 0,
          },
        },
      },
    ],
  },
  stats: {
    modules: false,
  },
}));
```

`parser.dataUrlCondition.maxSize` 因為壓縮後有可能低於 `maxSize` 而變為 Data URL，為了有個明確的比較，因此設為 0。

結果如下：

```
asset false.js 537 KiB [emitted] (name: main)
asset 6c80d661b822703023e4.png 24 KiB [emitted] [immutable] [from:
src/webpack-logo.png] (auxiliary name: main)
webpack 5.44.0 compiled successfully in 878 ms


asset true.js 537 KiB [emitted] (name: main)
asset 62042732910a7c484c22.png 8.15 KiB [emitted] [immutable] [from:
src/webpack-logo.png] (auxiliary name: main)
webpack 5.44.0 compiled successfully in 1212 ms
```

可以看到經由 `image-webpack-loader` 壓縮後的圖片比原圖小。

> 除了 `image-webpack-loader` 外，使用 `image-minimizer-webpack-plugin` 也是一種壓縮圖片的方法，配置可以參考 `examples/v5/ch05-optimization/02-production-minimize/minify-image/webpack.config.plugin.js`。

≫ 處理 SVG 時

在轉為 Data URL 時會經過 Base64 的編碼，但是 SVG 並不需要 Base64 編碼，而且編碼反而會造成 SVG 變大，因此在處理 SVG 時請使用 `mini-svg-data-uri` 當作 `generator`：

```js
// ch05-optimization/02-production-minimize/minify-svg/webpack.config.js
const svgToMiniDataURI = require('mini-svg-data-uri');

module.exports = [false, true].map((isCompress) => ({
  mode: 'none',
  output: {
    filename: `${isCompress}.js`,
  },
  module: {
    rules: [
      {
        test: /\.svg$/,
        use: ['image-webpack-loader'],
```

```
      type: 'asset',
      generator: {
        dataUrl: isCompress
          ? (content) => {
              content = content.toString();
              return svgToMiniDataURI(content);
            }
          : {},
      },
      parser: {
        dataUrlCondition: {
          maxSize: 10 * 1024,
        },
      },
    },
  ],
},
})));
```

看一下 bundle 的比較：

```
-module.exports = "data:image/svg+xml;base64,PHN2ZyB4...
+module.exports = "data:image/svg+xml,%3csvg xmlns='http://www.
w3.org/2000/svg'...
```

可以看到原本使用 Base64 編碼，而使用 `mini-svg-data-uri` 後圖片依然保持 SVG 原本的內容。

小結

webpack 在 `production` 模式下已經對 JavaScript 做了減小體積的處理，而 CSS 與 Image 可以個別使用 loaders 做優化的處理。

參考資料

- Decrease Front-end Size
  （https://developers.google.com/web/fundamentals/performance/webpack/
  decrease-frontend-size）

- SurviveJS Webpack: Minifying
  （https://survivejs.com/webpack/optimizing/minifying/）

- webpack Configuration – Optimization
  （https://webpack.js.org/configuration/optimization）

- webpack Plugins: TerserWebpackPlugin
  （https://webpack.js.org/plugins/terser-webpack-plugin/）

- webpack Guides: Production
  （https://webpack.js.org/guides/production/）

- webpack Guides: Tree Shaking
  （https://webpack.js.org/guides/tree-shaking/）

- GitHub: webpack-contrib/css-loader
  （https://github.com/webpack-contrib/css-loader）

- CSSNANO
  （https://cssnano.co/）

- GitHub: NMFR/optimize-css-assets-webpack-plugin （https://github.com/
  NMFR/optimize-css-assets-webpack-plugin）

- webpack Plugins: MiniCssExtractPlugin
  （https://webpack.js.org/plugins/mini-css-extract-plugin/）

- webpack Configuration: Module
  （https://webpack.js.org/configuration/module/#rulegenerator）

- webpack Guides: Asset Modules
  （https://webpack.js.org/guides/asset-modules/#custom-data-uri-generator）

- GitHub: webpack-contrib/image-minimizer-webpack-plugin
  （https://github.com/webpack-contrib/image-minimizer-webpack-plugin）

- GitHub: tigt/mini-svg-data-uri
  （https://github.com/tigt/mini-svg-data-uri）

建立 Webpack 生產環境 - 切割代碼

講述如何在生產環境中適當的切割代碼，讓應用程式提升效能。

　　webpack 會將從 `entry` 模組開始的所有相依模組都輸出到同一個 bundle 中，這樣的做法雖然可以減少瀏覽器對伺服器的請求次數，但只要應用程式一大，第一次的載入的時間會因為 bundle 的體積過大導致十分漫長，為了避免這個問題，webpack 提供強大的代碼切割能力，我們可以決定一開始只要載入部分的代碼內容，依照使用者點擊不同的功能，再分別載入各種功能的代碼。利用這樣適時的載入代碼，我們可以加速應用程式的運作，提升使用者的體驗。

切割方式

　　webpack 的代碼切割方式有下面三種：

- `entry`：依照不同的 `entry` 切割代碼。
- 動態引入：藉由非同步引入方法自動切割代碼。
- `optimization.splitChunks`：依照 `splitChunks` 設定切割代碼。

　　接著我們依序介紹這幾種切割方式。

entry

　　`entry` 的分割方式是最常見的，只要將 entry 設定為物件，並加入多個鍵值，webpack 在建立 bundle 時會依照各鍵值拆分為不同的 bundle。

　　如下例所示：

```js
// ch05-optimization/03-production-code-splitting/entry/webpack.config.js
module.exports = {
  mode: 'none',
  entry: {
    main: './src/index.js',
    sub: './src/sub.js',
  },
};
```

這裡拆分了兩個 `entry`：`main` 與 `sub`，webpack 在輸出時就會輸出 `main` 與 `sub` 兩個 bundle：

```
asset main.js 105 bytes [compared for emit] (name: main)
asset sub.js 104 bytes [compared for emit] (name: sub)
webpack 5.44.0 compiled successfully in 65 ms
```

這時我們的 module graph 會像下面這樣：

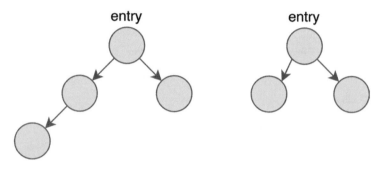

圖 5-4　多個 Entry

這種做法會被用在完全不相關的兩個頁面的建置，像是**多頁應用程式**就會使用此方式拆分 bundle，讓每一頁只讀取它所需要的資源。

動態引入

webpack 會偵測是否開發者有使用 `import()` 語法載入模組，如果是以 `import()` 載入模組的話，表示此模組要**非同步引入**，所以 webpack 會將其拆為另一個 bundle。

例如下面這個例子：

```js
// ch05-optimization/03-production-code-splitting/import/src/index.js
import _ from 'lodash';

async function getComponent() {
  const element = document.createElement('div');

  const { default: demoName } = await import('./demoName.js');
```

```
  element.innerHTML = _.join(['Webpack Demo', demoName], ': ');

  return element;
}

getComponent().then((component) => {
  document.body.appendChild(component);
});
```

這個例子中有兩種 `import`：

- `import _ from 'lodash'`：同步的引入方式，不會切割代碼
- `import('./demoName')`：非同步的引入方式，webpack 會將其切割為獨立代碼

建置結果如下：

```
asset main.js 544 KiB {0} [compared for emit] (name: main)
asset 1.js 477 bytes {1} [compared for emit]
runtime modules 7 KiB 11 modules
cacheable modules 532 KiB
  ./src/index.js [0] 521 bytes {0} [built] [code generated]
  ./node_modules/lodash/lodash.js [1] 531 KiB {0} [built] [code generated]
  ./src/demoName.js [2] 25 bytes {1} [built] [code generated]
webpack 5.44.0 compiled successfully in 276 ms
```

由結果可以清楚地看到 `lodash` 依然在原本的 bundle 中，但是 `./demoName` 已經被分至另一個 bundle `1.js` 中了。

此例的 module graph 如下：

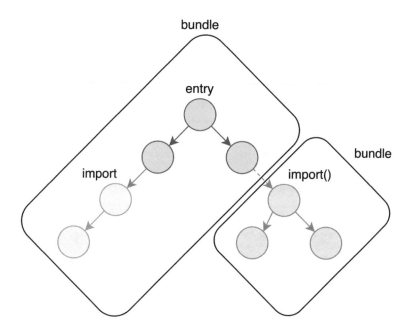

圖 5-5　動態引入

≫ 設定動態引入的 Chunk 名稱

　　上面的結果將 `demoName` 輸出為 `1`，此為 Chunks 的編號，如果想要明確輸出名稱的話，可以使用註解 `webpackChunkName`：

```
-  const { default: demoName } = await import('./demoName.js');
+  const { default: demoName } = await import(
+    /* webpackChunkName: 'demoName' */ './demoName.js'
+  );
```

　　加入 `webpackChunkName` 後所產生的 bundle 會以名稱為檔名取代原本編號的命名：

```
asset main.js 544 KiB {1} [emitted] (name: main)
asset demoName.js 477 bytes {0} [emitted] (name: demoName)
```

> 其他的註解使用方式請參考 webpack API 的 Module Methods 中 Magic Comments
> 一節（https://webpack.js.org/api/module-methods/#magic-comments）。

使用 optimization.splitChunks 切割代碼

`optimization.splitChunks` 是配置 webpack 內建的 SplitChunksPlugin，
這是個幫助使用者分割代碼的 Plugin。

我們試著使用 `splitChunks` 將上例的 `lodash` 給切割出來：

```js
// ch05-optimization/03-production-code-splitting/split-chunks/
webpack.config.js
module.exports = {
  mode: 'none',
  optimization: {
    splitChunks: {
      chunks: 'all',
    },
  },
};
```

`chunks` 預設是 `async`，因此上例才只有 `import('./demoName')`
被分割出來，這裡調為 `all` 可以將同步、非同步的模組都切割出來。

結果如下：

```
asset 1.js 532 KiB {1} [emitted] (id hint: vendors)
asset main.js 14 KiB {0} [emitted] (name: main)
asset 2.js 489 bytes {2} [emitted]
Entrypoint main 546 KiB = 1.js 532 KiB main.js 14 KiB
runtime modules 7.93 KiB 12 modules
cacheable modules 532 KiB
  ./src/index.js [0] 335 bytes {0} [built] [code generated]
  ./node_modules/lodash/lodash.js [1] 531 KiB {1} [built] [code generated]
  ./src/demoName.js [2] 25 bytes {2} [built] [code generated]
webpack 5.44.0 compiled successfully in 274 ms
```

我們可以看到現在整個專案被分割為三個 bundle。

module graph 如下：

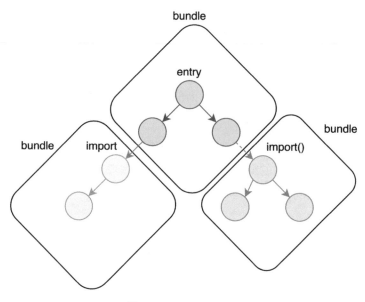

圖 5-6　切割 Chunks

小結

三種方式的功用及使用場景：

方法	功用	場景
`entry`	依照 `entry` 分割	多頁應用
動態引入	非同步引入切割	單頁應用的不同路由載入
`SplitChunksPlugin`	進階控制代碼分割	做最佳化時使用

`entry` 與動態引入的切割方式在應用程式中十分常見，而 `SplitChunksPlugin` 可以對切割做更近一步的操作，讓應用程式有更好的效能。

這裡雖然只講到少部分的 `SplitChunksPlugin` 功能，但在大部分的專案中設定 `chunks: 'all'` 由 webpack 自動切割代碼，已經可以達到不錯的水平了，需要手動控制的機率比較低，這裡就先不提了。

下一節我們會講解如何使用切割代碼及 hash 命名的方式在瀏覽器中快取以節省傳輸的資源。

參考資料

- SurviveJS Webpack - Code Splitting
  （https://survivejs.com/webpack/building/code-splitting/）
- Webpack Guides: Code Splitting
  （https://webpack.js.org/guides/code-splitting/）
- Webpack Plugins: SplitChunksPlugin
  （https://webpack.js.org/plugins/split-chunks-plugin/）

建立 Webpack 生產環境 - 快取

講述如何使瀏覽器盡可能的保留快取，不用重新請求資源。

瀏覽器有快取機制，假設今天你瀏覽了一個網頁頁面，下次你再瀏覽此頁面的時候，瀏覽器會檢查此網頁內容是否有快取，如果有快取時，就會直接拿取快取的資源，以節省傳輸的花費。

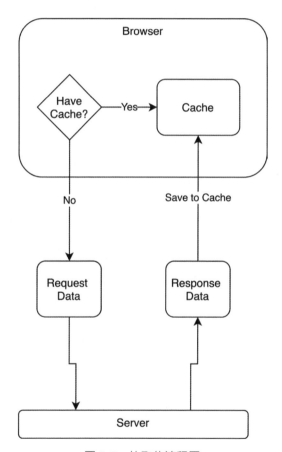

圖 5-7　快取的流程圖

瀏覽器取得 cache 時的請求結果如下圖所示：

127.0.0.1	304	doc...	Other	238 B	11 ms
main.js	200	script	(index)	(memory cache)	0 ms

圖 5-8　快取後的結果

可以看到請求所取得的 `main.js` 資源是從 cache 中取回，由於沒有由後端取回，因此花費的時間極少，大大提升了效能。

更新快取

瀏覽器的快取機制設定的方式有很多，最常使用的方式就是將快取有效時間設定為極大，並藉由改變引入資源的檔名，促使瀏覽器進行更新。

我們從剛剛的例子做延伸，前例中的 `index.js` 內容如下：

```javascript
// ch05-optimization/04-production-caching/caching/src/index.js
const component = () => {
  const result = document.createElement('div');
  result.innerHTML = 'Caching';

  return result;
};

document.body.appendChild(component());
```

它會在畫面上顯示 `Caching` 字樣，現在你可以試著將 `Caching` 改為其他的字串，例如說 `Cachinging`，建置後，重新整理瀏覽器，你會發現畫面上顯示的依然是 `Caching`，這是因為瀏覽器並不知道 `index.js` 的內容有變，因此還是從 Cache 中取得內容。

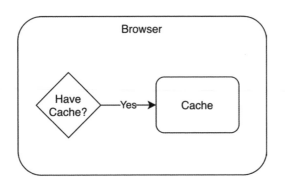

圖 5-9　未更新快取

　　要使快取未過期的內容更新的話，可以**改變其檔名**來達成目標。

　　延續上例做說明，我們在 webpack 的 `output.filename` 中多加個 `hash` 值，只要檔案內容發生變化，依照檔案內容所產生的 `hash` 值也會跟著改變：

```
// ch05-optimization/04-production-caching/update-caching/webpack.config.js
const HtmlWebpackPlugin = require('html-webpack-plugin');

module.exports = {
  mode: 'none',
  output: {
    filename: '[name].[fullhash].js',
  },
  plugins: [new HtmlWebpackPlugin()],
};
```

建置後結果如下：

```
asset index.html 252 bytes [emitted] [compared for emit]
asset main.33e13855c582d52f95cd.js 252 bytes [emitted] [immutable]
(name: main)
./src/index.js 168 bytes [built] [code generated]
webpack 5.44.0 compiled successfully in 120 ms
```

可以看到建置後的檔案多了一串 `fullhash` 值。開啟瀏覽器後，重新整理後依然可以 cache：

□ 127.0.0.1	304	document	Other	238 B	8 ms
□ main.33e13855c582d52f95cd.js	200	script	(index)	(memory cache)	0 ms

圖 5-10　使用 Hash 作為資源名稱的結果

現在將 `Caching` 改為 `Cachinging`，建置結果如下：

```
asset main.deae7f1e2683d89a3a5a.js 255 bytes [emitted] [immutable]
(name: main)
asset index.html 252 bytes [emitted] [compared for emit]
./src/index.js 171 bytes [built] [code generated]
webpack 5.44.0 compiled successfully in 108 ms
```

可以看到因為內容修改，`fullhash` 改變，使得輸出的檔名變了。

現在重新整理後，會發現畫面內容更新了：

□ 127.0.0.1	200	document	Other	541 B	30 ms
□ main.deae7f1e2683d89a3a5a.js	200	script	(index)	557 B	25 ms

圖 5-11　使用 Hash 更新快取

這是因為瀏覽器會將不同檔名的檔案視為不同的資源，因而重新請求：

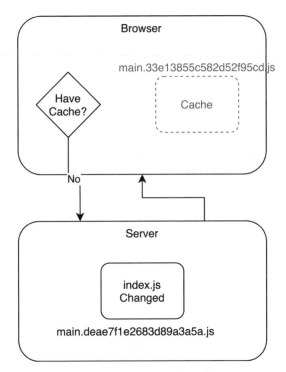

圖 5-12　更新快取的流程圖

這樣可以解決快取不會更新的問題，而由於 `hash` 屬於自動產生的，因此借助 `html-webpack-plugin` 的幫助自動引入檔案會是個很好的選擇。

提取相依模組以減少快取失效的機率

`fullhash` 值只要整個 bundle 中的任何一個模組發生變化，`fullhash` 就會跟著改變，為了讓每個模組更有機會被瀏覽器快取，切割模組代碼是個很好的方法。

以下面的例子說明：

```javascript
// ch05-optimization/04-production-caching/dependency/src/index.js
import _ from 'lodash';

const component = () => {
```

```
  const result = document.createElement('div');
  result.innerHTML = _.join(['Caching'], ");

  return result;
};

document.body.appendChild(component());
```

這例子中，我們引入了 `lodash`，接著我們直接建置：

```
asset main.f7cc4eaf72de1d3ef3b6.js 536 KiB [emitted] [immutable]
(name: main)
```

接著做個簡單的修改，將 `_.join(['Caching'], '')` 改為
`_.join(['Caching', 'ing'], '')`，建置結果如下：

```
asset main.49a4e39279f04dd9eea2.js 536 KiB [emitted] [immutable]
(name: main)
```

這個結果如我們所料，`fullhash` 值已經改變了，我們只修改了極少的內容，現在卻必須連 `lodash` 的內容一起重新請求，這樣的消耗過大。

為了解決此問題，我們嘗試使用拆分的方式來減少重新請求的資源量：

```js
// ch05-optimization/04-production-caching/extract-dependency/webpack.config.js
// ...
module.exports = {
  // ...
  output: {
    filename: '[name].[fullhash].js',
  },
  optimization: {
    splitChunks: {
      chunks: 'all',
    },
  },
};
```

不管同步、非同步的模組，一律都提取出來，建置結果如下：

```
asset 1.010dabf58a67ab3df9c9.js 532 KiB {1} [emitted] [immutable] (id
hint: vendors)
asset main.010dabf58a67ab3df9c9.js 7.95 KiB {0} [emitted] [immutable]
(name: main)
asset index.html 307 bytes [emitted]
Entrypoint main 540 KiB = 1.010dabf58a67ab3df9c9.js 532 KiB main.
010dabf58a67ab3df9c9.js 7.95 KiB
runtime modules 3.56 KiB 8 modules
cacheable modules 532 KiB
  ./src/index.js [0] 287 bytes {0} [built] [code generated]
  ./node_modules/lodash/lodash.js [1] 531 KiB {1} [built] [code generated]
webpack 5.44.0 compiled successfully in 358 ms
```

可以看到多了一個 `1` 的 bundle，這是用來存放 `node_modules` 內的模組。

> webpack 提取模組的最小大小為 30 KB，所以有時就算設定提取，沒有達到最小體積的條件依然不會提取成獨立的 bundle，這樣的策略跟我們在使用圖片中所提到的 `asset/resource` 與 `asset/inline` 的選擇是一樣的道理。

但是這邊有個問題，當我們變動 `index.js` 內容時，會發現 `1` 的 `fullhash` 也發生了變化：

```
asset 1.6633172c2b06df56122a.js 532 KiB {1} [emitted] [immutable] (id
hint: vendors)
asset main.6633172c2b06df56122a.js 7.98 KiB {0} [emitted] [immutable]
(name: main)
```

這是因為 `fullhash` 是經由**整個 bundle 內容計算而成**的，因此所有的 bundle `fullhash` 值都會相同，這時可以使用 `chunkhash`，它會依照各個 Chunk 產生對應的編碼：

```js
// ch05-optimization/04-production-caching/extract-dependency/webpack.config.js
// ...
module.exports = {
  // ...
```

```
  output: {
    filename: '[name].[chunkhash].js',
  },
};
```

建置結果如下：

```
# before modify index.js
asset 1.209e1c494f100ff1987d.js 532 KiB {1} [emitted] [immutable] (id
hint: vendors)
asset main.5705d52aa40395789c0f.js 7.98 KiB {0} [emitted] [immutable]
(name: main)

# after modify index.js
asset 1.209e1c494f100ff1987d.js 532 KiB {1} [emitted] [immutable] (id
hint: vendors)
asset main.6bd808a7595aa212d364.js 7.95 KiB {0} [emitted] [immutable]
(name: main)
```

這次 `1` 的 `hash` 不變了，瀏覽器就不需要重新請求 `lodash` 相關的資源了。

提取 **webpack runtime**

webpack 在執行時，會有自己的執行代碼，這些代碼通常很少變化，我們可以將它提取出來，避免其他變動讓它重新請求：

```
// ch05-optimization/04-production-caching/extract-runtime/webpack.config.js
// ...
module.exports = {
  // ...
  optimization: {
    runtimeChunk: true,
  },
};
```

建置結果如下：

```
# before modify index.js
asset 2.6a4cde7dbdc2c9bc6d18.js 532 KiB {2} [emitted] [immutable] (id
hint: vendors)
asset runtime~main.b62494d5ea2d4b712448.js 6.93 KiB {1} [emitted]
[immutable] (name: runtime~main)
asset main.a0e71d399f1ce13887df.js 1.02 KiB {0} [emitted] [immutable]
(name: main)

# after modify index.js
asset 2.6a4cde7dbdc2c9bc6d18.js 532 KiB {2} [emitted] [immutable] (id
hint: vendors)
asset runtime~main.b62494d5ea2d4b712448.js 6.93 KiB {1} [emitted]
[immutable] (name: runtime~main)
asset main.67baf767bb3f576845f4.js 1.03 KiB {0} [emitted] [immutable]
(name: main)
```

可以看到 `runtime` 被提取出來，如此一來我們更動代碼時瀏覽器需要重新請求的資源量又更小更精確了。

內嵌 runtime 代碼至 index.html

`runtime` 代碼並沒有大到需要提取出來（依照 webpack 標準 30 KB 以上才需要提取），因此可以讓它直接內嵌在 `index.html` 中，這樣的方式需要 `html-inline-script-webpack-plugin` 的幫忙：

```
npm install html-inline-script-webpack-plugin --save-dev
```

接著將它加進配置檔中：

```
// ch05-optimization/04-production-caching/inline-runtime/webpack.config.js
const HtmlWebpackPlugin = require('html-webpack-plugin');
const HtmlInlineScriptPlugin = require('html-inline-script-webpack-plugin');

module.exports = {
  mode: 'none',
  output: {
```

```
    filename: '[name].[chunkhash].js',
  },
  optimization: {
    splitChunks: {
      chunks: 'all',
    },
    runtimeChunk: true,
  },
  plugins: [
    new HtmlWebpackPlugin(),
    new HtmlInlineScriptPlugin([/runtime~.+[.]js$/]),
  ],
};
```

- html-webpack-plugin 加上 inlineSource 的目標為 runtime
- 加上 html-webpack-inline-source-plugin

    建置後可以看到 index.html 中直接包有 runtime 的代碼：

```html
<!DOCTYPE html>
<html>
  <head>
    <meta charset="utf-8" />
    <title>Webpack App</title>
    <meta name="viewport" content="width=device-width, initial-scale=1" />
    <script defer>
      (() => {
        // ...
      })();
    </script>
    <script defer src="2.e7b58d07038a038f0fa3.js"></script>
    <script defer src="main.7d3a4b497c02f86aa5c6.js"></script>
  </head>
  <body> </body>
</html>
```

使用非同步方式載入不會立即使用到的資源

寫 SPA 時，我們會有很多的路由元件，這些元件都只有在對應的路由中才會作用，如果一開始就載入它們，是非常浪費資源也使瀏覽器無法 Cache，這時可以使用前一節**建立 Webpack 生產環境 - 切割代碼**中提到的非同步載入方式載入相關的資源來節省資源請求的量。

避免使用流水號當作 Module Ids

上面看了許多的建置結果，可以發現到 webpack 替每個 Module 取了一個 Id：

```
cacheable modules 532 KiB
./src/index.js [0] 273 bytes {0} [built] [code generated]
./node_modules/lodash/lodash.js [1] 531 KiB {2} [built] [code generated]
./src/beta.js [2] 23 bytes {0} [built] [code generated]
```

這個 Id 是依照使用的順序編碼的，而 Module Id 會影響 Chunk 建置的內容，如果我們增加了一個模組，而這模組剛好被編號在中間的 Module Id，那這個模組之後的所有模組雖然內容不變，但 `chunkhash` 還是會變化，而影響快取。

為避免此問題，我們可以利用 `deterministic` 作為 module ids 的編號，這個 `deterministic` 不會因為順序而發生變動。

要使用 `deterministic` 直接做下面設定：

```js
// ch05-optimization/04-production-caching/stable-module-id/webpack.config.js
// ...
module.exports = {
  // ...
  optimization: {
    // ...
    moduleIds: 'deterministic',
  },
};
```

結果如下：

```
./src/index.js [138] 273 bytes {0} [built] [code generated]
./node_modules/lodash/lodash.js [486] 531 KiB {2} [built] [code generated]
./src/beta.js [710] 23 bytes {0} [built] [code generated]
```

小結

瀏覽器的快取更新仰賴檔名的變換，webpack 利用 `hash` 值使產出的 bundle 在內容更新時得以改變檔名，以促使瀏覽器更新內容。

為了使快取盡可能地保留較長的時間，我們需要將 bundle 切割，將不同類型且沒關聯的模組分開快取，這樣在瀏覽器端就可以只更新縮需更新的檔案，不用更新一小部分，就整個 bundle 都需要重拿。

參考資料

- Make use of long-term caching
  （https://developers.google.com/web/fundamentals/performance/webpack/use-long-term-caching）
- 循序漸進理解 HTTP Cache 機制
  （https://blog.techbridge.cc/2017/06/17/cache-introduction/）
- HTTP 快取
  （https://developers.google.com/web/fundamentals/performance/optimizing-content-efficiency/http-caching?hl=zh-tw）
- Webpack Configuration: Output
  （https://webpack.js.org/configuration/output/）
- Hash vs chunkhash vs ContentHash
  （https://medium.com/@sahilkkrazy/hash-vs-chunkhash-vs-contenthash-e94d38a32208）
- GitHub: icelam/html-inline-script-webpack-plugin
  （https://github.com/icelam/html-inline-script-webpack-plugin#readme）
- webpack Configuration: Optimization
  （https://webpack.js.org/configuration/optimization/#optimizationmoduleids）

建立 Webpack 生產環境 – 追蹤建置

講述如何使用分析工具解析 bundle 內模組的組合。

　開發者在完成 webpack 的配置並且可以執行後，通常就不會再去注意 webpack 打包出來的 bundle 了，但其實比較好的做法是持續的追蹤 webpack 所產生出來的 bundle，隨著應用程式開發時程，整體體積會跟著提高，這時就需要跟著變化去改變 webpack 配置，以確保應用程式的效能處於高檔的狀態。

使用 performance 配置提示 bundle 狀態

　webpack 提供 `performance` 配置讓使用者可以設定輸出狀態的限制，如果輸出的 bundle 超過 `performance` 所設定的臨界值，則會輸出資訊供開發者調整 bundle 的組成。

　下面的例子配置 `performance`：

```
// ch05-optimization/05-production-analyze/performance/webpack.config.js
module.exports = {
  mode: 'none',
  performance: {
    hints: 'warning',
    maxEntrypointSize: 100,
    maxAssetSize: 100,
  },
};
```

　`performance` 是個物件型態的配置，屬性說明如下：

- `hints`：設定輸出的強弱程度
  - `false`：不顯示資訊
  - `'warning'`：以 `warning` 程度顯示資訊
  - `'error'`：以 `error` 程度顯示資訊
- `maxEntrypointSize`：入口點型態的 bundle 最大體積限制值，單位為 Byte
- `maxAssetSize`：所有輸出 bundle 的最大體積限制值，單位為 Byte

使用 `ch05-optimization/05-production-analyze/performance`
建置資訊如下圖：

```
WARNING in asset size limit: The following asset(s) exceed the
recommended size limit (100 bytes).
This can impact web performance.
Assets:
  main.js (544 KiB)
  1.js (492 bytes)

WARNING in entrypoint size limit: The following entrypoint(s) combined
asset size exceeds the recommended limit (100 bytes). This can impact
web performance.
Entrypoints:
  main (544 KiB)
      main.js
```

從這裡可以看出 `maxEntrypointSize` 與 `maxAssetSize` 的差別，
`maxEntrypointSize` 所設定的對象僅限於 entry bundle `main.js`，而
`maxAssetSize` 包含了其他的 bundle（例如非同步的 bundle）。

≫ **performance 的預設值**

`performance` 在各模式下的預設值如下：

模式	hints	maxEntrypointSize	maxAssetSize
development	false	250000	250000
production	'warning'	250000	250000
none	false	250000	250000

輸出資訊

webpack 提供了各種的輸出供使用者參考，以調整最佳的建置方式，CLI
工具中可以使用各種參數做不同的輸出：

`--profile`：顯示各模組的建置時間 `--progress`：顯示各個編譯過程
資訊及花費時間

```
> webpack --profile --progress profile

<i> [webpack.Progress]  | 12 ms setup > compilation
<i> [webpack.Progress] 22 ms setup
<i> [webpack.Progress]  | 268 ms building > entries dependencies modules
<i> [webpack.Progress] 273 ms building
<i> [webpack.Progress] 51 ms sealing
asset main.js 544 KiB [emitted] (name: main)
asset 1.js 486 bytes [emitted]
runtime modules 7 KiB 11 modules
cacheable modules 532 KiB
  ./src/index.js 254 bytes [built] [code generated]
    45 ms (resolving: 26 ms, restoring: 0 ms, integration: 0 ms,
building: 18 ms, storing: 1 ms)
  ./node_modules/lodash/lodash.js 531 KiB [built] [code generated]
    45 ms ->
    0 ms (resolving: 0 ms, restoring: 0 ms, integration: 0 ms,
building: 0 ms, storing: 0 ms)
  ./src/demoName.js 30 bytes [built] [code generated]
    45 ms ->
    3 ms (resolving: 1 ms, restoring: 0 ms, integration: 0 ms,
building: 1 ms, storing: 1 ms)
webpack 5.44.0 compiled successfully in 353 ms
```

　　如此一來可以掌握建置時花費時間的模組或是過程，從而針對問題做解決。

　　除了上述的兩個以外，還有 `--json` 參數，它會以 `.json` 格式輸出建置的結果細節，由於資訊較多，因此需要避免直接在 terminal 中開啟，改為寫入檔案中。

```
webpack --json > stats.json
```

　　上面的例子將建置的資訊 stats 寫入 `states.json` 中，我們看一下它的內容：

```
{
  "hash": "4608574096657cf1a359",
  "version": "5.44.0",
```

```
  "time": 285,
  "builtAt": 1625891597783,
  "publicPath": "auto",
  "outputPath": "/Users/PeterChen/Documents/code/book-webpack/
examples/v5/ch05-optimization/05-production-analyze/cli-args/dist",
  "assetsByChunkName": { "main": ["main.js"] },
  "assets": [
    /* ... */
  ],
  "chunks": [
    /* ... */
  ],
  "modules": [
    /* ... */
  ],
  "entrypoints": {
    /* ... */
  },
  "namedChunkGroups": {
    /* ... */
  },
  "errors": [],
  "errorsCount": 0,
  "warnings": [],
  "warningsCount": 0,
  "children": []
}
```

　　`stats` 資訊擁有完整的建置資訊，在第三章第十三節**使用 Node.js API 操作 webpack** 中所提到的 `stats.toJson()` 與此資訊相同，不管是 CLI 的輸出資訊還是 Node.js API 的 `stats` 都是仰賴這些資訊輸出有用的訊息。

監控 bundle 的體積

　　bundle 的體積雖然在 `performance` 設定的幫忙下可以提出警示，但依然只是在有超過臨界點時才會輸出資訊，並不能看到整個 bundle 後的全貌，這時我們可以使用 `webpack-dashboard` 來觀察 bundle 的情況。

首先安裝 `webpack-dashboard`：

```
npm install webpack-dashboard --save-dev
```

接著將 `WebpackDashboardPlugin` 加入配置：

```js
// ch05-optimization/05-production-analyze/dashboard-demo/webpack.config.js
const WebpackDashboardPlugin = require('webpack-dashboard/plugin');

module.exports = {
  mode: 'none',
  entry: {
    main: ['./src/index.js', './src/index2.js'],
    sub: './src/sub.js',
  },
  plugins: [new WebpackDashboardPlugin()],
};
```

另外要修改建置的指令，改以 `webpack-dashboard` 觸發建置指令：

```
webpack-dashboard -- webpack
```

建置結果如下：

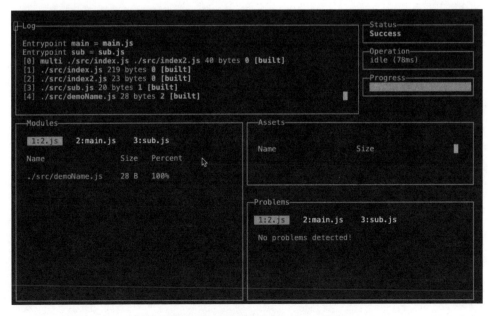

圖 5-13　webpack Dashboard

我們可以很清楚的看到各個模組的組成，這樣一來大大增加了我們對 bundle 的理解及給予我們更多的資訊。

警示 bundle 過大

`performance` 所警示的對象細粒度只有到 `assets`，有時候我們會需要在監控不同的檔案時使用的限制也要有所不同，這是 `performance` 做不到的。接下來介紹一個 `bundlesize` 的工具，他可以以模組為對象做警示。

首先來安裝：

```
npm install bundlesize --save-dev
```

`bundlesize` 是個通用工具，並不綁定 webpack，因此我們要給予 `bundlesize` 輸出目錄的資訊，讓它可以藉由此資訊找尋所需的 bundle：

```
{
  "files": [
    {
      "path": "./dist/main.js",
      "maxSize": "1 KB"
    }
  ]
}
```

這裏設定要檢查 `./dist/main.js` 的大小是否超過 1KB。

在 webpack 完成建置後執行 `bundlesize`：

```
bundlesize
```

可以看到錯誤提示：

```
FAIL  ./dist/main.js: 3.07KB > maxSize 1KB (gzip)
```

小結

webpack 可以自己利用 `performance` 的能力警示建置後的 bundle 是否有超過限制，也可以使用 `bundlesize` 做更精確對象的判斷。

　　而 CLI 另外還提供 `--profile`、`--progress` 可以讓使用者知道建置時的花費如何，也可以利用 `--json` 輸出完整的 `stats`。

　　另外仰賴 `webpack-dashboard` 可以清楚地了解各個模組的資訊，以此讓使用者可以觀察並作相關的優化。

參考資料

- webpack Configuration: Performance
  （https://webpack.js.org/configuration/performance/）
- webpack Configuration: Mode
  （https://webpack.js.org/configuration/mode/）
- SurviveJS Webpack: Build Analysis
  （https://survivejs.com/webpack/optimizing/build-analysis/）
- webpack API: CLI
  （https://webpack.js.org/api/cli/）
- Google Web Fundamentals: Web Performance Optimization with webpack
  （https://developers.google.com/web/fundamentals/performance/webpack/monitor-and-analyze）
- GitHub: FormidableLabs/webpack-dashboard
  （https://github.com/FormidableLabs/webpack-dashboard/）
- GitHub: siddharthkp/bundlesize
  （https://github.com/siddharthkp/bundlesize）

第五章總結
· · · · · · · · · · · ·

優化是持續進行的。

本章學習如何使用 webpack 優化開發及生產環境的效能。

- 第一節講解如何建構出理想的開發環境，使用 `development` 模式與 Source Map 優化除錯時定位程式碼的精準度，令一方面利用 Dev Server 的自動載入與 HMR 加快重新載入修改程式碼的速度。

- 第二節介紹如何在生產環境下將資源最小化，以優化請求時所需消耗的時間，分別為 JavaScript、CSS 與 Image 三類主要的資源說明各種的最小化方案。

- 第三節介紹如何以切割 Bundle 來減少單個 Bundle 的體積，主要有三個方式切割，分別是以 `entry` 決定、動態引入與 `optimization.splitChunks`。

- 第四節介紹盡可能保持快取的方式，瀏覽器會快取相同檔名的資源，為了增加效能，要盡可能的保持快取以減少請求次數，但檔案內容發生變化時，就需要將檔名改變，讓瀏覽器重取資源，本節介紹如何用 webpack 處理快取相關的問題。

- 第五節介紹如何分析 Bundle，Bundle 的容量過大會造成效率變差，因此需要注意 Bundle 的組成，本節介紹幾種方式來監看 Bundle 的狀態。

開發環境中增加可讀性與減少載入負擔為主要的優化方向，而生產環境則是盡可能縮小容量與延長快取的時間為目的，另外也要時常對 bundle 做分析以避免專案的成長對效能產生破壞，因此時刻的關注並且依照需求做對應的處理是優化的準則。

CHAPTER

06

解構 Webpack

學習 webpack 內部的運作機制

在之前的章節中,我們介紹了如何使用 webpack,這些使用方式都是在 webpack 所提供的配置中做調整,使用現有的 Loaders 與 Plugins 達成目標 的需求。雖然 webpack 本身的功能強大,使用與維護的人數眾多,因此大 部分的需求都已經內置,或是已經有實際的 Loaders 或 Plugins 供使用者使 用,但如果我們有需求是還未被實作的話,就必須要自己實作 Loaders 或是 Plugins 以擴充 webpack 本身的功能,這時候,了解 webpack 的運作機制 才可以實作出合適的解決方案。

在這一章中,我們將深入說明 webpack 內部的運作機制,了解 webpack 是如何運作與使用 Loaders 或是 Plugins,讓我們對整個 webpack 的建置方 式有更深入的了解。

學習完這章後,我們可以了解 webpack 的整體運作機制與架構,並能自 主開發特定需求的 Loaders 或是 Plugins。

Bundle 導讀

本節解析 Bundle 的程式碼。

Bundle 內除了使用者所寫的代碼外,為了能將相依模組組合起來, webpack 還另外加入其它的代碼,使其可以正確地運作。本節會解析 webpack 產生的 Bundle 程式碼,拆解並說明它是如何執行的。

打包的範例

我們使用下面這個例子做打包的示範:

```
// ch05-inside/01-read-bundle/simple/src/index.js
import message from './message.js';

console.log(message);
```

`index.js` 是個 ES2015 Module,引入了 `message.js`。

```
// ch05-inside/01-read-bundle/simple/src/message.js
import { demoName } from './demoName.js';
```

```
export default `hello ${demoName}`;
```

message.js 是個 ES2015 Module，引入了 demoName.js，導出了 hello ${demoName} 字串。

```
// ch05-inside/01-read-bundle/simple/src/demoName.js
export const demoName = 'simple';
```

demoName.js 是個 ES2015 Module，導出了 demoName。

這個範例的模組相依圖（Module Graph）如下圖：

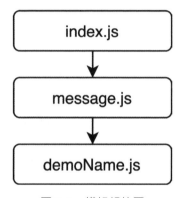

圖 6-1　模組相依圖

之後下面所有的展示都以上面的代碼作為打包對象。

webpack 的 bundle 結構

使用範例 ch05-inside/01-read-bundle/simple 建置後，可以得到 bundle ./dist/main.js，它的高階結構如下：

```
(() => {
  // webpackBootstrap
  // 除了入口模組外的其他模組內容
  var __webpack_modules__ = [
    // ...
  ];
  /******************************************************************/
```

```
// The module cache
var __webpack_module_cache__ = {};

// The require function
// 取得模組導出內容
function __webpack_require__(moduleId) {
  // ...
}

/******************************************************************************/
/* webpack/runtime/define property getters */
(() => {
  // ...
})();

/* webpack/runtime/hasOwnProperty shorthand */
(() => {
  // ...
})();

/* webpack/runtime/make namespace object */
(() => {
  // ...
})();

/******************************************************************************/
var __webpack_exports__ = {};
// 入口模組 ./src/index.js
(() => {
  // ...
})();
})();
```

為了避免變數污染的危險，因此 bundle 是以 IIFE 包住，並且擁有三個變數、一個函式，以及多個 IIFE：

■ 變數 `__webpack_modules__`：以陣列儲存除了入口模組外的其它模組代碼

- 變數 `__webpack_module_cache__`：將執行後的模組內容快取，以避免同個模組多次使用時的重複執行
- 函式 `__webpack_require__(moduleId)`：取得模組 ID 為 `moduleId` 的模組導出值
- 變數 `__webpack_exports__`：此 bundle 執行後的導出值
- 最後面的 IIFE：執行入口模組代碼
- 中間多個的 IIFE：初始化各種輔助函式

這裡可以再分為四類：

- 模組的處理：函式 `__webpack_require__(moduleId)` 與變數 `__webpack_module_cache__`
- 模組的代碼：變數 `__webpack_modules__`
- 執行 Bundle：`__webpack_exports__` 與最後面的 IIFE
- 輔助函式：中間多個 IIFE

接著我們會一一介紹各個類別的功能。

模組的處理

執行 `__webpack_require__(moduleId)` 後可以取得特定模組的導出值，代碼如下：

```javascript
// The module cache
// 模組的快取
var __webpack_module_cache__ = {};

// The require function
// 取得模組導出內容
function __webpack_require__(moduleId) {
  // Check if module is in cache
  var cachedModule = __webpack_module_cache__[moduleId]; // 取出此 Id
模組的 cache
  if (cachedModule !== undefined) {
    return cachedModule.exports; // 有 cache 的話直接回傳
  }
  // Create a new module (and put it into the cache)
```

```
  // 初始一個新的模組，並將其加入 cache 中
  var module = (__webpack_module_cache__[moduleId] = {
    exports: {},
  });

  // Execute the module function
  __webpack_modules__[moduleId](module, module.exports, __webpack_
require__); // 執行模組代碼

  // Return the exports of the module
  return module.exports; // 導出內容
}
```

它主要有四個動作：

1. 確認是否有快取，如果有則執行回傳快取的導出值 exports

2. 如果沒有快取，則建立一個新的模組物件，並將其放入快取中

3. 執行模組代碼

4. 將執行後的導出值回傳

__webpack_require__ 負責取回模組執行後的導出值，並將其存於 __webpack_module_cache__ 中，以便下次快取使用。

模組內容

__webpack_modules__ 是一個存有模組代碼的陣列：

```
// 除了入口模組外的其他模組內容
var __webpack_modules__ = [
  ,
  (module, exports, require) => {
    // ...
  },
  (module, exports, require) => {
    // ...
  },
];
```

每個元素都是一個函式，函式內的代碼就是各個模組的代碼，執行這個函式後可以取得此模組內容。

在 `__webpack_require__` 中以 `__webpack_modules__[moduleId]`
`(module, module.exports, __webpack_require__)` 叫用各個模組代碼以取得對應的內容，其傳入的參數為：

- `module`：模組的內容，會在執行模組內代碼時得到補充
- `module.exports`：模組的導出值，會在執行模組內代碼時得到補充
    `__webpack_require__`：處理模組的方法，為了模組內部的引入需要而帶入

執行完後模組內的內容會放於參數 `module` 與 `module.exports` 中，並且被 `__webpack_require__` 導出給予所需的模組。

執行 Bundle

最後的 IIFE 中的內容是入口模組的代碼：

```
// 入口模組 ./src/index.js
(() => {
  __webpack_require__.r(__webpack_exports__); // 將此模組定義為 ES2015 Module
  /* harmony import */ var _message_js__WEBPACK_IMPORTED_MODULE_0__ =
    __webpack_require__(1); // 取得 Id 為 1 的模組
  // ch05-inside/01-read-bundle/simple/src/index.js

  console.log(_message_js__WEBPACK_IMPORTED_MODULE_0__.default);
})();
```

原本引入 `./src/message.js` 的代碼被轉為 Bundle 內部的 `__webpack_require__` 函式，用來取得對應的模組內容：

- 使用 `__webpack_require__` 取得 ID 為 1 的模組內容
- 將模組中的 `default` 內容取出並用 `console.log` 輸出
- 由於入口模組 `./src/index.js` 沒有導出值，因此變數 `__webpack_exports__` 沒有用到

> 這裡注意到 webpack 在引入 `./src/message.js` 的代碼前加入了 `harmony import` 的註解，這是表示此為 ES2015 Module 語法的引入方式。

第一行的 `__webpack_require__.r` 是個輔助函式，接著會介紹這些輔助函式。

輔助函式

依照專案的實作方式，webpack 會注入對應的輔助函式供 bundle 使用，這個範例中有三個輔助函式：

```
/* webpack/runtime/define property getters */
(() => {
  // define getter functions for harmony exports
  // 設定導出值
  __webpack_require__.d = (exports, definition) => {
    // ...
  };
})();


/* webpack/runtime/hasOwnProperty shorthand */
(() => {
  // 確認物件是否有此屬性
  __webpack_require__.o = (obj, prop) =>
    Object.prototype.hasOwnProperty.call(obj, prop);
})();


/* webpack/runtime/make namespace object */
(() => {
  // define __esModule on exports
  // 定義 exports 為 ES2015 Module
  __webpack_require__.r = (exports) => {
    // ...
  };
})();
```

- __webpack_require__.d：為 exports 物件設定 getter
- __webpack_require__.o：確認物件是否有此屬性
- __webpack_require__.r：定義 exports 物件為 ES2015 Module

≫ __webpack_require__.d

d 的內容如下：

```
/* webpack/runtime/define property getters */
(() => {
  // define getter functions for harmony exports
  // 設定導出值
  __webpack_require__.d = (exports, definition) => {
    for (var key in definition) {
      // 如果有此值，但還未加到 exports 中時
      if (
        __webpack_require__.o(definition, key) &&
        !__webpack_require__.o(exports, key)
      ) {
        // 為 exports 加上此值
        Object.defineProperty(exports, key, {
          enumerable: true,
          get: definition[key],
        });
      }
    }
  };
})();
```

d 的函式會將 definition 參數中所有的 key 抓出來，並一一檢視是否有存在於 exports 物件中，如果還未加入 exports 的話，則會為 exports 加上此 key 的 getter。

≫ __webpack_require__.r

r 的內容如下：

```
/* webpack/runtime/make namespace object */
(() => {
```

```
// define __esModule on exports
// 定義 exports 為 ES2015 Module
__webpack_require__.r = (exports) => {
  if (typeof Symbol !== 'undefined' && Symbol.toStringTag) {
    Object.defineProperty(exports, Symbol.toStringTag, { value:
'Module' }); // 使 exports.toString() 輸出 Module
  }
  Object.defineProperty(exports, '__esModule', { value: true }); // 在
exports 加上 __esModule 以表示為 ES2015 Module
};
})();
```

r 的函式會將 exports 中加入 __esModule，這個屬性是判斷是否為 ES2015 Module 的依據。

執行方式

前面已經將 bundle 內所有的部分介紹完了，接著就從入口模組開始觀察 它是如何執行的。

由入口模組的代碼可以知道它會去請求 ID 為 1 的模組：

```
(() => {
  // ...
  var _message_js__WEBPACK_IMPORTED_MODULE_0__ = __webpack_require__
(1); // 取得 Id 為 1 的模組
  // ...
})();
```

__webpack_require__ 函式會去執行 __webpack_modules__[1] 的函式：

```
(__unused_webpack_module, __webpack_exports__, __webpack_require__) => {
  // ...
  // 加上名為 default 的導出值
  __webpack_require__.d(__webpack_exports__, {
    default: () => __WEBPACK_DEFAULT_EXPORT__, // default 內容為 __
WEBPACK_DEFAULT_EXPORT__
  });
```

```
  var _demoName_js__WEBPACK_IMPORTED_MODULE_0__ = __webpack_require__
(2); // 取得 Id 為 2 的模組

  const __WEBPACK_DEFAULT_EXPORT__ = `hello ${_demoName_js__WEBPACK_
IMPORTED_MODULE_0__.demoName}`;
};
```

在 __webpack_modules__[1] 中：

- 使用 d 在 __webpack_exports__ 中設定 default 的 getter
- 請求 ID 為 2 的模組內容
- 定義 __WEBPACK_DEFAULT_EXPORT__ 的內容

這裡可以知道 ID 為 1 的函式會在 __webpack_exports__ 中的 default 設為取得 __WEBPACK_DEFAULT_EXPORT__，而 __WEBPACK_DEFAULT_EXPORT__ 的內容需要由 ID 為 2 的模組組合而成。

__webpack_modules__[2] 的內容如下：

```
(__unused_webpack_module, __webpack_exports__, __webpack_require__) => {
  // ...
  // 加上名為 demoName 的導出值
  __webpack_require__.d(__webpack_exports__, {
    demoName: () => /* binding */ demoName, // demoName 的內容為 demoName
  });
  const demoName = 'simple';
};
```

- 使用 d 在 __webpack_exports__ 中設定 demoName 的 getter
- 變數 demoName 設為 simple

知道了 __webpack_modules__[2] 的內容後，再回到 ID 1 的模組內：

```
// ...
const __WEBPACK_DEFAULT_EXPORT__ = `hello ${_demoName_js__WEBPACK_
IMPORTED_MODULE_0__.demoName}`;
```

- 物件 _demoName_js__WEBPACK_IMPORTED_MODULE_0__ 為 ID 2 模組的 exports，因此 demoName 為 simple

- __WEBPACK_DEFAULT_EXPORT__ 為 hello simple 字串

取得了 ID 1 模組的導出值後，回到入口模組：

```
// ...
console.log(_message_js__WEBPACK_IMPORTED_MODULE_0__.default);
```

入口模組輸出 ID 1 模組的 default 資料，就是 hello simple。

如此一來就完成了整個 bundle 的執行，在 Console 中輸出 hello simple。

小結

webpack 的 bundle 會將相依的模組組合並輸出在同個檔案中，因此會與原本的代碼有所差距。

bundle 的組成為四個部分，模組的處理、模組代碼、執行的程式與輔助函式。

模組的處理是負責產生各模組的導出值 exports 供其他模組使用，而模組代碼則是在產生導出值時執行的函式，其函式內容為各個模組的代碼，執行完成後會於 exports 中加入導出的 getter，讓其他模組可以使用。

執行的程式為最後的 IIFE，這是入口模組的代碼，整個 bundle 從這裡開始執行，藉由相關的模組處理取得相依模組的內容並執行對應的代碼。

輔助函式幫助 bundle 處理一些繁瑣的事務，像是定義 getter、檢查物件值或是定義 ES2015 Module 等，webpack 會依照程式的不同而導入不同的輔助函式。

經過這一節的學習，我們對於 bundle 有更進一步的認識，也更加熟悉了整體的運作，在下一節中我們將嘗試自己寫一個 webpack 來產生 bundle。

參考資料

- MDN: Symbol.toStringTag
  （https://developer.mozilla.org/en-US/docs/Web/JavaScript/Reference/Global_Objects/Symbol/toStringTag）

- stack overflow: What is harmony and what are harmony exports?
  （https://stackoverflow.com/a/52871656/9265131）

- Node.js Documentation: Modules: CommonJS modules
  （https://nodejs.org/api/modules.html）

- webpack API: Modules Variables
  （https://webpack.js.org/api/module-variables/#moduleexports-commonjs）

自己動手寫 Webpack

本節目標在於實作一個簡易的打包工具。

webpack 是個擁有強大功能的工具，本文將嘗試自己實作 webpack 的核心功能：打包，接著跟著我一起試試寫個簡易版的打包器吧。

本節受到 Ronen Amiel 的 Build Your Own Webpack（https://youtu.be/Gc9-7PBqOC8）啟發，因此實作方式會以 Ronen Amiel 的 `minipack` 方式做展示，與 webpack 的打包方式比起來，`minipack` 化繁為簡，對於初學打包技巧的開發者會是比較好入門的方式。

目標

本節實作的打包工具需要滿足以下條件：

- 可以解析 JavaScript 模組
- 可以使用 ES2015 Module 語法
- 可以藉由程式碼建立模組相依關係
- 可以將模組組成 bundle 資源，並執行於瀏覽器上

這裡將條件限縮在較為單純的範圍內，讓我們專注在打包工作的實作上。

打包的範例

我們使用上一節用來解釋 bundle 結構的範例作為打包的目標，它的相依關係如下：

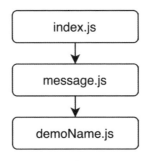

圖 6-2　模組相依圖

打包的流程

打包流程如下：

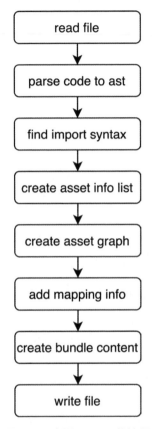

圖 6-3　建置 bundle 的流程

1. 讀取檔案：從檔案系統中讀入入口模組的程式碼內容

2. 解析程式碼：將程式碼解析為 AST（中文：抽象語法樹）以便做進一步的處理

3. 在程式碼中尋找引入模組的語法：利用 AST 搜索出引入語法以便找出所有的相依模組

4. 列出所有的模組資源：將所有的資源列表

5. 建立相依關係：利用資源列表與引入語法建立相依關係

6. 建立對應表：利用相依關係建立各個資源的對應表

7. 產生 bundle 內容：利用對應表產生可執行的程式碼並加以輔助函式產生 bundle 程式碼

8. 將 bundle 內容寫入檔案

初始打包器專案

初始 npm 專案，並加入 script：

```
{
  "description": "ch06-inside/02-write-your-webpack/read-file/package.json",
  "license": "MIT",
  "scripts": {
    "build": "node bundler.js"
  }
}
```

在指令中加上 `node bundler.js`，我們將會把打包器內容寫於 `bundler.js`，並使用 `node` 執行。

接著我們就一步一步來建構我們的打包器吧。

讀入入口模組

第一步，我們需要將入口模組 `./src/index.js` 的內容讀入：

```
// ch06-inside/02-write-your-webpack/read-file/bundler.js
const fs = require('fs');

const content = fs.readFileSync('./src/index.js', 'utf-8');

console.log(content);
```

使用 `node.js` 的 `fs` 模組讀入檔案。

> 為了方便理解，本節所有的範例都採用較單純的同步方式實作。

結果如下：

```
> node bundler.js

// ch06-inside/02-write-your-webpack/read-file/src/index.js
import message from './message.js';

console.log(message);
```

可以看到 `./src/index.js` 的內容順利讀入了。

≫ 將代碼內容轉為 AST

AST 抽象語法術，它可以以樹狀結構表示各個代碼的內容，使用 AST 就可以去控制或查找目標資料，而不需要直接分析字串。

現在我們使用 `@babel/parser` 將代碼內容轉為 AST：

```
// ch06-inside/02-write-your-webpack/ast-parser/bundler.js
const fs = require('fs');
const { parse } = require('@babel/parser');

const content = fs.readFileSync('./src/index.js', 'utf-8');
const ast = parse(content, {
  sourceType: 'module',
});

console.log(ast);
```

需要跟 Parser 說明此代碼內容為 ES Module，因此 `sourceType` 要設為 `module`。

輸出結果如下：

```
> node bundler.js

Node {
  type: 'File',
  start: 0,
  end: 120,
```

```
loc: SourceLocation {
  start: Position { line: 1, column: 0 },
  end: Position { line: 5, column: 0 },
  filename: undefined,
  identifierName: undefined
},
range: undefined,
leadingComments: undefined,
trailingComments: undefined,
innerComments: undefined,
extra: undefined,
errors: [],
program: Node {
  type: 'Program',
  start: 0,
  end: 120,
  loc: SourceLocation {
    start: [Position],
    end: [Position],
    filename: undefined,
    identifierName: undefined
  },
  range: undefined,
  leadingComments: undefined,
  trailingComments: undefined,
  innerComments: undefined,
  extra: undefined,
  sourceType: 'module',
  interpreter: null,
  body: [ [Node], [Node] ],
  directives: []
},
comments: [
  {
    type: 'CommentLine',
    value: ' ch06-inside/02-write-your-webpack/ast-parser/src/index.js',
    start: 0,
    end: 60,
    loc: [SourceLocation]
  }
]
}
```

可以看到代碼的內容被轉為物件的形式，這樣我們就可以用代碼的方式去控制語法了。

為了更加方便的使用 AST，我們可以使用 AST Explorer（https://astexplorer.net/）來觀察 AST。

> webpack 使用的 Parser 為 `acorn`，`@babel/parser` 也是以此為基礎做開發的。

≫ 找出引入的語法

有了 AST 的幫助，我們可以用 `ImportDeclaration` 搜索 AST 找出 `import` 的內容。

為了方便的搜索 AST，可以使用 `@babel/traverse`：

```js
// ch06-inside/02-write-your-webpack/tree-walker/bundler.js
const fs = require('fs');
const { parse } = require('@babel/parser');
const traverse = require('@babel/traverse').default;

const content = fs.readFileSync('./src/index.js', 'utf-8');
const ast = parse(content, {
  sourceType: 'module',
});

traverse(ast, {
  ImportDeclaration: ({ node }) => {
    console.log(node);
  },
});
```

結果如下：

```
> node bundler.js

Node {
  type: 'ImportDeclaration',
  start: 62,
```

```
      end: 97,
      loc: SourceLocation {
        # ...
      },
      range: undefined,
      leadingComments: [
        # ...
      ],
      trailingComments: undefined,
      innerComments: undefined,
      extra: undefined,
      specifiers: [
        # ...
      ],
      source: Node {
        type: 'StringLiteral',
        start: 82,
        end: 96,
        loc: SourceLocation {
          # ...
        },
        range: undefined,
        leadingComments: undefined,
        trailingComments: undefined,
        innerComments: undefined,
        extra: { rawValue: './message.js', raw: "'./message.js'" },
        value: './message.js'
      }
    }
}
```

我們發現 `node.source.value` 中有引入的檔案路徑資訊。

≫ 建立資源資訊

利用前面找出的 `import` 資訊，我們可以將入口資源的資訊記起來：

```
// ch06-inside/02-write-your-webpack/create-asset/bundler.js
const fs = require('fs');
const { parse } = require('@babel/parser');
const traverse = require('@babel/traverse').default;
```

```
let ID = 0;

function createAsset(fileName) {
  const content = fs.readFileSync(fileName, 'utf-8');
  const ast = parse(content, {
    sourceType: 'module',
  });

  const dependencies = [];

  traverse(ast, {
    ImportDeclaration: ({ node }) => {
      dependencies.push(node.source.value);
    },
  });

  const id = ID++;

  return {
    id,
    fileName,
    dependencies,
  };
}

console.log(createAsset('./src/index.js'));
```

我們用 `createAsset` 包住之前的程序，為之後要建立相依圖做準備，並將相依的路徑加入 `dependencies` 中。

結果如下：

```
> node bundler.js

{ id: 0, fileName: './src/index.js', dependencies: [ './message.js' ] }
```

≫ 建立相依圖

有了相依資訊，我們可以來建立相依圖了。

6-21

```
// ch06-inside/02-write-your-webpack/create-graph/bundler.js
const fs = require('fs');
const path = require('path');
const { parse } = require('@babel/parser');
const traverse = require('@babel/traverse').default;

let ID = 0;

function createAsset(fileName) {
  // ...
}

function createGraph(entry) {
  const graph = [createAsset(entry)];

  for (const asset of graph) {
    const dirname = path.dirname(asset.fileName);

    asset.dependencies.forEach((dependencyRelativePath) => {
      const dependencyAbsolutePath = path.join(dirname,
dependencyRelativePath);
      const dependencyAsset = createAsset(dependencyAbsolutePath);
      graph.push(dependencyAsset);
    });
  }

  return graph;
}

console.log(createGraph('./src/index.js'));
```

巡覽每個模組的每個相依，將各個模組輸出來 Asset 資訊，結果如下：

```
> node bundler.js

[
  {
    id: 0,
    fileName: './src/index.js',
    dependencies: [ './message.js' ]
```

```
  },
  {
    id: 1,
    fileName: 'src/message.js',
    dependencies: [ './demoName.js' ]
  },
  { id: 2, fileName: 'src/demoName.js', dependencies: [] }
]
```

利用相依圖，我們可以清楚地了解各個模組的相依情形，藉此來建立
bundle。

建立模組對應表

有了相依的資訊後，接著需要將資訊對應至各個模組的 ID 上，因此要在
巡覽完當前模組的全部相依後，建立對應表。

```js
// ch06-inside/02-write-your-webpack/mapping/bundler.js
const fs = require('fs');
const path = require('path');
const { parse } = require('@babel/parser');
const traverse = require('@babel/traverse').default;

function createAsset(filename, id) {
  // ...
}

function createGraph(entry) {
  let id = 0;
  const graph = [createAsset(entry, id++)];

  for (const asset of graph) {
    asset.mapping = {};

    const dirname = path.dirname(asset.filename);

    asset.dependencies.forEach((dependencyRelativePath) => {
      const dependencyAbsolutePath = path.join(dirname,
dependencyRelativePath);
```

```
    const dependencyAsset = createAsset(dependencyAbsolutePath, id++);

    asset.mapping[dependencyRelativePath] = dependencyAsset.id;

    graph.push(dependencyAsset);
  });
  }

  return graph;
}

console.log(createGraph('./src/index.js'));
```

建置結果如下：

```
> node bundler.js

[
  {
    id: 0,
    filename: './src/index.js',
    dependencies: [ './message.js' ],
    mapping: { './message.js': 1 }
  },
  {
    id: 1,
    filename: 'src/message.js',
    dependencies: [ './demoName.js' ],
    mapping: { './demoName.js': 2 }
  },
  { id: 2, filename: 'src/demoName.js', dependencies: [], mapping: {} }
]
```

現在我們擁有了所有的資訊了，接著就來建立 bundle 的執行代碼吧。

建立 bundle 執行代碼

執行代碼的建立有下面幾個要點：

- 模組代碼的轉換
- 利用 IIFE 執行代碼
- 模組包覆函式
- `require` 方法的實作

≫ 模組代碼的轉換

範例中的代碼為 ES Module 的類型，使用 `import` 的方式引入模組，在建立 bundle 時需要修改引入的方式讓其符合 bundle 內的執行使用。

這裡我們使用 `babel` 將代碼做轉換，以 `./src/index.js` 為例：

```
import message from './message.js';

console.log(message);
```

會被轉為：

```
'use strict';

var _message = _interopRequireDefault(require('./message.js'));

function _interopRequireDefault(obj) {
  return obj && obj.__esModule ? obj : { default: obj };
}

console.log(_message.default);
```

`babel` 會改為使用 `require` 引入模組，先記住這點，這讓我們有機會客製屬於我們自己打包器的引入方式。

≫ 利用 IIFE 執行代碼

我們使用與 webpack 相仿的方式，藉由 IIFE 引入模組，並在執行代碼中實作 `require`，最後執行入口模組。

```
(function(modules) {
  function require(id) {
    ...
  }
  require(0);
})({...})
```

≫ 模組包覆函式

模組作為參數時包裹為一個函式，此函式傳入 `module`, `exports`, `require` 三個與 webpack 相仿的物件、方法。

```
(function(modules) {
  function require(id) {
    ...
  }
  require(0);
})({
  0: [
    function (module, exports, require) {},
    { "./message.js": 1 },
  ],
  1: [
    function (module, exports, require) {},
    { "./demoName.js": 2 },
  ],
  2: [
    function (module, exports, require) {},
    {},
  ],})
```

這裡與 webpack 不同的地方在於我們不只有引入模組，還有引入模組的相依模組對應表，這是因為我們再轉至代碼時使用的是 `babel` 這樣常規的轉譯器，它並不能像 webpack 自製的轉譯器那般可以直接將引入的路徑替換成 bundle 時的模組 `index`，因此我們在這樣要多帶個對應的資訊，以利後續引入關聯模組。

≫ require 方法的實作

```
(function(modules) {
  function require(id) {
    const [fn, mapping] = modules[id];
    function localRequire(name) {
      return require(mapping[name]);
    }
    const module = { exports : {} };
    fn(module, module.exports, localRequire);
    return module.exports;
  }
  require(0);
})({...})
```

1. `require` 是帶入 `id` 資訊

2. `localRequire` 用來在模組中引入相依模組，須將相依模組的路徑轉為 bundle 中的 `index`

3. 接著執行模組，帶入 `module`、`exports`、`require`

4. 傳回 `module.exports`，使外部模組使用匯出資源

詳細的 bundle 產生方式比較繁雜，想要了解的可以參考 `ch06-inside/02-write-your-webpack/bundle/bundler.js` 範例。

≫ 寫入檔案

最後需要將完成的 bundle 寫入輸出檔案中。

```
// ch06-inside/02-write-your-webpack/write-file/bundler.js
// ...
function output(code, outputPath) {
  const dirname = path.dirname(outputPath);
  fs.mkdirSync(dirname, { recursive: true });
  const prettierCode = prettier.format(code, { parser: 'babel' });
  fs.writeFileSync(outputPath, prettierCode);
}
// ...
```

- 使用 `fs.mkdirSync` 建立資料夾
- 使用 `prettier` 排版代碼
- 使用 `fs.writeFileSync` 寫入檔案

  產生的代碼會輸出於 `./dist/main.js` 中，內容如下所示：

```javascript
(function (modules) {
  function require(id) {
    const [fn, mapping] = modules[id];
    function localRequire(name) {
      return require(mapping[name]);
    }
    const module = { exports: {} };
    fn(module, module.exports, localRequire);
    return module.exports;
  }
  require(0);
})({
  0: [
    function (module, exports, require) {
      'use strict';

      var _message = _interopRequireDefault(require('./message.js'));

      function _interopRequireDefault(obj) {
        return obj && obj.__esModule ? obj : { default: obj };
      }

      console.log(_message['default']);
    },
    { './message.js': 1 },
  ],
  1: [
    function (module, exports, require) {
      'use strict';

      Object.defineProperty(exports, '__esModule', {
        value: true,
      });
      exports['default'] = void 0;
```

```
    var _demoName = require('./demoName.js');

    var _default = 'hello '.concat(_demoName.demoName);

    exports['default'] = _default;
  },
  { './demoName.js': 2 },
],
2: [
  function (module, exports, require) {
    'use strict';

    Object.defineProperty(exports, '__esModule', {
      value: true,
    });
    exports.demoName = void 0;
    var demoName = 'simple';
    exports.demoName = demoName;
  },
  {},
],
});
```

可以直接將其貼在 dev tool 中的 `console` 就可以看到結果了。

小結

本節實際帶大家一步一步寫出簡易的打包器。

理解了整個打包過程,之後對於 webpack 的掌握上會更加了得心應手。

參考資料

■ Youtube: Ronen Amiel - Build Your Own Webpack
（https://youtu.be/Gc9-7PBqOC8）

■ GitHub: ronami/minipack
（https://github.com/ronami/minipack）

- GitHub: webpack/webpack
  （https://github.com/webpack/webpack）
- AST Explorer
  （https://astexplorer.net/）
- Node.js Documentation: File System
  （https://nodejs.org/api/fs.html）
- GitHub: acornjs/acorn
  （https://github.com/acornjs/acorn）
- Babel: @babel/traverse
  （https://babeljs.io/docs/en/babel-traverse）
- Babel: @babel/parser
  （https://babeljs.io/docs/en/babel-parser）
- Babel: @babel/core
  （https://babeljs.io/docs/en/babel-core）

Loader 的內部構造

本節介紹 Loader 內部的運作方式。

在之前的章節中,我們學習了如何使用 Loaders,而這節中會了解 Loader 的整個運作方式。

Loader 的基本構造

webpack 中的 Loader 是一個導出函式的 JavaScript 模組:

```
// ch06-inside/03-inside-loader/single/src/index.js
module.exports = function (source) {
  return `// Hello, loader!
${source}`;
};
```

Loader 所導出的函式有一個參數及一個回傳值:

- 參數 `source`:如果是第一個執行的 Loader,那 `source` 為模組的原始內容,如果接於其他 Loader 執行時,`source` 則為前一個 Loader 的回傳值
- 回傳值:如果是最後一個執行的 Loader,則回傳 JavaScript 的程式碼,如果後面有其他 Loader 待執行時,則回傳下個 Loader 參數 `source` 的合法代碼

由於多個 Loaders 可以組為一組建置流,因此 Loader 的傳入參數與回傳值的內容會取決於其所在的位置。

我們來看一個例子,現在有個 JavaScript 模組:

```
console.log('Hello, world!');
```

利用前面的 Loader 載入,這時 Loader 的參數 `source` 就是模組的代碼 `console.log('Hello, world!');`,而其回傳值就會是:

```
// Hello, loader!
console.log('Hello, world!');
```

多重結果的 Loader

除了最基本的 `source` 外，Loader 還有另外兩個可選參數 `map` 與 `meta`：

```
module.exports = function (source, map, meta) {
  // ...
};
```

- `map`：Source Map 的資料，由前面執行的 Loaders 傳回
- `meta`：Loader 與 Loader 間傳遞的資料

`map` 與 `meta` 都是接收之前執行的 Loader 結果的值，想要讓這些資料傳遞給後面的 Loader 時需要使用 `this.callback()` 函式：

```
module.exports = function (source, map, meta) {
  // ...
  this.callback(err, content, sourceMap, metaData);
  // ...
};
```

`this.callback` 有四個參數，依序為 `err`、`content`、`sourceMap` 與 `metaData`：

1. `err`：錯誤訊息，如果沒有錯誤則設為 `null`

2. `content`：被 Loader 處理後的內容

3. `sourceMap`：可選，Source Map 的資料

4. `meta`：可選，Loaders 間傳遞的資料

在使用 `this.callback` 傳回多重結果時，函式的回傳要是 `undefined`：

```
module.exports = function (source, map, meta) {
  // ...
  this.callback(err, content, sourceMap, metaData);
  return undefined; // or just return;
};
```

這裡舉一個例子，我們有個 Loader 內容如下：

```
// ch06-inside/03-inside-loader/single/src/index.js
module.exports = function (source, map, meta) {
  const err = null;
  const content = meta
    ? `// ${meta}
${source}`
    : source;
  const sourceMap = null;
  const metaData = 'Hello, loader!';

  this.callback(err, content, sourceMap, metaData);
  return;
};
```

這個 Loader 會將前個 Loader 傳入的 `meta` 作為註解放入代碼中。

假設配置如下：

```
// ch06-inside/03-inside-loader/multiple/example/webpack.config.js
const path = require('path');

module.exports = {
  // ...
  module: {
    rules: [
      {
        test: /\.js$/,
        use: [
          path.resolve(__dirname, '..', 'src'),
          path.resolve(__dirname, '..', 'src'),
        ],
      },
    ],
  },
};
```

配置中將兩個 Loader 串連執行：

1. 第一次執行時，由於沒有 `meta` 因此傳回原始內容，但將傳入值 `metaData` 設為 `Hello, loaders!`

2. 第二次執行時，接收到的 `meta` 為 `Hello, loaders!`，因此內容會 在第一行加上註解

取得的結果為：

```
// Hello, loader!
console.log('Hello, world!');
```

非同步的 Loader

如果 Loader 在轉換需要耗費大量的時間時，可以使用非同步的方式來減 少效能的損耗。

要使用非同步執行時，叫用 `this.async()`，它會告訴負責執行 Loaders 的 loader-runner 此 Loader 要用非同步的方式執行，叫用後會傳回 `this.callback()` 供使用者傳回值：

```
// ch06-inside/03-inside-loader/async/src/index.js
module.exports = function (source) {
  const callback = this.async();
  setTimeout(() => {
    callback(
      null,
      `// Hello, loader!
${source}`
    );
  }, 1000);
};
```

Loader 的 this

在 Loader 的函式中，我們可以使用 `this` 內提供的屬性取得相關資訊或 是改變與控制建置過程。

接著介紹幾個常用的屬性。

≫ this.getOptions

`getOptions` 可以取得配置中 Loader 的設定：

```js
// ch06-inside/03-inside-loader/get-options/example/webpack.config.js
const path = require('path');

module.exports = {
  // ...
  module: {
    rules: [
      {
        test: /\.js$/,
        use: {
          loader: path.resolve(__dirname, '..', 'src'),
          options: {
            comment: 'Hello, loader!',
          },
        },
      },
    ],
  },
};
```

例如上面這個例子，它的 `getOptions` 內容為：

```js
// ch06-inside/03-inside-loader/get-options/src/index.js
module.exports = function (source) {
  const { comment } = this.getOptions();
  // ...
};
```

裡面會有一個 `comment` 屬性，對應著配置中設定的 `options.comment`
值。

≫ this.context

取得目前模組的目錄。

範例如下：

```js
// ch06-inside/03-inside-loader/context/src/index.js
module.exports = function (source) {
  return `// ${this.context}
${source}`;
};
```

範例的第一行會輸出目前處理的模組的目錄。

≫ this.addDependency

有時 Loader 會在內部處理沒有被 webpack 處理的其他資源，這時你會希望在使用者修改那個資源時，webpack 可以重新執行建置以符合最新的結果。

`this.addDependency` 可以將設定的資源加入依賴中，使其納入監控的範圍內。

下面有個例子：

```js
// ch06-inside/03-inside-loader/add-dependency/src/index.js
const path = require('path');
const fs = require('fs');

module.exports = function (source) {
  const lines = source.split('\n');
  let comment = 'Hello, loader!';
  if (lines[0].indexOf('// ./comment.txt') === 0) {
    const commentPath = path.join(this.context, './comment.txt');
    comment = fs.readFileSync(commentPath, 'utf-8');
    this.addDependency(commentPath);
  }
  lines[0] = `// ${comment}`;
  return lines.join('\n');
};
```

例子中將 `./comment.txt` 引入並作為註解內容放資源中，這時如果啟用 `watch` 模式，在沒有 `this.addDependency` 的幫助下，修改 `./comment.txt` 的內容是不會重新建置的。

在使用 `this.addDependency` 加入 `./comment.txt` 的依賴後，監控模式才會將其納入範圍並在修改後重新建置。

除了上述的屬性，Loader 的 `this` 還有許多樣的屬性供使用者在需要時取用，完整的屬性說明可以參考 webpack 官網（https://webpack.js.org/api/loaders/#the-loader-context）。

Pitching Loader

Loader 的執行是由右向左的（由後往前），每個 Loader 的函式都會傳入一個資源的內容，並傳回處理完成的內容。

而除了一般的執行階段外，Loader 還有一個與一般的執行順序相反的 Pitching 執行階段。在 Pitching 階段時，模組內容還未讀入，並且 Loader 會由左向右（由前往後）執行。

例如有下面這樣的配置：

```
// ch06-inside/03-inside-loader/pitching/example/webpack.config.js
const path = require('path');

module.exports = {
  // ...
  module: {
    rules: [
      {
        test: /\.js$/,
        use: [
          {
            loader: path.resolve(__dirname, '..', 'src'),
            options: { name: 'a' },
          },
          {
            loader: path.resolve(__dirname, '..', 'src'),
            options: { name: ' b' },
```

```
        },
        {
          loader: path.resolve(__dirname, '..', 'src'),
          options: { name: ' c' },
        },
      ],
    },
  ],
  },
};
```

要在 Loader 中定義 Pitching，可以導出名為 **pitch** 的函式：

```
// ch06-inside/03-inside-loader/pitching/src/index.js
module.exports = function (source) {
  const { name } = this.getOptions();
  console.log(`${name}-loader normal execution`);
  return source;
};

module.exports.pitch = function (remainingRequest, precedingRequest, data) {
  const { name } = this.getOptions();
  console.log(`${name}-loader \`pitching\``);
};
```

這範例單純的輸出訊息供我們觀察整個執行的順序，結果如下：

```
a-loader `pitching`
 b-loader `pitching`
  c-loader `pitching`
  c-loader normal execution
 b-loader normal execution
a-loader normal execution
```

這裡可以看到 Pitching 階段是 a > b > c 執行，而一般階段則是我們熟悉的 c > b > a 執行順序。

而 **pitch** 的參數有三個：

1. **remainRequest**：Pitching 階段中，在此 Loader 之後要執行的引入字串

2. `precedingRequest`：Pitching 階段中，在此 Loader 之前的引入字串

3. `data`：用於在 Pitching 與一般階段之間傳遞資料，預設為 `{}`

所以假設現在執行到 `b-loader` 時，這三個參數分別為：

```
remainingRequest: c-loader!./example/src/index.js
precedingRequest: a-loader
data: {}
```

可以使用範例 `ch06-inside/03-inside-loader/pitching-args` 實際操作。

≫ 為什麼需要 Pitching

Pitching 的使用場景主要有兩個：

- 給予資料：在 Pitching 階段中的資料給予一般階段執行的 Loader
- 中斷執行：有些 Loader 的執行不需要知道資源的內容，因此可以使用還未取得內容的 Pitching 做處理

給予資料時會在 Pitching 階段中將 `data` 設定想要傳輸的值，並在一般階段時以 `this.data` 取得：

```javascript
// ch06-inside/03-inside-loader/pitching-data/src/index.js
module.exports = function (source) {
  const { name } = this.getOptions();
  console.log(`${name}-loader normal execution. Value: ${this.data.value}`);
  return source;
};

module.exports.pitch = function (remainingRequest, precedingRequest,
data) {
  const { name } = this.getOptions();
  data.value = name;
  console.log(`${name}-loader \`pitching\``);
};
```

另外想要中斷執行的話，可以在 `pitch` 函式中回傳值：

```
// ch06-inside/03-inside-loader/pitching-return/src/index.js
module.exports = function (source) {
  const { name } = this.getOptions();
  console.log(`${name}-loader normal execution.`);
  return `${source}
console.log('${name}-loader');`;
};

module.exports.pitch = function (remainingRequest, precedingRequest,
data) {
  const { name } = this.getOptions();
  console.log(`${name}-loader \`pitch\``);
  if (name === ' b') {
    // skip the remaining loaders
    return `// ${name}-loader
module.exports = require(${JSON.stringify('-!' + remainingRequest)});`;
  }
};
```

此例中對於 `example/src/index.js` 的處理，因為在 b 就中斷了執行，因此輸出的訊息為：

```
a-loader `pitch`
 b-loader `pitch`
a-loader normal execution.
```

而由於 b Loader 於 Pitching 階段傳回了新的模組，其中有引入語法 `require()`，所以 webpack 會另外對此模組做處理：

```
  c-loader `pitch`
  c-loader normal execution.
```

而此次建置結果會產生兩個模組：

```
var __webpack_modules__ = [
  /* 0 */
  (module, __unused_webpack_exports, __webpack_require__) => {
    // b-loader
```

```
    module.exports = __webpack_require__(1);
    console.log('a-loader');
  },
  /* 1 */
  () => {
    console.log('Hello, world!');

    console.log('  c-loader');
  },
];
```

- 模組 `0` 為原始的 `example/src/index.js` 結果，在 b-loader 時被加上註解以及 `require()`，而在 a-loader 時被注入 `console.log('a-loader)`
- 模組 `1` 是在 b-loader 新建內容中請求的模組，因為執行到 b-loader 時的 `remainingRequest` 為 `c-loader!./example/src/index.js` 因此會執行 c-loader 以產生輸出訊息

> `require()` 的字串前面加上 `-!` 是避免此模組被預設在配置上的 Loaders 執行。

錯誤處理

在 Loader 執行出錯時，有兩個方式可以拋出錯誤：

- 拋錯但繼續執行：透過 `this.emitError` 拋錯不會中斷執行
- 拋錯而且停止執行：透過 `throw` 或是 `callback` 的方式拋錯
  想要紀錄錯誤但不想要中斷建置的話，可以使用 `this.emitError`：

```
// ch06-inside/03-inside-loader/emit-error/src/index.js
module.exports = function (source) {
  this.emitError('Error');
  return `// Hello, loader!
${source}`;
};
```

範例中雖然用 `this.emitError` 拋出錯誤，但建置依然會繼續執行，並且將結果輸出。

如果遇到重大錯誤需要直接中斷建置，可以直接使用 `throw`：

```
// ch06-inside/03-inside-loader/throw-error/src/index.js
module.exports = function (source) {
  throw new Error('Error');
  return `// Hello, loader!
${source}`;
};
```

也可以在 `callback` 的第一個參數拋出錯誤：

```
// ch06-inside/03-inside-loader/callback-error/src/index.js
module.exports = function (source) {
  const callback = this.async();
  setTimeout(() => {
    callback(
      new Error('Error'),
      `// Hello, loader!
${source}`
    );
  }, 1000);
};
```

不管是 `this.async()` 的回傳值還是 `this.callback`，它們的第一個參數都是 Error，只要有傳入值，就會停止建置並拋出錯誤。

小結

Loader 是在 webpack 中幫忙處理模組相關的轉換，對於整個建置過程來說十分的重要。

Loader 是由一個導出函式的 JavaScript 模組建構而成，函式傳入原始模組內容，並在回傳時輸出處理後的內容，這樣簡單的結構搭配豐富的 `this` 內容使 Loader 可以幫助我們處理各式各樣的模組。

　　Loader 除了一般階段外，還有一個 Pitching 階段，與一般階段執行順序相反的 Pitching，除了可以傳遞資料外，還可以在當 Loader 的處理與模組的內容無關時，藉由 Pitching 回傳值，藉以阻斷接下來的執行。

參考資料

- webpack Contribute: Writing a Loader
  （https://webpack.js.org/contribute/writing-a-loader/）
- webpack Documentation: Loader Interface
  （https://webpack.js.org/api/loaders/）
- GitHub: webpack/loader-runner
  （https://github.com/webpack/loader-runner）

Plugin 的內部構造

本節說明 Plugin 的內容運作方式。

Plugin 可以透過各個 event hook 對 webpack 的建置流程做出改變，進而影響結果。之前的章節講解了如何使用 Plugin，這節會介紹 Plugin 的內部運作機制。

Plugin 的構造

Plugin 是個導出 class 的模組，這個 class 會實作一個名為 `apply` 的函式：

```javascript
// ch06-inside/04-inside-plugin/hello-world/src/index.js
class HelloWorldPlugin {
  apply(compiler) {
    // ...
  }
}

module.exports = HelloWorldPlugin;
```

`apply` 函式會由 Compiler 在安裝 Plugin 時作為實例化使用，並且會傳入 `compiler` 物件，使得 Plugin 可以對 Compiler 做相關的處理。

各式的 Hooks

在 webpack 執行的過程中設有許多 event hooks，在執行進入到特定階段時，對應的 Hooks 就會**執行註冊的函式**並做對應的處理。

Plugin 的主要運作方式就是藉由在對應的 Hooks 進行註冊特定的函式，使其在特定的階段中執行這些處理。

這些 Hooks 的功能與使用方式可以在官網（https://webpack.js.org/api/compiler-hooks/）中找到。

使用 Hook 的方式

Hooks 會統一放置於 `hooks` 物件中，可以使用這些 hooks 在特定時候執行我們所註冊的處理函式：

```javascript
// ch06-inside/04-inside-plugin/hooks/src/index.js
class HooksPlugin {
  apply(compiler) {
    console.log('Compiler Hooks', Object.keys(compiler.hooks));
    compiler.hooks.compilation.tap('HooksPlugin', (compilation) => {
      console.log('Compilation Hooks', Object.keys(compilation.hooks));
    });
    compiler.hooks.contextModuleFactory.tap(
      'HooksPlugin',
      (contextModuleFactory) => {
        console.log(
          'ContextModuleFactory Hooks',
          Object.keys(contextModuleFactory.hooks)
        );
      }
    );
    compiler.hooks.normalModuleFactory.tap(
      'HooksPlugin',
      (normalModuleFactory) => {
        console.log(
          'NormalModuleFactory Hooks',
          Object.keys(normalModuleFactory.hooks)
        );
        normalModuleFactory.hooks.parser
          .for('javascript/auto')
          .tap('HooksPlugin', (parser) => {
            console.log('Parser Hooks', Object.keys(parser.hooks));
          });
      }
    );
  }
}

module.exports = HooksPlugin;
```

範例中使用各個的 `hooks` 物件取得所有可用的 Hooks，並將其輸出於 Console 中：

- Compiler Hooks：編譯器的 Hooks
- Compilation Hooks：每次編譯時的 Hooks
- ContextModuleFactory Hooks：請求模組的 Hooks
- NormalModuleFactory Hooks：模組處理的 Hooks
- Parser Hooks：解析器的 Hooks

Hook 註冊

要對特定的 Hook 注入處理函式前，需要了解一個名為 Tapable 的庫，這是 webpack 內部實作 Hook 機制所使用的。

webpack 藉由 Tapable 將 Hook 機制帶入多個內部物件內（如前面例子中的 Compiler、Compilation 等），使用 Tapable 建立的 Hooks 會擁有 `tap` 函式，這個函式可以註冊想要執行的處理函式：

```js
// ch06-inside/04-inside-plugin/hello-world/src/index.js
class HelloWorldPlugin {
  apply(compiler) {
    compiler.hooks.done.tap('HelloWorldPlugin', (stats) => {
      console.log('Hello, world');
    });
  }
}

module.exports = HelloWorldPlugin;
```

例子中我們使用 `tap` 函式在 `done` hook 註冊輸出 `Hello, world!` 的處理函式。

可以注意到 `tap` 有兩個參數：

1. 名稱：此註冊函式的識別值
2. 函式：註冊的處理函式

在範例中，我們對 Compiler 的 `done` hook 註冊一個名稱為
`HelloWorldPlugin` 的處理函式。

註冊的方式

`tap` 所註冊的函式是同步執行的，而 Tapable 依照 Hook 的不同，會給予
同步、非同步的 `tap` 方法。

以之前例子中出現過的 `done` 為例，他是個 Async Hook，除了可以使用
同步的 `tap` 函式註冊外，還可以使用 `tapAsync` 或 `tapPromise` 註冊非
同步的處理函式：

```js
// ch06-inside/04-inside-plugin/done/src/index.js
class DonePlugin {
  apply(compiler) {
    compiler.hooks.done.tap('DonePlugin', (stats) => {
      console.log('Hello, world');
    });

    compiler.hooks.done.tapAsync('DonePlugin', (stats, callback) => {
      setTimeout(() => {
        console.log('Hello, world');
        callback();
      }, 1000);
    });

    compiler.hooks.done.tapPromise('DonePlugin', (stats) => {
      return new Promise((resolve) =>
        setTimeout(() => {
          console.log('Hello, world');
          resolve();
        }, 1000)
      );
    });

    compiler.hooks.done.tapPromise('DonePlugin', async (stats) => {
      await new Promise((resolve) => setTimeout(resolve, 1000));
      console.log('Hello, world');
    });
```

```
    }
}

module.exports = DonePlugin;
```

webpack Hook 的種類可以在官網中的 Hooks 頁面（https://webpack.js.org/api/compiler-hooks/）中找到。

小結

Plugin 是個導出 class 的模組，這個 class 內有個 `apply` 函式，webpack 會使用 `apply` 安裝 Plugin。

在 Plugin 內擁有 `compiler` 物件，可以使用這物件中的各式 Hooks 在建置的各階段中注入對應的處理函式，以達到改變建置結果的目的。

參考資料

- webpack Contribute: Writing a Plugin
  （https://webpack.js.org/contribute/writing-a-plugin/）
- webpack API: Compiler Hooks
  （https://webpack.js.org/api/compiler-hooks/）
- GitHub: webpack/tapable
  （https://github.com/webpack/tapable）
- webpack Contribute: Plugin Patterns
  （https://webpack.js.org/contribute/plugin-patterns/）

第六章總結

擁有完全控制 webpack 的能力。

本章學習 webpack 的內部機制與架構。

- 第一節說明 webpack 產出的 bundle 結構，為了讓代碼可以運作於目標環境上，因此 bundle 會與原始專案的代碼有所差異，主要是引入與導出模組的處理與一些輔助程式的嵌入造成這些的差異，理解 bundle 的構造，對於 webpack 的建置方式可以有更深入的理解。

- 第二節實作一個產生 bundle 的工具，由引入模組開始，到建立完整的 bundle 並產出的過程，這中間可以更加了解 webpack 從處理模組到產出 bundle 之間的流程。

- 第三節說明 Loader 的內部實作方式，Loader 由一個導出函式的模組實作，在函式中可以使用 `this` 取得各式資源以轉換模組。除了一般階段外，pitching 階段是 Loader 執行時的另一個階段，這時期執行的順序會與一般階段相反，並可以帶參數給予一般階段，或是直接產生結果中斷執行。

- 第四節說明 Plugin 的內部實作方式，藉由 `apply()` 函式的實作，可以訪問 Compiler 的各式 Hooks，並且藉由 `tap` 註冊處理函式，藉以改變建置結果。

學習完本章，就可以完全掌握 webpack 的使用方式，藉由 webpack 產出符合需求的解決方式。

Note

CHAPTER

07

Webpack 之後

新興的建置工具出現

在 webpack 流行以後，許多更新的建置工具相繼出現，使得使用者有許多除了 webpack 以外的選擇，但大部分的建置方式，在本質上還是與 webpack 的相同，都是綁定至較大的 bundle 上以解決模組與請求次數的問題，只是在效能上做了增強或是於配置上做了簡化，如果性質如此相近的話，那使用 webpack 這個完整且支援多得方案依然是較好的選擇。

而這些新式的建置工具中，有一些的建置方式是以現代瀏覽器所支援的新式語法打造的，剔除了舊式語法的相容問題，使得整體的打包速度大幅的降低，以此取得效能上的大幅增加。

本章會介紹這些新式工具的使用與配置方式，讓使用者了解除了 webpack 外，還有哪些出色的建置工具可以使用。

使用 Snowpack 以原生模組系統建置專案

講述如何使用 Snowpack 以原生模組系統建置專案。

Snowpack 是個以 ESM 原生的模組系統編譯專案的工具，與 webpack 將所有的模組合併為一個 bundle 的方式不同，在現代主流瀏覽器的支援下，它將開發者所撰寫的模組直接放到瀏覽器上運行，這樣的演進對於前端開發會有什麼樣的變革，我們接著看下去。

當時 webpack 所要解決的問題現在還存在嗎？

webpack 將模組合併為一個 bundle，並用此 bundle 在瀏覽器上運行。這樣的設計最主要的目的就是在解決：

- JavaScript 的模組化問題：瀏覽器對於原生模組系統 ESM 的**支援度不足**
- HTTP 1.1 的多併發限制：HTTP 1.1 **會限制同時請求的最大數量**，使用單一檔案載入可以優化效能

如今這兩個問題很有可能你已經不用理會了。

≫ **JavaScript** 的模組化問題

現代的主流瀏覽器都已經支援 ESM，如果你所開發的目標並不需要支援舊式的瀏覽器（例如：IE），那 JavaScript 的模組化這點你就不再需要擔心了。

≫ **HTTP 1.1** 的多併發限制

在 Client Server 的框架下，請求次數本身所佔效能比重非常高，在**開發狀態**下，由於所有的資源都存於本機，因此請求所耗的時間極短，基本上可以不用在意，但到了**生產環境**，請求的問題會被放大。

在過去 HTTP 1.1 的時代中，由於請求的多併發會有限制的數量，因此就算瀏覽器本身支援原生的模組系統，我們還是需要將多個模組合併以減少請求的次數。

現在 HTTP/2 在瀏覽器及伺服器支援的情況下，可以使用多併發請求 / 回應，減少了請求所造成的時間流失，如此一來 bundle 的重要性就會降低。

> 重要性降低，不代表沒有用處，依照專案的規模及架構，在大多數的情況下，**生產環境使用 bundler** 來優化系統的效能依然是現今前端開發所必須的。

原生模組建置工具 Snowpack

如果你的目標環境已不再支援舊時代的瀏覽器的話，現在你有另一種選擇，使用原生模組的建置工具。

Snowpack 就是這樣的工具，它會將你所寫的模組（當然必須是使用 ESM 語法（`import`、`export`）撰寫的）以它們原本樣子拋給瀏覽器，讓瀏覽器使用自己的方式載入模組。

而對於 `node_modules` 內的庫，為避免其中依然有使用其他非原生的模組語法（像是 CJS、AMD）的模組，同時也避免相依模組過多造成的效能問題，會將其中的模組做 bundle，並以 ESM 匯出給予我們的模組使用。

文字敘述的有點模糊，且感覺不出 Snowpack 的威力，接著以範例帶大家認識這個新興的建置工具。

來個例子

我們使用下面這個例子：

```
// ch07-after-webpack/01-snowpack/webpack-demo/src/index.js
import _ from 'lodash';
import demoName from './demoName.js';

console.log(_.join(['Hi', demoName], ' '));
```

```
// ch07-after-webpack/01-snowpack/webpack-demo/src/demoName.js
export default 'Webpack Demo';
```

這個例子有一個外部工具庫：`lodash`，一個內部模組：`demoName.js`。

≫ 使用 webpack

首先我們先使用 webpack 來做建置：

```
// ch07-after-webpack/01-snowpack/webpack-demo/webpack.config.js
const HtmlWebpackPlugin = require('html-webpack-plugin');

module.exports = {
  plugins: [
    new HtmlWebpackPlugin({
      template: './public/index.html',
    }),
  ],
};
```

```
<!-- ch07-after-webpack/01-snowpack/webpack-demo/public/index.html -->
<!DOCTYPE html>
<html>
  <head> </head>
  <body>
    <!-- Auto inject bundle -->
  </body>
</html>
```

　　為了與等下的 Snowpack 相似，我們這裡使用 `HtmlWebpackPlugin` 並且帶入模板產生出 `index.html`。

　　建置後的檔案結構如下圖：

```
root
├ /dist
  ├ index.html
  ├ main.js
```

　　這是我們都熟悉的結果，所有的模組都被包進了 `main.js` 中。

　　接著來看看 Snowpack。

≫ 使用 Snowpack

　　首先我們先做安裝的動作：

```
npm install snowpack --save-dev
```

　　當然 `lodash` 也請使用 `npm` 安裝。

　　安裝完成後，我們將 `/public/index.html` 做修改：

```html
<!-- ch07-after-webpack/01-snowpack/snowpack-demo/public/index.html -->
<!DOCTYPE html>
<html>
  <head> </head>
  <body>
    <script type="module" src="./_dist_/index.js"></script>
  </body>
</html>
```

　　注意到 `<script>` 的地方，改為使用 `type="module"` 以 `module` 的方式載入。

　　另外需設定 `snowpack.config.js`，這是 Snowpack 的配置檔：

```js
// ./demos/snowpack-demo/snowpack.config.js
module.exports = {
  mount: {
    public: '/',
```

```
    src: '/_dist_',
  },
};
```

這裡配置了 snowpack 的目標資料夾，上面的配置會產生下面的效果：

- `public: '/'`：目前的 `public` 資料夾內的檔案會在輸出目錄的 root 下
- `src: '/_dist_`：目前的 `src` 資料夾內的檔案會在輸出目錄中的 `/_dist_` 中

這代表 `/public/index.html` 會被輸出到 `build` 目錄中的 root 中，而 `/src/index.js` 及 `/src/demoName.js` 兩個模組會被輸出到 `_dist_` 資料夾中，這也是 `index.html` 中引入 `index.js` 時的路徑要是 `./_dist_/index.js` 的原因。

> Snowpack 的配置檔設定方式可以參考官方文件（https://www.snowpack.dev/#api-reference）。

接著下指令做建置：

```
snowpack build
```

建置結果如下：

```
root
├ /build
  ├ /_dist_
    ├ demoName.js
    ├ index.js
  ├ /_snowpack
    ├ /pkg
      ├ lodash.js
  ├ index.html
```

lodash 被處理為一個 `.js` 檔案，這個檔案會在輸出目錄中的 `_snowpack/pkg` 下。

而原本 `src` 目錄中的檔案都保留在輸出的 `build` 目錄中，改為我們所設定的 `_dist_` 目錄中。

觀察 `dist/index.js`：

```
import _ from '../_snowpack/pkg/lodash.js';
import demoName from './demoName.js';

console.log(_.join(['Hi', demoName], ' '));
```

可以看到除了 `lodash` 的引入行外，其他都沒有變化，而原本 `lodash` 的引入也只是改變路徑變為 `../_snowpack/pkg/lodash.js`，指到 Snowpack 幫我們打包好的路徑下。

使用原生模組建置工具的好處

使用原生模組的好處在於快，你不需要額外的時間做打包的工作，今天你修改了一個檔案，只需替換此檔案即可看到結果，不用像是 webpack 只改了其中一個模組，整個 bundle 就要重新建置。

引入其他資源

snowpack 在引入 `.css` 或是圖片時提供了開箱即用的功能：

```
// ch07-after-webpack/01-snowpack/snowpack-css/src/index.js
import './style.css';
// ...
```

使用與 webpack 相同的語法，直接 `import` Style，Snowpack 會將其輸出為 `style.proxy.js`，Snowpack 內部利用 `.proxy.js` 引入非 JavaScript 的檔案，我們可以看一下他的實作：

```
// [snowpack] add styles to the page (skip if no document exists)
if (typeof document !== 'undefined') {
  const code = '.demo {\n  background-color: green;\n}\n';

  const styleEl = document.createElement('style');
  const codeEl = document.createTextNode(code);
  styleEl.type = 'text/css';
  styleEl.appendChild(codeEl);
  document.head.appendChild(styleEl);
}
```

Snowpack 只是單純將其用 `appendChild` 加入至 Document 中，非常的簡單。

引入新的技術

在第一章第三節的**新技術的崛起**中提到前端擁有多種不同的技術供使用者在開發時有更好的效率及更低的出錯率，但由於瀏覽器看不懂這些技術所提供的語法，因此我們需要使用建置工具在建置時轉為原生的代碼。

我們在 webpack 中使用 Loaders 解決此類的問題，而在 Snowpack 中可以使用 Plugin。

使用 Snowpack 的 Plugin

以 Babel 為例，我們可以安裝 `@snowpack/plugin-babel`：

```
npm install @snowpack/plugin-babel --save-dev
```

接著在 `snowpack.config.js` 中引入 Plugin：

```
// ch07-after-webpack/01-snowpack/snowpack-babel/snowpack.config.js
module.exports = {
  mount: {
    public: '/',
    src: '/_dist_',
  },
  plugins: ['@snowpack/plugin-babel'],
};
```

如此一來 `.js` 的檔案都會被 `@snowpack/plugin-babel` 轉換。

> 詳細的配置可以參考範例 ch07-after-webpack/01-snowpack/snowpack-babel。

小結

在開發時，由於環境可以自己掌握，因此可以使用以較新技術的工具作為建置的方式。

如今有像是 `snowpack` 或是 `Vite` 這類的原生模組建置工具也是選項之一，但這類的工具還是不能像是 webpack 在生產環境中擁有同等的效能（主要還是因為請求數量的問題），因此 `snowpack` 在生產環境輸出時也是有提供 webpack 的 Plugin 供使用者選擇，而 `Vite` 則是直接將 Rollup 作為建制生產環境的預設選擇。

雖然在生產環境一時間還無法使用這類的工具，但是在開發環境，它們則是非常的強大（請求數量的問題在本機環境下可以忽略，詳情可以看前面的介紹）。

藉由原生模組不需 bundle 的特性，大幅減少建置的時間，並且 snowpack 可以啟動自己的 dev server 做到 HMR 熱模組替換，而各種新技術在 snowpack 中也可以使用 Plugin 支援載入，這使得它不僅跟 bundler 的開發環境相似，甚至因為分散式的模組形式，讓修改後載入可以不必重新建置所有的模組而更加的迅速，大大地增加了開發者的效率。

在 Snowpack 的作者所發表的 A Future Without Webpack（https://dev.to/pika/a-future-without-webpack-ago）一文中，有一句話貫穿了整篇文章：**Bundle because you want to, not because you need to.**。

就現階段來說，在生產狀態下，webpack、Rollup 之類的 bundler 工具依然存在了不可取代的特性，但是在開發階段，我們可以嘗試使用 snowpack、Vite 等原生的模組建置工具來加速開發的效率。

參考資料

- A Future Without Webpack
  （https://dev.to/pika/a-future-without-webpack-ago）
- Snowpack
  （https://www.snowpack.dev/）
- GitHub: snowpackjs/snowpack
  （https://github.com/snowpackjs/snowpack）
- @babel/preset-env
  （https://babeljs.io/docs/en/babel-preset-env）
- Introduction to HTTP/2
  （https://developers.google.com/web/fundamentals/performance/http2/）

第七章總結
．．．．．．．．．．．．．
與其他工具搭配使用，建立高效的開發環境。

本章介紹除了 webpack 之外的建置工具。

- 第一節介紹 Snowpack 的使用方式，以及與 webpack 的不同之處。Snowpack 是一個以 ESM 作為建置方式的工具，在目標環境為支援 ESM 語法的瀏覽器下，利用 JavaScript 原生模組語意的支援，在極短的時間內完成建置的作業，大幅提高開發的效率。

webpack 對於前端工程的影響無疑是巨大的，到了今天，webpack 依然是功能最為完整的建置工具之一，但這並不代表就只有 webpack 這一個選擇。選用 webpack 是因為它好用並且解決了我們的問題，它龐大的生態系產出了絕大部分需求的解決方案，使我們可以減少開發的時間，以達到更高的效率。今天如果有了更合適的工具出現來減少開發時程的話，那我們也可以將它加入到方案中，與 webpack 搭配使用，使我們的生活更加輕鬆。

結語

webpack 是我從進入前端領域一直想要弄懂的技術，它跟我們前端工程師彷彿有個微妙的距離感，你看得見它，會稍微的了解它，但當別人問起你關於它的事時，才發現對於它的理解都只是表面的東西，你從來沒有真正的認識它。

webpack 雖然不像是 Vue.js、Bootstrap 這類的框架那麼常被使用，但它絕對會在你的程式人生中，佔用了你不少的時光。本書盡量以初學者的角度出發，由淺入深的認識 webpack，使讀者完整學習整個 webpack 的知識。

希望讀者在讀完本書後，對於書中所學習的各種 webpack 知識（小至使用 Loaders 處理模組、針對 Image 的處理，大至開發與生產環境中的效能優化），可以融會貫通，就算是不使用 webpack，也可以將這些知識運用在專案中，增加開發的效率。

推薦網站

下面是我在寫文章的時候經常參考的網站：

- GitHub: webpack/webpack（https://github.com/webpack/webpack）：webpack 代碼庫，examples（https://github.com/webpack/webpack/tree/master/examples）值得一看，對於各種情境以例子說明。
- webpack 官網（https://webpack.js.org/）：webpack 官方網站，官方文件非常豐富，但稍嫌雜亂。
- SURVIVEJS — WEBPACK（https://survivejs.com/webpack/）：進階的 webpack 教學書，作者為 Juho Vepsäläinen，是 webpack 核心團隊成員。

Note

Note

Note

Note

博碩文化

博碩文化